U0285866

# 大数据技术概论

娄岩 ◎ 编著　　徐东雨 ◎ 参编

清華大学出版社
北京

## 内容简介

本书从初学者易于理解的角度，以通俗易懂的语言、丰富的实例、简洁的图表、传统和现代数据特征的对比，将大数据这一计算机前沿科学如数家珍地娓娓道来。既介绍了大数据和相关的基础知识，又与具体应用有机结合起来，并借助可视化图表的画面感立体地为读者剖析了大数据的技术和原理，非常便于自学。

本书内容包括大数据概论、大数据采集及预处理、大数据分析、大数据可视化、Hadoop 概论、HDFS 和 Common 概论、MapReduce 概论、NoSQL 技术介绍、Spark 概论、云计算与大数据、大数据相关案例等内容。

本书既可以作为想了解大数据技术和应用的初学者的教材，也适合作为培训中心、IT 人员、企业策划和管理人员的参考书。



**图书在版编目(CIP)数据**

大数据技术概论/娄岩编著．—北京：清华大学出版社，2017.1(2025.1重印)
ISBN 978-7-302-45051-1

Ⅰ．①大…　Ⅱ．①娄…　Ⅲ．①数据处理　Ⅳ．①TP274

中国版本图书馆 CIP 数据核字(2017)第 218544 号

**责任编辑**：付弘宇　薛　阳
**封面设计**：刘　键
**责任校对**：焦丽丽
**责任印制**：宋　林

**出版发行**：清华大学出版社
　　**网　　址**：https://www.tup.com.cn，https://www.wqxuetang.com
　　**地　　址**：北京清华大学学研大厦 A 座　　**邮　　编**：100084
　　**社 总 机**：010-83470000　　**邮　　购**：010-62786544
　　**投稿与读者服务**：010-62776969，c-service@tup.tsinghua.edu.cn
　　**质量反馈**：010-62772015，zhiliang@tup.tsinghua.edu.cn
　　**课件下载**：https://www.tup.com.cn，010-83470236
**印 装 者**：三河市少明印务有限公司
**经　　销**：全国新华书店
**开　　本**：185mm×260mm　　**印　张**：13　　**字　　数**：315 千字
**版　　次**：2017 年 1 月第 1 版　　**印　　次**：2025 年 1 月第 14 次印刷
**印　　数**：26001～26600
**定　　价**：35.00 元

产品编号：069372-01

# 前言
FOREWORD

IT 产业在其发展历程中，经历过几次技术浪潮。如今，大数据浪潮正在迅速朝我们涌来，并将触及各个行业和生活的许多方面。大数据浪潮将比之前发生过的浪潮更大、触及面更广，给人们的工作和生活带来的变化和影响也更大。

毋庸置疑，大数据的应用激发了一场思想风暴，也悄然改变了我们的生活方式和思维习惯。大数据正以前所未有的速度颠覆人们探索世界的方法，引起工业、商业、医学、军事等领域的深刻变革。因此，在当前大数据浪潮的猛烈冲击下，人们迫切需要充实和完善自己原有的 IT 知识结构，掌握两种全新的技能：一是掌握大数据基本技术与应用，使大数据为我们所用的技能；二是掌握数据之间隐藏的规律与关系，以及可视化方法，使大数据更好地服务于社会发展的技能。

本书注重实用性，围绕大数据及其相关技术这一主题，采用深入浅出、图文并茂的叙述方式，简明扼要地阐述了大数据及其相关技术的基本理论和发展趋势，使广大读者通过阅读本书，深入了解和掌握大数据的理论和应用，从而更好地把握时代发展的脉搏和历史赋予的机遇。

本书的目标是给广大读者提供一个既通俗易懂，又具有严谨、完整、结构化特征的书籍。其独到之处是既阐明了大数据技术的系统性和理论性，又对传统数据和大数据在来源、结构、特征、存储方式、使用方法等方面，通过大量的表格和图形方式进行了有针对性的对比和阐述，使读者对两者的区别一目了然，对理解和掌握大数据理技术具有事半功倍的效果。另外，考虑到大数据技术涉及许多新名词和专业性极强的词汇，故在全书的每一章中均附有相关术语的注释，方便读者查阅和自学。

本书还力求将大数据技术晦涩难懂的理论知识以通俗易懂的语言和方式，由浅入深地展现在读者面前，便于读者理解和掌握。本书内容重点突出，语言精练易懂，非常便于自学，可作为想了解、使用大数据技术的相关人员，如工程技术人员、IT 工作者、企业策划和管理人员的参考书，也可作为相关学习班的培训教材。

全书共分成 11 章：第 1 章大数据概论，第 2 章大数据采集及预处理，第 3 章大数据分析概论，第 4 章大数据可视化，第 5 章 Hadoop 概论，第 6 章 HDFS 和 Common 概论，第 7 章

MapReduce 概论，第 8 章 NoSQL 技术介绍，第 9 章 Spark 概论，第 10 章云计算与大数据，第 11 章大数据解决方案相关案例。

本书在写作过程中参阅了大量的中外书籍和相关资料，在此对各位作者表示真诚的谢意。另外本书得到了中国医科大学沙宪政教授和东北大学杨广明教授的大力支持，清华大学出版社对这本书的出版做了精心策划及充分论证，特此感谢！由于作者水平有限，加之时间仓促，书中难免存在疏漏之处，恳请广大读者批评斧正！

娄　岩

2016 年 6 月

CONTENTS

# 目录

CHAPTER 1

# 第 1 章

# 大数据概论

## 导学

### 内容与要求

大数据是继物联网之后IT产业又一次颠覆性的技术变革。本章主要对大数据技术进行概述、对大数据技术的架构、大数据的整体技术和关键技术、大数据分析的典型工具以及大数据未来发展趋势进行介绍,使读者更好地了解什么是大数据技术。

大数据技术的概述包含了大数据的基本概念、大数据的来源、产生阶段、特点、大数据处理的基本流程、特征和应用领域。了解大数据的来源和应用领域,掌握大数据的特点和大数据处理的基本流程。

大数据技术的架构中了解4层堆栈式技术架构,包括基础层、管理层、分析层和应用层。

大数据的整体技术和关键技术中了解大数据的整体技术一般包括数据采集、数据存取、基础架构、数据处理、统计分析、数据挖掘、模型预测和结果呈现等。关键技术一般包括大数据采集、大数据预处理、大数据存储及管理、开发大数据安全,大数据技术、大数据分析及挖掘、大数据展现和应用。

大数据分析的5种典型工具简介中简单介绍了5种工具,包括Hadoop、Spark、HPCC、Storm和Apache Drill。

大数据未来发展趋势中了解数据资源化,随着大数据应用的发展,大数据资源成为重要的战略资源,数据成为新的战略制高点。

**重点、难点**

本章重点是了解大数据的特点、特征和大数据未来发展趋势。本章的难点是了解大数据技术架构、整体技术和关键技术。

由于各种网络技术的发展、科学数据处理、商业智能数据分析等具有海量需求的应用变得越来越普遍，面对如此巨大的数据量，无论从形式上还是内容上，已无法用传统的方式进行采集、存储、操作、管理、分析和可视化了。而找出数据源，确定数据量，选择正确的数据处理方法，并将结果可视化的过程就变得非常现实和迫切。而无论是分析专家还是数据科学家最终都会探索新的、无法想象的庞大数据集，以期发现一些有价值的趋势、形态和解决问题的方法。我们完全有理由说，大数据是继物联网之后IT产业又一次颠覆性的技术变革。

大数据(Big Data)是指当传统的数据挖掘和处理技术对某些数据无可奈何时使用的处理过程。如数据是非结构化，实时性强或信息量巨大，以至于无法通过关系数据库引擎进行处理的数据，而需要新的技术手段和具有分布式处理数据功能的并行硬件设备来实现。

# 1.1 大数据技术概述

毋庸置疑，大数据已经走进了我们的生活，且成为整个人类社会关注的热点。什么是大数据，其相关技术、应用领域以及未来的发展趋势将是本章重点介绍的内容。

## 1.1.1 大数据的基本概念

早在1980年，著名未来学家阿尔文·托夫勒便在《第三次浪潮》一书中，将大数据热情地赞颂为"第三次浪潮的华彩乐章"。从技术层面上看，大数据是无法用单台计算机进行处理的，必须采用分布式计算架构。其特色在于对海量数据的挖掘，但它又必须依托一些现有的数据处理方法，如流式处理、分布式数据库、云存储与虚拟化技术，如图1-1所示。

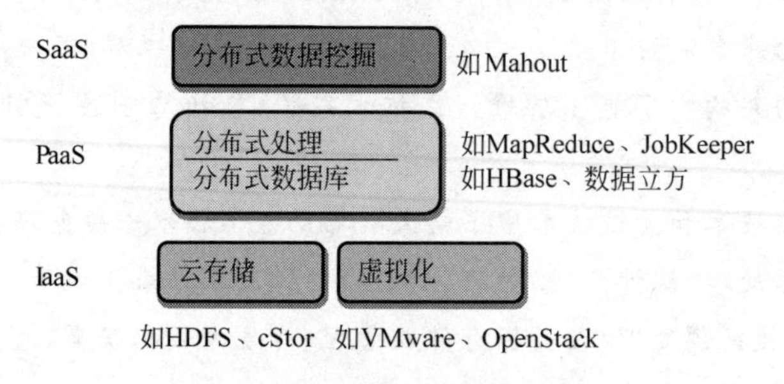


图1-1 大数据与云技术

网络是大数据的主要载体之一，可以说没有网络就没有今天的大数据技术。美国网络数据中心指出，单就互联网上的数据每年将增长50%，每两年就将翻一番，而目前世界上90%以上的数据是最近几年才被人们逐渐认识和产生的。当然数据并非单纯指人们在互联网上发布的信息，全世界的工业设备、汽车、电表上有着无数的数码传感器，随时测量和传递着有关位置、运动、震动、温度、湿度乃至空气中化学物质的变化，必然会产生海量的数据信息。

大数据的意义在于可以通过人类日益普及的网络行为附带生成，并被相关部门、企业所采集，蕴含着数据生产者的真实意图、喜好，其中包括传统结构和非传统结构的数据。

从海量数据中"提纯"出有用的信息，然而这对网络架构和数据处理能力而言无疑是巨大的挑战。在经历了几年的批判、质疑、讨论、炒作之后，人们终于迎来了大数据时代。

大数据的核心在于为客户从数据中挖掘出蕴藏的价值，而不是软硬件的堆砌。因此，针对不同领域的大数据应用模式、商业模式的研究和探索将是大数据产业健康发展的关键。

### 1.1.2 IT产业的发展简史

IT产业的几个发展阶段如图1-2所示，可以说IT产业的每一个阶段都是由新兴的IT供应商主导的。他们改变了已有的秩序，重新定义了计算机的规范，并为进入IT领域的新纪元铺平了道路。

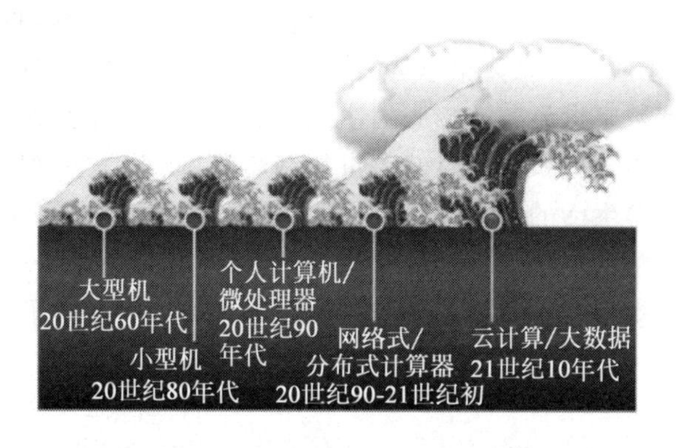


图1-2 IT产业的几个发展阶段

20世纪60年代和70年代的大型机阶段是以Burroughs、Univac、NCR、Control Data和Honeywell等公司为首的。在步入20世纪80年代后，小型机涌现出来，这时为首的公司包括DEC、IBM、Data General、Wang、Prime等。

在20世纪90年代，IT产业进入了微处理器或个人计算机阶段，领先者为Microsoft（微软）、Intel、IBM和Apple等公司。从20世纪90年代中期开始，IT产业进入了网络化阶段。如今，全球在线的人数已经超过了10亿，这一阶段由Cisco、Google、Oracle、EMC、Salesforce. com等公司领导。IT产业的下一个阶段还没有正式命名，人们更愿意称其为云计算/大数据阶段。

数字信息每天在无线电波、电话电路和计算机电缆等媒介中川流不息。我们周围到处都是数字信息，在高清电视机上看数字信息，在互联网上听数字信息，自己也在不断制造新的数字信息。例如，每次用数码照相机拍照后，都产生新的数字信息；通过电子邮件把照片发给朋友和家人，又制造了更多的数字信息。不过，没人知道这些流式数字信息有多少、增加速度有多快、其激增意味着什么。正如中国人在发明文字前就有了阴阳学说，并用其解释包罗万象的宇宙世界一样，西方人用制造、获取和复制的所有1和0，通过计算机处理组成了数字世界。人们通过拍摄照片和共享音乐制造了大量的数字信息，而公司则组织和管理这些数字信息的访问、存储，并为其提供强有力的安全保障。

目前世界上有三种类型模拟数字转换方式：

(1) 为数字信息量的增长提供动力和服务；

(2) 胶片影像拍摄转换为数字影像拍摄，模拟语音转换为数字语音；

(3) 模拟电视转换为数字电视。

从数码照相机、可视电话、医用扫描仪到保安摄像头，全世界有10亿多台设备在拍摄影像，这些影像成为数字海洋中最大的组成部分，通过互联网、企业内部网在个人计算机(PC)、服务器及数据中心中复制，通过数字电视广播和数字投影银幕播放。

2007年是有史以来人类创造的信息量第一次在理论上超过可用存储空间总量的一年。然而，这并不可怕，调查结果强调现在人类应该也必须合理调整数据存储和管理。如三十多年前，通信行业的数据大部分还是结构化数据。如今，多媒体技术的普及导致非结构化数据如音乐和视频等的数量出现爆炸式增长。虽然三十多年前的一个普通企业用户文件也许表现为数据库中的一排数字，但是如今的类似普通文件可能包含许多数字化图片和文件的影像或者数字化录音内容。现在，92%以上的数字信息都是非结构化数据。在各组织和企业中，非结构化数据占到了所有信息数据总量的80%以上。

另外可视化是引起数字世界急速膨胀的主要原因之一。由于数码照相机、数码监控摄像机和数字电视内容的加速增长及信息的大量复制趋势，使得数字世界的容量和膨胀速度超过此前估计。个人日常生活的"数字足迹"大大刺激了数字世界的快速增长。通过互联网及社交网络、电子邮件、移动电话、数码照相机和在线信用卡交易等多种方式，每个人的日常生活都在被"数字化"。数字世界的规模在2006—2011年五年间约膨胀了10倍，如图1-3所示。

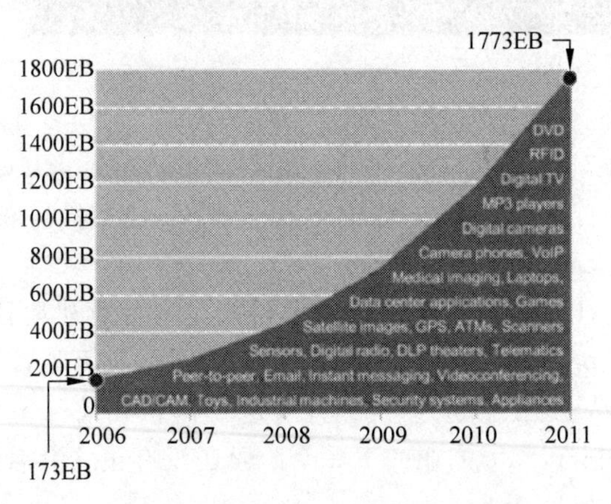


图1-3　2006—2011年全球数字信息的增长

大数据快速增长的原因之一是智能设备的普及，如传感器、医疗设备及智能建筑(如楼宇和桥梁)。此外，非结构化信息，如文件、电子邮件和视频，将占到未来10年新生数据的90%。非结构化信息增长的另一个原因是由于高宽带数据的增长，如视频。

用户手中的手机和移动设备是数据量爆炸的一个重要原因。目前，全球手机用户共拥有50亿台手机，其中20亿台为智能手机，相当于20世纪80年代20亿台IBM的大型机在消费者手里。

大数据正在以不可阻拦的磅礴气势，与当代同样具有革命意义的最新科技进步(如虚拟现实技术、增强现实技术、纳米技术、生物工程、移动平台应用等)一起,揭开人类新世纪的序幕。

对于地球上每一个普通居民而言,大数据有什么应用价值呢?只要看看周围正在变化的一切,你就可以知道,大数据对每个人的重要性不亚于人类初期对火的使用。大数据让人类对一切事物的认识回归本源,其通过影响经济生活、政治博弈、社会管理、文化教育科研、医疗、保健、休闲等行业,与每个人产生密切的联系。

大数据时代已悄然来到我们身边,并渗透到我们每个人的日常生活之中,谁都无法回避。它提供了光怪陆离的全媒体,难以琢磨的云计算,无法抵御的虚拟仿真环境和随处可在的网络服务。随着互联网技术的蓬勃发展,我们一定会迎来大数据的智能时代,即大数据技术和生活紧密相连,它再也不仅仅是人们津津乐道的一种时尚,而是成为生活上的向导和助手。中国大数据市场的应用展望如图 1-4 所示。

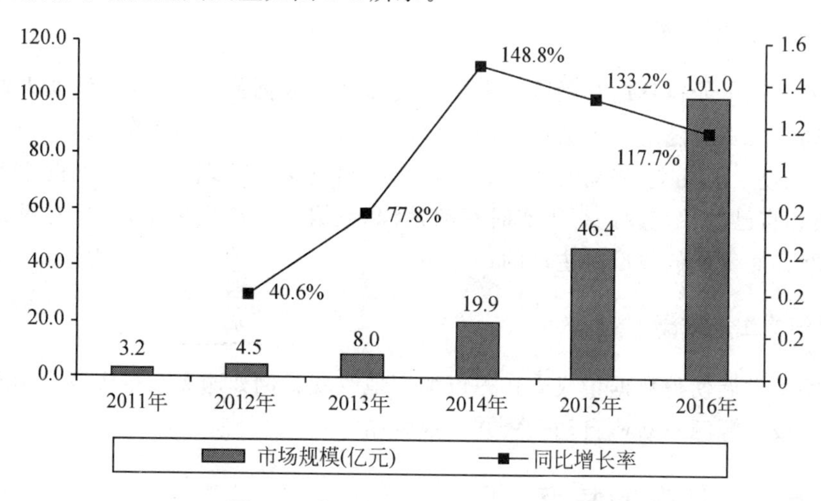


图 1-4 中国大数据市场的应用展望

### 1.1.3 大数据的来源

大数据的来源非常多,如信息管理系统、网络信息系统、物联网系统、科学实验系统等,其数据类型包括结构化数据、半结构化数据和非结构化数据。

(1) 信息管理系统:企业内部使用的信息系统,包括办公自动化系统、业务管理系统等。信息管理系统主要通过用户输入和系统二次加工的方式产生数据,其产生的大数据大多数为结构化数据,通常存储在数据库中。

(2) 网络信息系统:基于网络运行的信息系统即网络信息系统是大数据产生的重要方式,如电子商务系统、社交网络、社会媒体、搜索引擎等都是常见的网络信息系统。网络信息系统产生的大数据多为半结构化或非结构化的数据,在本质上,网络信息系统是信息管理系统的延伸,是专属于某个领域的应用,具备某个特定的目的。因此,网络信息系统有着更独特的应用。

(3) 物联网系统:物联网是新一代信息技术,其核心和基础仍然是互联网,是在互联网基础上延伸和扩展的网络,其用户端延伸和扩展到了任何物品与物品之间,进行信息交换和通信,而其具体实现是通过传感技术获取外界的物理、化学、生物等数据信息。

(4) 科学实验系统：主要用于科学技术研究，可以由真实的实验产生数据，也可以通过模拟方式获取仿真数据。

### 1.1.4 大数据产生的三个发展阶段

从数据库技术诞生以来，产生大数据的方式主要经过了三个发展阶段。

#### 1. 被动式生成数据

数据库技术使得数据的保存和管理变得简单，业务系统在运行时产生的数据可以直接保存到数据库中，由于数据是随业务系统运行而产生的，因此该阶段所产生的数据是被动的。

#### 2. 主动式生成数据

物联网的诞生使得移动互联网的发展大大加速了数据的产生几率，例如人们可以通过手机等移动终端随时随地产生数据。用户数据不但大量增加，同时用户还主动提交了自己的行为，使之进入了社交、移动时代。大量移动终端设备的出现，使用户不仅主动提交自己的行为，还和自己的社交圈进行了实时互动，因此数据大量产生出来，且具有极其强烈的传播性。显然如此生成的数据是主动的。

#### 3. 感知式生成数据

物联网的发展使得数据生成方式得以彻底地改变。例如遍布在城市各个角落的摄像头等数据采集设备源源不断地自动采集并生成数据。

### 1.1.5 大数据的特点

在大数据背景下，数据的采集、分析、处理较之传统方式有了颠覆性的改变，如表1-1所示。

**表 1-1 传统数据与大数据的特点比较**

| | 传统数据 | 大数据 |
|---|---|---|
| 数据产生方式 | 被动采集数据 | 主动生成数据 |
| 数据采集密度 | 采样密度较低，采样数据有限 | 利用大数据平台，可对需要分析事件的数据进行密度采样，精确获取事件全局数据 |
| 数据源 | 数据源获取较为孤立，不同数据之间添加的数据整合难度较大 | 利用大数据技术，通过分布式技术、分布式文件系统、分布式数据库等技术对多个数据源获取的数据进行整合处理 |
| 数据处理方式 | 大多采用离线处理方式，对生成的数据集中分析处理，不对实时产生的数据进行分析 | 较大的数据源、响应时间要求低的应用可以采取批处理方式集中计算；响应时间要求高的实时数据处理采用流处理的方式进行实时计算，并通过对历史数据的分析进行预测分析 |

### 1.1.6 大数据处理流程

大数据的处理流程可以定义为在适合工具的辅助下，对不同结构的数据源进行抽取和集成，结果按照一定的标准统一存储，利用合适的数据分析技术对存储的数据进行分析，从中提取有益的知识并利用恰当的方式将结果展示给终端用户。大数据处理的基本流程如图1-5所示。

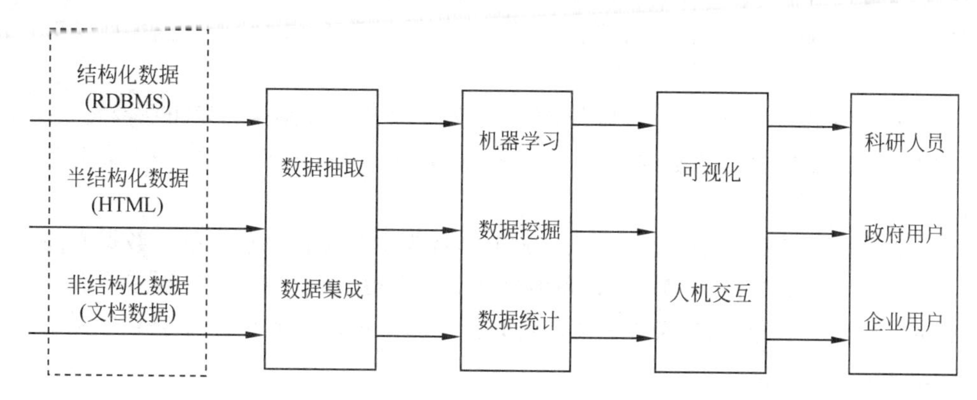


图1-5 大数据处理的基本流程

#### 1. 数据抽取与集成

由于大数据处理的数据来源类型广泛，而其第一步是对数据进行抽取和集成，从中找出关系和实体，经过关联、聚合等操作，再按照统一的格式对数据进行存储，现有的数据抽取和集成引擎有三种：基于物化或ETL方法的引擎、基于中间件的引擎、基于数据流方法的引擎。

#### 2. 大数据分析

大数据分析是指对规模巨大的数据进行分析。大数据分析是大数据处理流程的核心步骤。通过抽取和集成环节，从不同结构的数据源中获得用于大数据处理的原始数据，用户根据需求对数据进行分析处理，如数据挖掘、机器学习、数据统计，数据分析可以用于决策支持、商业智能、推荐系统、预测系统等。

#### 3. 数据可视化

用户最关心的是数据处理的结果及以何种方式在终端上显示结果，因此采用什么方式展示处理结果非常重要。就目前来看，可视化和人机交互是数据解释的主要技术。

数据可视化主要是借助于图形化手段，清晰有效地传达与沟通信息。数据可视化技术的基本思想是将数据库中每一个数据项作为单个图元元素表示，大量的数据集合构成数据图像，同时将数据的各个属性值以多维数据的形式表示，可以从不同的维度观察数据，从而对数据进行更深入的观察和分析。而使用可视化技术可以将处理结果通过图形方式直观地呈现给用户，如标签云、历史流、空间信息等；人机交互技术可以引导用户对数据进行逐步分析，参与并理解数据分析结果。

### 1.1.7 大数据的数据格式特性

从 IT 角度来看，信息结构类型大致经历了三个阶段。必须注意的是，旧的阶段仍在不断发展，如关系数据库的使用。因此三种数据结构类型一直存在，只是其中一种结构类型往往主导其他结构。

(1) 结构化信息：这种信息可以在关系数据库中找到，多年来一直主导着 IT 应用，是关键任务 OLTP 系统业务所依赖的信息。另外，这种信息还可对结构数据库信息进行排序和查询。

(2) 半结构化信息：包括电子邮件、文字处理文件及大量保存和发布在网络上的信息。半结构化信息是以内容为基础的，可以用于搜索，这也是 Google(谷歌)等搜索引擎存在的理由。

(3) 非结构化信息：该信息在本质形式上可认为主要是位映射数据。数据必须处于一种可感知的形式中(如可在音频、视频和多媒体文件中被听到或看到)。许多大数据都是非结构化的，其庞大的规模和复杂性需要高级分析工具来创建或利用一种更易于人们感知和交互的结构。

### 1.1.8 大数据的特征

大数据分析常和云计算联系到一起，因为实时的大型数据集分析需要像 MapReduce 那样的框架来向数十、数百或甚至数千个计算机分配工作。简言之，从各种各样类型的数据中快速获得有价值信息的能力，就是大数据技术。

大数据呈现出 4V1O 的特征，具体如下。

(1) 数据量大(Volume)：是大数据的首要特征，包括采集、存储和计算的数据量非常大。大数据的起始计量单位至少是 100TB。通过各种设备产生的海量数据，其数据规模极为庞大，远大于目前互联网上的信息流量，PB 级别将是常态。

(2) 多样化(Variety)：表示大数据种类和来源多样化，具体表现为网络日志、音频、视频、图片、地理位置信息等多类型的数据，多样化对数据的处理能力提出了更高的要求，由于编码方式、数据格式、应用特征等多个方面都存在差异性，多信息源并发形成大量的异构数据。

(3) 数据价值密度化(Value)：表示大数据价值密度相对较低，需要很多的过程才能挖掘出来。随着互联网和物联网的广泛应用，信息感知无处不在，信息量大，但价值密度较低。如何结合业务逻辑并通过强大的机器算法挖掘数据价值，是大数据时代最需要解决的问题。

(4) 速度快，时效高(Velocity)：随着互联网的发展，数据的增长速度非常快，处理速度也较快，时效性要求也更高。例如，搜索引擎要求几分钟前的新闻能够被用户查询到，个性化推荐算法要求实时完成推荐，这些都是大数据区别于传统数据挖掘的显著特征。

(5) 数据是在线的(On-Line)：表示数据必须随时能调用和计算。这是大数据区别于传统数据的最大特征。现在谈到的大数据不仅大，更重要的是数据是在线的，这是互联网高速发展的特点和趋势。例如好大夫在线，患者的数据和医生的数据都是实时在线的，这样的数据才有意义。如果把它们放在磁盘中或者是离线的，显然这些数据远远不及在线的商业价值大。

总之，无所遁形的大数据时代已经到来，并快速渗透到每个职能领域，如何借助大数据持续创新发展，使企业成功转型，具有非凡的意义。

### 1.1.9 大数据的应用领域

大数据在社会生活的各个领域得到了广泛的应用，如科学计算、金融、社交网络、移动数据、物联网、医疗、网页数据、多媒体、网络日志、RFID传感器、社会数据、互联网文本和文件，互联网搜索索引，呼叫详细记录、天文学、大气科学、基因组学、生物和其他复杂或跨学科的科研、军事侦察、医疗记录，摄影档案馆视频档案，大规模的电子商务等。不同领域的大数据应用具有不同特点，其响应时间、稳定性、精确性的要求各不相同，解决方案也层出不穷，其中最具代表性的有 Informatica Cloud 解决方案、IBM 战略、Microsoft 战略、京东框架结构等，对此我们将在后续章节中讨论。

## 1.2 大数据技术架构

各种各样的大数据应用迫切需要新的工具和技术来存储、管理和实现商业价值。新的工具、流程和方法支撑起了新的技术架构，使企业能够建立、操作和管理这些超大规模的数据集和数据存储环境。

企业逐渐认识到必须在数据驻留的位置进行分析，提升计算能力，以便为分析工具提供实时响应。考虑到数据速度和数据量，来回移动数据进行处理是不现实的。相反，计算和分析工具可以移到数据附近。因此，云计算模式对大数据的成功至关重要。

云模型在从大数据中提取商业价值的同时也在驯服它。这种交付模型能为企业提供一种灵活的选择，以实现大数据分析所需的效率、可扩展性、数据便携性和经济性，但仅仅存储和提供数据还不够，必须以新方式合成、分析和关联数据，才能提供商业价值。部分大数据方法要求处理未经建模的数据，因此，可以用毫不相干的数据源比较不同类型的数据和进行模式匹配，从而使大数据的分析能以新视角挖掘企业传统数据，并带来传统上未曾分析过的数据洞察力。基于上述考虑，一般可以构建出适合大数据的四层堆栈式技术架构，如图 1-6 所示。

#### 1. 基础层

第一层作为整个大数据技术架构基础的最底层，也是基础层。要实现大数据规模的应用，企业需要一个高度自动化的、可横向扩展的存储和计算平台。这个基础设施需要从以前的存储孤岛发展为具有共享能力的高容量存储池。容量、性能和吞吐量必须可以线性扩展。

云模型鼓励访问数据并通过提供弹性资源池来应对大规模问题，解决了如何存储大量数据及如何积聚所需的计算资源来操作数据的问题。在云中，数据跨多个结点调配和分布，使数据更接近需要它的用户，从而缩短响应时间，提高效率。

#### 2. 管理层

大数据要支持在多源数据上做深层次的分析，在技术架构中需要一个管理平台，即管理层使结构化和非结构化数据管理为一体，具备实时传送和查询、计算功能。本层既包括数据的存储和管理，也涉及数据的计算。并行化和分布式是大数据管理平台所必须考虑的要素。

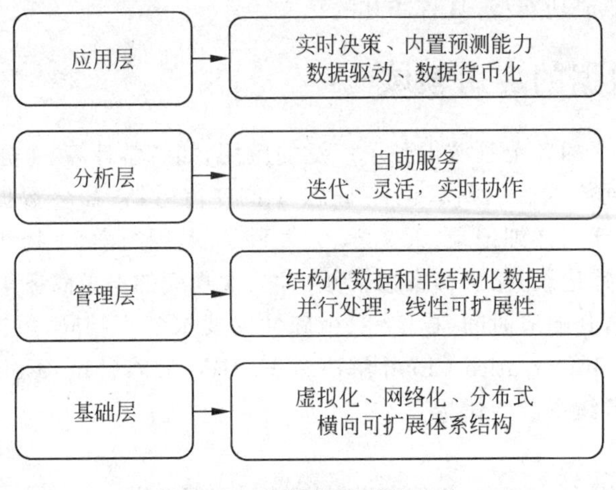


图 1-6　四层堆栈式技术架构

### 3. 分析层

大数据应用需要大数据分析。分析层提供基于统计学的数据挖掘和机器学习算法，用于分析和解释数据集，帮助企业获得深入的数据价值领悟。可扩展性强、使用灵活的大数据分析平台更可能成为数据科学家的利器，起到事半功倍的效果。

### 4. 应用层

大数据的价值体现在帮助企业进行决策和为终端用户提供服务的应用上。不同的新型商业需求驱动了大数据的应用。反之，大数据应用为企业提供的竞争优势使企业更加重视大数据的价值。新型大数据应用不断对大数据技术提出新的要求，大数据技术也因此在不断的发展变化中日趋成熟。

## 1.3　大数据的整体技术和关键技术

大数据需要特殊的技术，以有效地处理在允许时间范围内的大量数据。适用于大数据的技术，包括大规模并行处理(MPP)数据库、数据挖掘电网、分布式文件系统、分布式数据库、云计算平台、互联网和可扩展的存储系统。

大数据技术分为整体技术和关键技术两个方面。

### 1. 整体技术

大数据的整体技术一般包括数据采集、数据存取、基础架构、数据处理、统计分析、数据挖掘、模型预测和结果呈现等。

(1) 数据采集：ETL 工具负责将分布的、异构数据源中的数据，如关系数据、平面数据文件等抽取到临时中间层后进行清洗、转换、集成，最后加载到数据仓库或数据集市中，成为联机分析处理、数据挖掘的基础。

(2) 数据存取：关系数据库、NoSQL、SQL等。

(3) 基础架构：云存储、分布式文件存储等。

(4) 数据处理：自然语言处理(Natural Language Processing，NLP)是研究人与计算机交互的语言问题的一门学科。处理自然语言的关键是要让计算机"理解"自然语言，所以自然语言处理又称为自然语言理解(Natural Language Understanding，NLU)，也称计算语言学(Computational Linguistics)。

(5) 统计分析：假设检验、显著性检验、差异分析、相关分析、T检验、方差分析、卡方分析、偏相关分析、距离分析、回归分析、简单回归分析、多元回归分析、逐步回归、回归预测与残差分析、岭回归、Logistic回归分析、曲线估计、因子分析、聚类分析、主成分分析、因子分析、快速聚类法与聚类法、判别分析、对应分析、多元对应分析(最优尺度分析)、Bootstrap技术等。

(6) 数据挖掘：分类(Classification)、估计(Estimation)、预测(Prediction)、相关性分组或关联规则(Affinity Grouping or Association Rules)、聚类(Clustering)、描述和可视化(Description and Visualization)、复杂数据类型挖掘(Text、Web、图形图像、视频、音频等)。

(7) 模型预测：预测模型、机器学习、建模仿真。

(8) 结果呈现：云计算、标签云、关系图等。

**2. 关键技术**

大数据处理关键技术一般包括大数据采集技术、大数据预处理技术、大数据存储及管理技术、开发大数据安全技术、大数据分析及挖掘技术、大数据展现与应用技术(大数据检索、大数据可视化、大数据应用、大数据安全等)。

(1) 大数据采集技术：数据是指通过RFID射频、传感器、社交网络交互及移动互联网等方式获得的各种类型的结构化、半结构化(或称为弱结构化)及非结构化的海量数据，是大数据知识服务模型的根本。大数据采集技术重点要突破分布式高速高可靠性数据采集、高速数据全映像等大数据收集技术，高速数据解析、转换与装载等大数据整合技术，设计质量评估模型，开发数据质量技术。

大数据采集一般分为智能感知层和基础支撑层。智能感知层主要包括数据传感体系、网络通信体系、传感适配体系、智能识别体系及软硬件资源接入系统，实现对结构化、半结构化、非结构化的海量数据的智能化识别、定位、跟踪、接入、传输、信号转换、监控、初步处理和管理等，必须着重掌握针对大数据源的智能识别、感知、适配、传输、接入等技术。基础支撑层提供大数据服务平台所需的虚拟服务器，结构化、半结构化及非结构化数据的数据库及物联网资源等基础支撑环境，重点攻克分布式虚拟存储技术，大数据获取、存储、组织、分析和决策操作的可视化接口技术，大数据的网络传输与压缩技术，大数据隐私保护技术等。

(2) 大数据预处理技术：主要完成对已接收数据的辨析、抽取、清洗等操作。

① 抽取：因获取的数据可能具有多种结构和类型，数据抽取过程可以帮助我们将复杂的数据转化为单一的或者便于处理的构型，以达到快速分析处理的目的。

② 清洗：由于在海量数据中，数据并不全是有价值的，有些数据并不是我们所关心的内容，而另一些数据则是完全错误的干扰项，因此要对数据进行过滤"去噪"从而提取出有效

数据。

(3) 大数据存储及管理技术：大数据存储与管理要用存储器把采集到的数据存储起来，建立相应的数据库，并进行管理和调用。大数据存储与管理技术重点解决复杂结构化、半结构化和非结构化大数据管理与处理技术；主要解决大数据的可存储、可表示、可处理、可靠性及有效传输等几个关键问题；开发可靠的分布式文件系统(DFS)、能效优化的存储、计算融入存储、大数据的去冗余及高效低成本的大数据存储技术，突破分布式非关系型大数据管理与处理技术、异构数据的数据融合技术、数据组织技术，研究大数据建模技术，大数据索引技术和大数据移动、备份、复制等技术，开发大数据可视化技术和新型数据库技术。新型数据库技术可将数据库分为关系型数据库、非关系型数据库及数据库缓存系统。其中，非关系型数据库主要指的是 NoSQL，又分为键值数据库、列存数据库、图存数据库及文档数据库等类型。关系型数据库包含了传统关系数据库系统及 NewSQL 数据库。

(4) 开发大数据安全技术：改进数据销毁、透明加解密、分布式访问控制、数据审计等技术，突破隐私保护和推理控制、数据真伪识别和取证、数据持有完整性验证等技术。

(5) 大数据分析及挖掘技术：大数据分析及挖掘技术改进已有数据挖掘和机器学习技术，开发数据网络挖掘、特异群组挖掘、图挖掘等新型数据挖掘技术，突破基于对象的数据连接、相似性连接等大数据融合技术和用户兴趣分析、网络行为分析、情感语义分析等面向领域的大数据挖掘技术。

数据挖掘就是从大量的、不完全的、有噪声的、模糊的、随机的实际应用数据中，提取隐含在其中人们事先不知道但又是潜在有用的信息和知识的过程。

数据挖掘涉及的技术方法很多且有多种分类法。根据挖掘任务可分为分类或预测模型发现、数据总结、聚类、关联规则发现、序列模式发现、依赖关系或依赖模型发现、异常和趋势发现等；根据挖掘对象可分为关系数据库、面向对象数据库、空间数据库、时态数据库、文本数据源、多媒体数据库、异质数据库、遗产数据库及环球网 Web；根据挖掘方法可粗分为机器学习方法、统计方法、神经网络方法和数据库方法。机器学习方法可细分为归纳学习方法(决策树、规则归纳等)、基于范例学习、遗传算法等。统计方法可细分为回归分析(多元回归、自回归等)、判别分析(贝叶斯判别、费歇尔判别、非参数判别等)、聚类分析(系统聚类、动态聚类等)、探索性分析(主元分析法、相关分析法等)等。神经网络方法细分为前向神经网络(BP 算法等)、自组织神经网络(自组织特征映射、竞争学习等)等。数据库方法主要是多维数据分析或 OLAP 方法，另外还有面向属性的归纳方法。

从挖掘任务和挖掘方法的角度，数据挖掘着重突破以下几个方面。

① 可视化分析。数据可视化无论是对普通用户还是数据分析专家，都是最基本的功能。数据图像化可以让数据“说话”，让用户直观地感受到结果。

② 数据挖掘算法。图像化是将机器语言翻译给人们看，而数据挖掘算法用的是机器语言。分割、集群、孤立点分析还有各种各样的算法使我们可以精炼数据、挖掘价值。数据挖掘算法一定要能够应付大数据的量，同时还应具有很高的处理速度。

③ 预测性分析。预测性分析可以让分析师根据图像化分析和数据挖掘的结果做出一些前瞻性判断。

④ 语义引擎。语义引擎需要设计足够的人工智能以从数据中主动地提取信息。语言处理技术包括机器翻译、情感分析、舆情分析、智能输入、问答系统等。

⑤ 数据质量与管理。数据质量与管理是管理的最佳实践，透过标准化流程和机器对数据进行处理可以确保获得一个预设质量的分析结果。

(6) 大数据展现与应用技术：大数据技术能够将隐藏于海量数据中的信息和知识挖掘出来，为人类的社会经济活动提供依据，从而提高各个领域的运行效率，大大提高整个社会经济的集约化程度。

在我国，大数据将重点应用于商业智能、政府决策、公共服务三大领域。例如，商业智能技术、政府决策技术、电信数据信息处理与挖掘技术、电网数据信息处理与挖掘技术、气象信息分析技术、环境监测技术、警务云应用系统(道路监控、视频监控、网络监控、智能交通、反电信诈骗、指挥调度等公安信息系统)、大规模基因序列分析比对技术、Web信息挖掘技术、多媒体数据并行化处理技术、影视制作渲染技术、其他各种行业的云计算和海量数据处理应用技术等。大数据和云计算之间的区别在于：首先大数据和云计算在概念上不同，云计算改变了IT，而大数据改变了业务。其次大数据和云计算的目标受众不同，如在一家公司中，那么云计算就是技术层，大数据就是业务层。但需要指出的是大数据对云计算有一定的依赖性。

## 1.4 大数据分析的五种典型工具简介

大数据分析是在研究大量的数据的过程中寻找模式、相关性和其他有用的信息，以帮助企业更好地适应变化，并做出更明智的决策。

### 1. Hadoop

Hadoop是一个能够对大量数据进行分布式处理的软件框架，是一个能够让用户轻松架构和使用的分布式计算平台。用户可以轻松地在Hadoop上开发和运行处理海量数据的应用程序。它主要有以下几个特点：

(1) 高可靠性。Hadoop按位存储和处理数据的能力值得人们信赖。

(2) 高扩展性。Hadoop是在可用的计算机集簇间分配数据并完成计算任务的，这些集簇可以方便地扩展到数以千计的结点中。

(3) 高效性。Hadoop能够在结点之间动态地移动数据，并保证各个结点的动态平衡，因此处理速度非常快。

(4) 容错性。Hadoop能够自动保存数据的多个副本，并且能够自动将失败的任务重新分配。

Hadoop带有用Java语言编写的框架，因此运行在Linux平台上是非常理想的。Hadoop上的应用程序也可以使用其他语言编写，如C++。

### 2. Spark

Spark是一个基于内存计算的开源集群计算系统，目的是更快速地进行数据分析。Spark由加州伯克利大学AMP实验室Matei为主的小团队使用Scala开发，其核心部分的代码只有63个Scala文件，非常轻量级。Spark提供了与Hadoop相似的开源集群计算环境，但基于内存和迭代优化的设计，Spark在某些工作负载上表现更优秀。图1-7为Spark

与 Hadoop 的对比示意。

在 2014 上半年，Spark 开源生态系统得到了大幅增长，已成为大数据领域最活跃的开源项目之一。那么 Spark 究竟以什么吸引了如此多的关注？

(1) 轻量级快速处理。着眼大数据处理，速度往往被置于第一位。Spark 允许 Hadoop 集群中的应用程序在内存中以 100 倍的速度运行，即使在磁盘上运行也能快 10 倍。Spark 通过减少磁盘 IO 来达到性能提升，它们将中间处理数据全部放到了内存中。

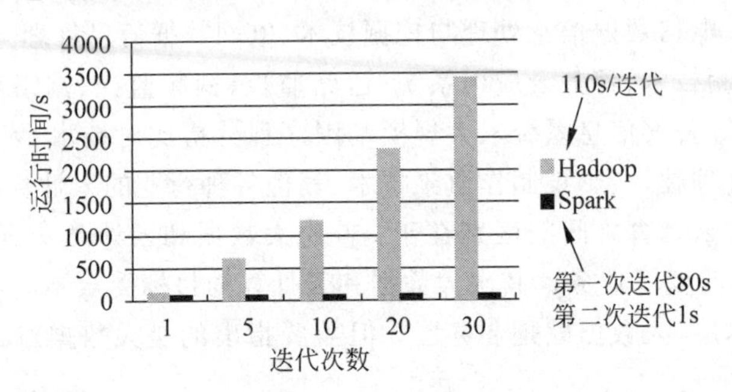


图 1-7 Spark 与 Hadoop 对比

Spark 使用了 RDD(Resilient Distributed Dataset)的理念，这允许它可以透明地在内存中存储数据，只在需要时才持久化到磁盘。这种做法大大地减少了数据处理过程中磁盘的读写，大幅度地降低了所需时间。

(2) 易于使用，Spark 支持多语言。Spark 允许 Java、Scala 及 Python 等语言，这允许开发者在自己熟悉的语言环境下进行工作。它自带了 80 多个高等级操作符，允许在 shell 中进行交互式查询。

(3) 支持复杂查询。在简单的 map 及 reduce 操作之外，Spark 还支持 SQL 查询、流式查询及复杂查询。同时，用户可以在同一个工作流中无缝地搭配这些能力。

(4) 实时的流处理。相较于 MapReduce 只能处理离线数据，Spark 支持实时的流计算。Spark 依赖 Spark Streaming 对数据进行实时的处理，当然在 YARN 之后 Hadoop 也可以借助其他的工具进行流式计算。对于 Spark Streaming，Cloudera 的评价是：

简单：轻量级且具备功能强大的 API，Sparks Streaming 允许快速开发流应用程序。

容错：不像其他流解决方案，例如 Storm，无须额外的代码和配置，Spark Streaming 就可以做大量的恢复和交付工作。

集成：为流处理和批处理重用了同样的代码，甚至可以将流数据保存到历史数据中。

(5) 可以与 Hadoop 和已存 Hadoop 数据整合。Spark 可以独立运行，除了可以运行在当下的 YARN 集群管理之外，它还可以读取已有的任何 Hadoop 数据。这是个非常大的优势，它可以运行在任何 Hadoop 数据源上，例如 HBase、HDFS 等。这个特性让用户可以轻易迁移已有 Hadoop 应用(如果合适的话)。

(6) 活跃和无限壮大的社区。Spark 起源于 2009 年，当下已有超过 50 个机构 250 个工程师贡献过代码，和 2014 年 6 月相比，代码行数几乎扩大三倍，这是个令人艳羡的增长。

### 3. HPCC

HPCC(高性能计算与通信)是美国实施信息高速公路而实施的计划，该计划的实施将耗资百亿美元，其主要目标是开发可扩展的计算系统及相关软件，以支持太位级网络传输性能；开发千兆比特网络技术，扩展研究和教育机构及网络连接能力。该项目主要由以下5部分组成。

(1) HPCS(高性能计算机系统)，内容包括今后几代计算机系统的研究、系统设计工具、先进的典型系统及原有系统的评价等。

(2) ASTA(先进软件技术与算法)，内容有巨大挑战问题的软件支撑、新算法设计、软件分支与工具、计算及高性能计算研究中心等。

(3) NREN(国家科研与教育网格)，内容有中接站及10亿位级传输的研究与开发。

(4) BRHR(基本研究与人类资源)，内容有基础研究、培训、教育及课程教材，BRHR是通过奖励调查者开始的，长期的调查在可升级的高性能计算中增加创新意识流，通过教育、高性能的计算训练和通信来加大熟练的和训练有素的人员的联营，为调查研究活动提供必需的基础架构。

(5) IITA(信息基础结构技术和应用)，目的在于保证美国在先进信息技术开发方面的领先地位。

### 4. Storm

Storm是一个开源软件，一个分布式、容错的实时计算系统。Storm可以非常可靠地处理庞大的数据流，用于处理Hadoop的批量数据。Storm很简单，支持许多种编程语言，使用起来非常有趣。Storm由Twitter开源而来，其他知名的应用企业包括Groupon、淘宝、支付宝、阿里巴巴、乐元素、Admaster等。

Storm有许多应用领域，包括实时分析、在线机器学习、不停顿的计算、分布式RPC(远过程调用协议，一种通过网络从远程计算机程序上请求服务的协议)、ETL等。Storm的处理速度惊人，经测试，每个结点每秒钟可以处理100万个数据元组。Storm具有可扩展、容错、容易设置和操作的特点。

### 5. Apache Drill

为了帮助企业用户寻找更为有效、加快Hadoop数据查询的方法，Apache软件基金会发起了一项名为Drill的开源项目。Apache Drill实现了Google's Dremel。

据Hadoop厂商MapR Technologies公司产品经理Tomer Shiran介绍，Drill已经作为Apache孵化器项目来运作，将面向全球软件工程师持续推广。

该项目将创建出开源版本的Google Dremel Hadoop工具(Google使用该工具来为Hadoop数据分析工具的互联网应用提速)。而Drill将有助于Hadoop用户实现更快查询海量数据集的目的。

Drill项目其实也是从Google的Dremel项目中获得灵感的，该项目帮助Google实现海量数据集的分析处理，包括分析抓取Web文档、跟踪安装在Android Market上的应用程序数据、分析垃圾邮件、分析Google分布式构建系统上的测试结果等。

通过开发Apache Drill开源项目，组织机构将有望建立Drill所属的API接口和灵活强大的体系架构，从而帮助支持广泛的数据源、数据格式和查询语言。

## 1.5 大数据未来发展趋势

大数据逐渐成为我们生活的一部分,它既是一种资源,又是一种工具,让我们更好地探索世界和认识世界。大数据提供的并不是最终答案,只是参考答案,它为我们提供的是暂时帮助,以便等待更好的方法和答案出现。

### 1.5.1 数据资源化

资源化是指大数据成为企业和社会关注的重要战略资源,并已成为大家争抢的新焦点,数据将逐渐成为最有价值的资产。

随着大数据应用的发展,大数据资源成为重要的战略资源,数据成为新的战略制高点。资源不仅仅只是指看得见、摸得着的实体,如煤、石油、矿产等,大数据已经演变成不可或缺的资源。《华尔街日报》在题为《大数据,大影响》的报告中提到,数据就像货币或者黄金一样,已经成为一种新的资产类别。

大数据作为一种新的资源,具有其他资源所不具备的优点,如数据的再利用、开放性、可扩展性和潜在价值。数据的价值不会随着它的使用而减少,而是可以不断地被处理和利用。

### 1.5.2 数据科学和数据联盟的成立

#### 1. 催生新的学科和行业

数据科学将成为一门专门的学科,被越来越多的人所认知。越来越多的高校开设了与大数据相关的学科课程,为市场和企业培养人才。

一个新行业的出现,必将会增加工作职位的需求,大数据催生了一批与之相关的新的就业岗位。例如,大数据分析师、大数据算法工程师、数据产品经理、数据管理专家等。因此,具有丰富经验的大数据相关人才将成为稀缺资源。

#### 2. 数据共享

大数据相关技术的发展将会创造出一些新的细分市场。针对不同的行业将会出现不同的分析技术。但是对于大数据来说,数据的多少虽然不意味着价值更高,但是数据越多对一个行业的分析价值越有利。

以医疗行业为例,如果每个医院想要获得更多病情特征库及药效信息,就需要对数据进行分析,这样经过分析之后就能从数据中获得相应的价值。如果想获得更多的价值,就需要对全国甚至全世界的医疗信息进行共享。只有这样才能通过对整个医疗平台的数据进行分析,获取更准确更有利的价值。因此,数据可能成为一种共享的趋势。

### 1.5.3 大数据隐私和安全问题

(1) 大数据引发个人隐私、企业和国家安全问题。

大数据时代将引发个人隐私安全问题。在大数据时代,用户的个人隐私数据可能在不经意间就被泄露。例如，网站密码泄露、系统漏洞导致用户资料被盗、手机里的APP暴露用户的个人信息等。在大数据领域，一些用户认为根本不重要的信息很有可能暴露用户的近期状况，带来安全隐患。

大数据时代，企业将面临信息安全的挑战。企业不仅要学习如何挖掘数据价值，还要考虑如何应对网络攻击、数据泄露等安全风险，并且建立相关的预案。在企业用数据挖掘和数据分析获取商业价值的同时，黑客也利用这些数据技术向企业发起攻击。因此，企业必须制定相应的策略来应对大数据带来的信息安全挑战。

大数据时代，大数据安全应该上升为国家安全。数据安全的威胁无处不在。国家的基础设施和重要机构所保存的大数据信息，如与石油、天然气管道、水电、交通、军事等相关的数据信息，都有可能成为黑客攻击的目标。

（2）正确合理利用大数据，促进大数据产业的健康发展。

大数据时代，必须对数据安全和隐私进行有效的保护，具体方法如下。

① 从用户的角度，积极探索，加大个人隐私保护力度。数据来源于互联网上无数用户产生的数据信息，因此，建议用户在运用互联网或者APP时保持高度警惕。

② 从法律的角度，提高安全意识，及时出台相关政策，制定相关政策法规，完善立法。国家需要有专门的法规来为大数据的发展扫除障碍，必须健全大数据隐私和安全方面的法律法规。

③ 从数据使用者角度，数据使用者要以负责的态度使用数据，我们需要把进行隐私保护的责任从个人转移到数据使用者身上。政府和企业的信息化建设必须拥有统一的规划和标准，只有这样才能有效地保护公民和企业隐私。

④ 从技术角度，加快数据安全技术研发，尤其应加强云计算安全研究，保障云安全。

### 1.5.4 开源软件成为推动大数据发展的动力

大数据获得动力的关键在于开放源代码，帮助分解和分析数据。开源软件的盛行不会抑制商业软件的发展。相反，开源软件将会给基础架构硬件、应用程序开发工具、应用服务等各个方面相关领域带来更多的机会。

从技术的潮流来看，无论是大数据还是云计算，其实推动技术发展的主要力量都来源于开源软件。使用开源软件有诸多的优势，之所以这么说，是因为开源的代码很多人在看、在维护、在检查。了解开源软件和开源模式，将成为一个重要的趋势。

### 1.5.5 大数据在多方位改善我们的生活

大数据作为一种重要的战略资产，已经不同程度地渗透到每个行业领域和部门。现在，通过大数据的力量，用户希望掌握真正的便捷信息，从而让生活更有趣。

例如，在医疗卫生行业，能够利用大数据避免过度治疗、减少错误治疗和重复治疗，从而降低系统成本、提高工作效率、改进和提升治疗质量；在健康方面，我们可以利用智能手环来对睡眠模式进行检测和追踪，用智能血压计来监控老人的身体状况。在交通方面，我们可以通过智能导航GPS数据来了解交通状况，并根据交通拥挤情况及时调整路径。同时，大数据也将成为智能家居的核心。

大数据也将促进智慧城市的发展，是智慧城市的核心引擎。智慧医疗、智慧交通、智慧安防等，都是以大数据为基础的智慧城市的应用领域。大数据将多方位改善我们的生活。

## 本章小结

近年来大数据应用带来了令人瞩目的成绩。作为新的重要资源，世界各国都在加快大数据的战略布局，制定战略规划。美国奥巴马政府发起了《大数据研究和发展倡议》，斥资2亿美元用于大数据研究；英国政府预计在大数据和节能计算研究上投资1.89亿英镑；法国政府宣布投入1150万欧元，用于7个大数据市场研发项目；日本在新一轮IT振兴计划中，将发展大数据作为国家战略层面提出，重点关注大数据应用技术，如社会化媒体、新医疗、交通拥堵治理等公共领域的应用。中国的基础研究大数据服务平台应用示范项目正在启动，有关部门正在积极研究相关发展目标、发展原则、关键技术等方面的顶层设计。

目前我国大数据产业还处于发展初期，市场规模仍然比较小，2012年仅为4.5亿元，而且主导厂商仍以外企居多。据估计，2016年我国大数据应用的整体市场规模将突破百亿元量级，未来将形成全球最大的大数据产业带。

总而言之，大数据技术的发展必将解开宇宙起源的奥秘和对人类社会未来发展的趋势有推动作用。

**【注释】**

1. 联机事务处理系统(On-Line Transaction Processing，OLTP)：也称为面向交易的处理系统，其基本特征是顾客的原始数据可以立即传送到计算中心进行处理，并在很短的时间内给出处理结果。

2. 电磁兼容性(Electromagnetic Compatibility，EMC)：是指设备或系统在其电磁环境中符合要求运行并不对其环境中的任何设备产生无法忍受的电磁骚扰的能力。

3. 互联网数据中心(Internet Data Center，IDC)：就是电信部门利用已有的互联网通信线路、带宽资源，建立标准化的电信专业级机房环境，为企业、政府提供服务器托管、租用以及相关增值等方面的全方位服务。

4. ETL(Extraction Transformation Loading)：即数据抽取(Extract)、转换(Transform)、装载(Load)的过程，它是构建数据仓库的重要环节。ETL是将业务系统的数据经过抽取、清洗、转换之后加载到数据仓库的过程，目的是将企业中的分散、零乱、标准不统一的数据整合到一起，为企业决策提供分析依据。

5. NewSQL：是对各种新的可扩展/高性能数据库的简称，这类数据库不仅具有NoSQL对海量数据的存储管理能力，还保持了传统数据库支持ACID和SQL等特性。NewSQL是指这样一类新式的关系型数据库管理系统，针对OLTP(读-写)工作负载，追求提供和NoSQL系统相同的扩展性能，且仍然保持ACID和SQL等特性。

6. ACID：指数据库事务正确执行的四个基本要素，包含原子性(Atomicity)、一致性(Consistency)、隔离性(Isolation)、持久性(Durability)。一个支持事务(Transaction)的数据库，必须具有这四种特性，否则在事务过程当中无法保证数据的正确性，交易过程极可能达不到交易方的要求。

CHAPTER 2

# 第 2 章

# 大数据采集及预处理

## 导 学

### 内容与要求

本章主要介绍了大数据采集的概念、大数据采集的数据来源和技术方法，大数据预处理的方法，以及大数据采集及预处理的工具。

大数据采集中要理解大数据采集的基本概念；掌握大数据采集的数据来源，包括商业数据、互联网数据与物联网数据；了解大数据采集的技术方法，包括系统日志采集方法、对非结构化数据的采集和其他数据采集方法。

大数据的预处理中了解大数据预处理的方法，包括数据清洗、数据集成、数据变换和数据规约。

大数据采集及预处理的工具中了解常用工具，包括 Flume、Logstash、Kibana、Ceilometer 和 Zipkin 等。

### 重点、难点

本章的重点是大数据采集的概念，大数据采集的数据来源和技术方法。本章的难点是大数据预处理的方法。

大数据环境下，数据的来源、种类非常多。其中对数据存储和处理的需求量大，数据表达的要求高，因此数据处理的高效性与可用性非常重要。为此必须在数据的源头即数据采集上把好关，其中数据源的选择和原始数据的采集方法是大数据采集的关键。本章着重介绍大数据的采集和预处理。

# 2.1 大数据采集

## 2.1.1 大数据采集概述

大数据的数据采集是在确定用户目标的基础上，针对该范围内所有结构化、半结构化和非结构化的数据的采集。采集后对这些数据进行处理，从中分析和挖掘出有价值的信息。在大数据的采集过程中，其主要特点和面临的挑战是成千上万的用户同时进行访问和操作而引起的高并发数。如12306火车票售票网站在2015年春运火车票售卖的最高峰时，网站访问量(PV值)在一天之内达到破纪录的297亿次。

大数据出现之前，计算机所能够处理的数据都需要在前期进行相应的结构化处理，并存储在相应的数据库中。但大数据技术对于数据的结构要求大大降低，互联网上人们留下的社交信息、地理位置信息、行为习惯信息、偏好信息等各种维度的信息都可以实时处理，传统的数据采集与大数据的数据采集对比如表2-1所示。

**表2-1 传统的数据采集与大数据的数据采集对比**

| 项　目 | 传统的数据采集 | 大数据的数据采集 |
|---|---|---|
| 数据来源 | 来源单一，数据量相对大数据较小 | 来源广泛，数据量巨大 |
| 数据类型 | 结构单一 | 数据类型丰富，包括结构化、半结构化、非结构化 |
| 数据处理 | 关系型数据库和并行数据仓库 | 分布式数据库 |

## 2.1.2 大数据采集的数据来源

按照数据来源划分，大数据的三大主要来源为商业数据、互联网数据与物联网数据。其中，商业数据来自于企业ERP系统、各种POS终端及网上支付系统等业务系统；互联网数据来自于通信记录及QQ、微信、微博等社交媒体；物联网数据来自于射频识别装置、全球定位设备、传感器设备、视频监控设备等。

### 1. 商业数据

商业数据是指来自于企业ERP系统、各种POS终端及网上支付系统等业务系统的数据，商业数据是现在最主要的数据来源渠道。

世界上最大的零售商沃尔玛每小时收集到2.5PB数据，存储的数据量是美国国会图书馆的167倍。沃尔玛详细记录了消费者的购买清单、消费额、购买日期、购买当天天气和气温，通过对消费者的购物行为等非结构化数据进行分析，发现商品关联，并优化商品陈列。沃尔玛不仅采集这些传统商业数据，还将数据采集的触角伸入到了社交网络数据。当用户在Facebook和Twitter谈论某些产品或者表达某些喜好时，这些数据都会被沃尔玛记录下来并加以利用。

Amazon(亚马逊)公司拥有全球零售业最先进的数字化仓库，通过对数据的采集、整理和分析，可以优化产品结构，开展精确营销和快速发货。另外，Amazon的Kindle电子书城中积累了上千万本图书的数据，并完整记录着读者们对图书的标记和笔记，若加以分析，

Amazon 能从中得到哪类读者对哪些内容感兴趣，从而能给读者做出准确的图书推荐。

### 2. 互联网数据

互联网数据是指网络空间交互过程中产生的大量数据，包括通信记录及 QQ、微信、微博等社交媒体产生的数据，其数据复杂且难以被利用。例如，社交网络数据所记录的大部分是用户的当前状态信息，同时还记录着用户的年龄、性别、所在地、教育、职业和兴趣等。

互联网数据具有大量化、多样化、快速化等特点。

(1) 大量化：在信息化时代背景下网络空间数据增长迅猛，数据集合规模已实现从 GB 到 PB 的飞跃，互联网数据则需要通过 ZB 表示。在未来互联网数据的发展中还将实现近 50 倍的增长，服务器数量也将随之增长，以满足大数据存储。

(2) 多样化：互联网数据的类型多样化，例如结构化数据、半结构化数据和非结构化数据。互联网数据中的非结构化数据正在飞速增长，据相关调查统计，在 2012 年底非结构化数据在网络数据总量中占 77%左右。非结构化数据的产生与社交网络以及传感器技术的发展有着直接联系。

(3) 快速化：互联网数据一般情况下以数据流形式快速产生，且具有动态变化的特征，其时效性要求用户必须准确掌握互联网数据流才能更好地利用这些数据。

互联网是大数据信息的主要来源，能够采集什么样的信息、采集到多少信息及哪些类型的信息，直接影响着大数据应用功能最终效果的发挥。而信息数据采集需要考虑采集量、采集速度、采集范围和采集类型，信息数据采集速度可以达到秒级以上；采集范围涉及微博、论坛、博客、新闻网、电商网站、分类网站等各种网页；而采集类型包括文本、数据、URL、图片、视频、音频等。

### 3. 物联网数据

物联网是指在计算机互联网的基础上，利用射频识别、传感器、红外感应器、无线数据通信等技术，构造一个覆盖世界上万事万物的 The Internet of Things，也就是"实现物物相连的互联网络"。其内涵包含两个方面意思：一是物联网的核心和基础仍是互联网，是在互联网基础之上延伸和扩展的一种网络；二是其用户端延伸和扩展到了任何物品与物品之间进行信息交换和通信。物联网的定义是：通过射频识别(Radio Frequency Identification, RFID)装置、传感器、红外感应器、全球定位系统、激光扫描器等信息传感设备，按约定的协议，把任何物品与互联网相连接，以进行信息交换和通信，从而实现智慧化识别、定位、跟踪、监控和管理的一种网络体系。

物联网数据是除了人和服务器之外，在射频识别、物品、设备、传感器等结点产生的大量数据，包括射频识别装置、音频采集器、视频采集器、传感器、全球定位设备、办公设备、家用设备和生产设备等产生的数据。物联网数据的特点主要包括以下几点。

(1) 物联网中的数据量更大。物联网的最主要特征之一是结点的海量性，其数量规模远大于互联网；物联网结点的数据生成频率远高于互联网，如传感器结点多数处于全时工作状态，数据流是持续的。

(2) 物联网中的数据传输速率更高。由于物联网与真实物理世界直接关联，很多情况下需要实时访问、控制相应的结点和设备，因此需要高数据传输速率来支持。

(3) 物联网中的数据更加多样化。物联网涉及的应用范围广泛,包括智慧城市、智慧交通、智慧物流、商品溯源、智能家居、智慧医疗、安防监控等;在不同领域、不同行业,需要面对不同类型、不同格式的应用数据,因此物联网中数据多样性更为突出。

(4) 物联网对数据真实性的要求更高。物联网是真实物理世界与虚拟信息世界的结合,其对数据的处理以及基于此进行的决策将直接影响物理世界,物联网中数据的真实性显得尤为重要。

以智能安防应用为例,智能安防行业已从大面积监控布点转变为注重视频智能预警、分析和实战,利用大数据技术从海量的视频数据中进行规律预测、情境分析、串并侦察、时空分析等。在智能安防领域,数据的产生、存储和处理是智能安防解决方案的基础,只有采集足够有价值的安防信息,通过大数据分析以及综合研判模型,才能制定智能安防决策。

所以,在信息社会中,几乎所有行业的发展都离不开大数据的支持。

### 2.1.3 大数据采集的技术方法

数据采集技术是信息科学的重要组成部分,已广泛应用于国民经济和国防建设的各个领域,并且随着科学技术的发展,尤其是计算机技术的发展与普及,数据采集技术具有更广阔的发展前景。大数据的采集技术为大数据处理的关键技术之一。

#### 1. 系统日志采集方法

很多互联网企业都有自己的海量数据采集工具,多用于系统日志采集,如 Hadoop 的 Chukwa、Cloudera 的 Flume、Facebook 的 Scribe 等,如表 2-2 所示。这些系统采用分布式架构,能满足每秒数百 MB 的日志数据采集和传输需求。例如,Scribe 是 Facebook 开源的日志收集系统,能够从各种日志源上收集日志,存储到一个中央存储系统(可以是 NFS、分布式文件系统等)上,以便于进行集中统计分析处理。它为日志的"分布式收集,统一处理"提供了一个可扩展的、高容错的方案。

表 2-2　主要日志采集系统对比

| 日志采集系统 | Scribe | Chukwa | Flume |
|---|---|---|---|
| 公司 | Facebook | Apache/Yahoo | Cloudera |
| 开源时间 | 2008.10 | 2009.11 | 2009.7 |
| 实现语言 | C/C++ | Java | Java |
| 容错性 | 收集器和存储之间有容错机制,而代理和收集器之间的容错需要自己实现 | 代理定期发送给已经发送给收集器的数据偏移量,一旦故障的情况下,可以根据偏移量继续发送数据 | 代理和收集器之间均有容错机制,并提供了三种基本的可靠性保证 |
| 负载均衡 | 无 | 无 | 使用 Zookeeper |
| 可扩展性 | 好 | 好 | 好 |
| 代理(Agent) | Thirft Client 需要自己实现 | 自带一些代理如获取 Hadoop 的日志的代理 | 提供了各种非常丰富的代理 |
| 收集器 | 实际上是一个 Thirft Server | 对多个数据源发过来的数据进行合并,然后加载到 HDFS 中;隐藏 HDFS 实现的细节 | 系统提供了很多的收集器可以直接使用 |
| 存储 | 直接支持 HDFS | 直接支持 HDFS | 直接支持 HDFS |

续表

| 日志采集系统 | Scribe | Chukwa | Flume |
| --- | --- | --- | --- |
| 总体评价 | 设计简单,易于使用,但是容错性和负载均衡方面不够理想,且资料较少 | 属于 Hadoop 系列产品,直接支持 Hadoop,有待完善 | 内置组件齐全,不必进行额外开发即可使用 |

### 2. 对非结构化数据的采集

非结构化数据的采集就是针对所有非结构化的数据的采集,包括企业内部数据的采集和网络数据采集等。企业内部数据的采集是对企业内部各种文档、视频、音频、邮件、图片等数据格式之间互不兼容的数据采集,具体采集方案可详见第 11 章大数据解决方案及相关案例。

网络数据采集是指通过网络爬虫或网站公开 API 等方式从网站上获取互联网中相关网页内容的过程,并从中抽取出用户所需要的属性内容。互联网网页数据处理就是对抽取出来的网页数据进行内容和格式上的处理、转换和加工,使之能够适应用户的需求,并将之存储下来,供以后使用。该方法可以将非结构化数据从网页中抽取出来,将其存储为统一的本地数据文件,并以结构化的方式存储。它支持图片、音频、视频等文件或附件的采集,附件与正文可以自动关联。除了网络中包含的内容之外,对于网络流量的采集可以使用 DPI 或 DFI 等带宽管理技术进行处理。

网络爬虫是一种按照一定的规则,自动地抓取万维网信息的程序或者脚本,是一个自动提取网页的程序,它为搜索引擎从万维网上下载网页,是搜索引擎的重要组成。

网络数据采集和处理的整体过程如图 2-1 所示,包含四个主要模块:网络爬虫(Spider)、数据处理(Data Process)、URL 队列(URL Queue)和数据(Data)。

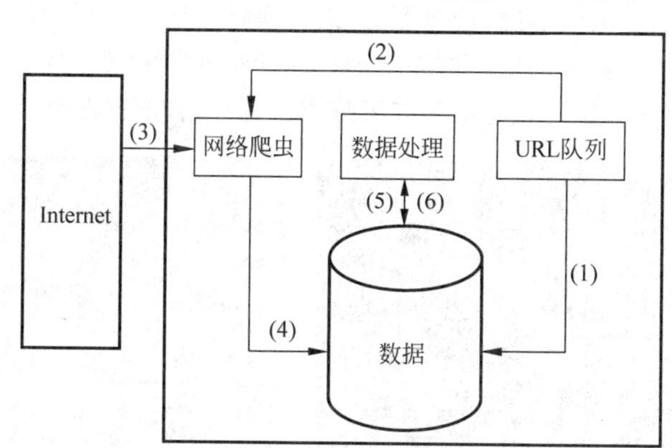


图 2-1 网络数据采集和处理流程

这四个主要模块的功能如下。

(1) 网络爬虫:从 Internet 上抓取网页内容,并抽取出需要的属性内容。

(2) 数据处理:对爬虫抓取的内容进行处理。

(3) URL 队列(URL Queue):为爬虫提供需要抓取数据网站的 URL。

(4) 数据:包含 Site URL、Spider Data 和 Dp Data。其中,Site URL 是需要抓取数据网站的 URL 信息;Spider Data 是爬虫从网页中抽取出来的数据;Dp Data 是经过数据处理之后的数据。

整个网络数据采集和处理的基本步骤如下：

(1) 将需要抓取数据的网站的 URL 信息(Site URL)写入 URL 队列。

(2) 爬虫从 URL 队列中获取需要抓取数据的网站的 Site URL 信息.

(3) 爬虫从 Internet 抓取与 Site URL 对应的网页内容,并抽取出网页特定属性的内容值。

(4) 爬虫将从网页中抽取出的数据(Spider Data)写入数据库。

(5) Dp 读取 Spider Data 并进行处理。

(6) Dp 将处理之后的数据写入数据库。

目前网络数据采集的关键技术为链接过滤,其实质是判断一个链接(当前链接)是不是在一个链接集合(已经抓取过的链接)里。在对网页大数据的采集中,可以采用布隆过滤器(Bloom Filter)来实现对链接的过滤。

### 3. 其他数据采集方法

对于企业生产经营数据或学科研究数据等保密性要求较高的数据,可以通过与企业或研究机构合作,使用特定系统接口等相关方式采集数据。

尽管大数据技术层面的应用可以无限广阔,但由于受到数据采集的限制,能够用于商业应用、服务于人们的数据要远远小于理论上大数据能够采集和处理的数据。因此,解决大数据的隐私问题是数据采集技术的重要目标之一。现阶段的医疗机构数据更多来源于内部,外部的数据没有得到很好的应用。对于外部数据,医疗机构可以考虑借助如百度、阿里、腾讯等第三方数据平台解决数据采集难题。例如,百度推出的疾病预测大数据产品(如图 2-2 所示)可以对全国不同的区域进行全面监控,智能化地列出某一地级市和区域的流感、肝炎、肺结核、性病等常见疾病的活跃度、趋势图等,进而有针对性地进行预防,从而降低染病的几率。在医疗领域,通过大数据的应用可以更加快速清楚地预测到疾病发展的趋势,这样在大规模暴发疾病时能够提前做好预防措施和医疗资源的储蓄和分配,优化医疗资源。

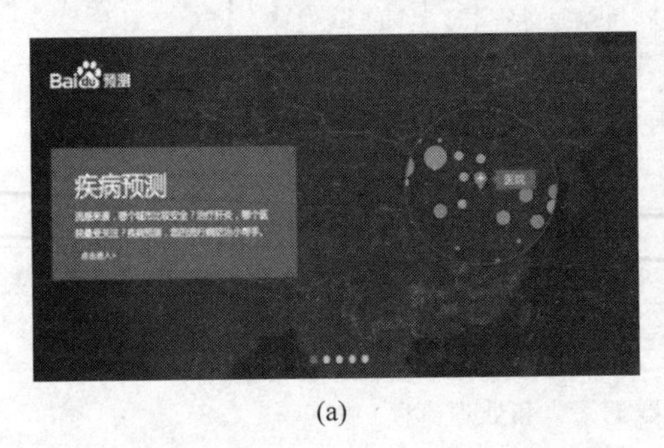


(a)

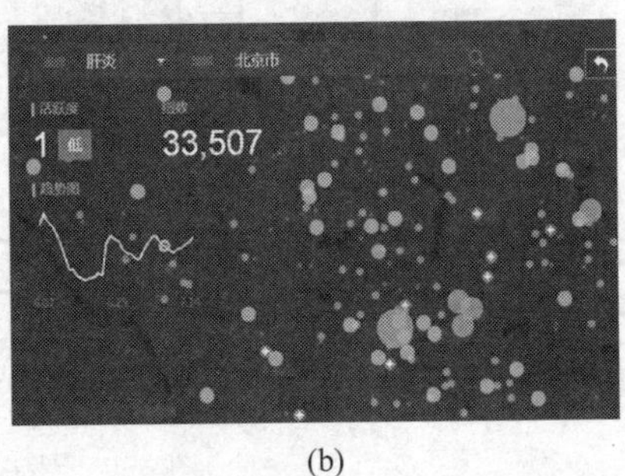


(b)

图 2-2　百度推出的疾病预测大数据产品

## 2.2　大数据的预处理

要对海量数据进行有效的分析,应该将这些来自前端的数据导入到一个集中的大型分布式数据库或者分布式存储集群,并且可以在导入基础上做一些简单的清洗和预处理工作。

导入与预处理过程的特点和挑战主要是导入的数据量大，通常用户每秒钟的导入量会达到百兆，甚至千兆级别。

根据大数据的多样性，决定了通过多种渠道获取的数据种类和数据结构都非常复杂，这就给之后的数据分析和处理带来了极大的困难。通过大数据的预处理这一步骤，将这些结构复杂的数据转换为单一的或便于处理的结构，为以后的数据分析打下良好的基础。由于所采集的数据里并不是所有的信息都是必需的，而是掺杂了很多噪声和干扰项，因此还需要对这些数据进行“去噪”和“清洗”，以保证数据的质量和可靠性。常用的方法是在数据处理的过程中设计一些数据过滤器，通过聚类或关联分析的规则方法将无用或错误的离群数据挑出来过滤掉，防止其对最终数据结果产生不利影响，然后将这些整理好的数据进行集成和存储。现在一般的解决方法是将针对特定种类的数据信息分门别类放置，可以有效地减少数据查询和访问的时间，提高数据提取速度。大数据处理流程如图 2-3 所示。

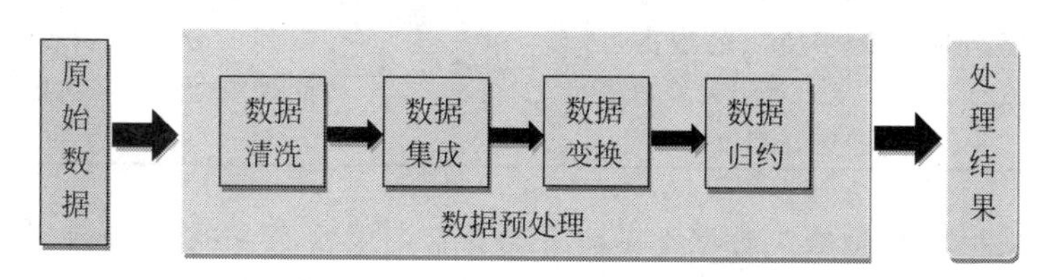


图 2-3　大数据处理流程

大数据预处理的方法主要包括数据清洗、数据集成、数据变换和数据归约。

### 1. 数据清洗

数据清洗是在汇聚多个维度、多个来源、多种结构的数据之后，对数据进行抽取、转换和集成加载。在这个过程中，除了更正、修复系统中的一些错误数据之外，更多的是对数据进行归并整理，并存储到新的存储介质中。

常见的数据质量问题可以根据数据源的多少和所属层次分为以下 4 类。

(1) 单数据源定义层：违背字段约束条件(日期出现 1 月 0 日)、字段属性依赖冲突(两条记录描述同一个人的某一个属性，但数值不一致)、违反唯一性(同一个主键 ID 出现了多次)。

(2) 单数据源实例层：单个属性值含有过多信息、拼写错误、空白值、噪音数据、数据重复、过时数据等。

(3) 多数据源的定义层：同一个实体的不同称呼(笔名和真名)、同一种属性的不同定义(字段长度定义不一致、字段类型不一致等)。

(4) 多数据源的实例层：数据的维度、粒度不一致(有的按 GB 记录存储量，有的按 TB 记录存储量；有的按照年度统计，有的按照月份统计)、数据重复、拼写错误。

此外，还有在数据处理过程中产生的“二次数据”，包括数据噪声、数据重复或错误的情况。数据的调整和清洗涉及到格式、测量单位和数据标准化与归一化。数据不确定性有两方面含义，即数据自身的不确定性和数据属性值的不确定性。前者可用概率描述，后者有多重描述方式，如描述属性值的概率密度函数、以方差为代表的统计值等。

对于数据质量中普遍存在的空缺值、噪音值和不一致数据的情况，可以采用传统的统计学方法、基于聚类的方法、基于距离的方法、基于分类的方法和基于关联规则的方法等来实现数据清洗。数据清洗方法的对比如表 2-3 所示。

**表 2-3 传统的数据清洗和大数据清洗方法的对比**

| 选项 | 传统的数据清洗 | 大数据清洗 | | | |
|---|---|---|---|---|---|
| 方法 | 统计学 | 聚类 | 距离 | 分类 | 关联规则 |
| 主要思想 | 将属性当做随机变量，通过置信区间来判断值的正误 | 根据数据相似度将数据分组，发现不能归并到分组的孤立点 | 使用距离度量来量化数据对象之间的相似性 | 训练一个可以区分正常数据和异常数据的分类模型 | 定义数据之间的关联规则，不符合规则的数据被认为是异常数据 |
| 优点 | 可以随机选取 | 对多种类型的数据有效，具有普适性 | 比较简单易算 | 结合了数据的偏好性 | 可以发现数据值的关联性 |
| 缺点 | 参数模型复杂时需要多次迭代 | 有效性高度依赖于使用的聚类方法，对于大型数据集开销较大 | 如果距离都较近或平均分布，无法区分 | 得到的分类器可能过拟合 | 强规则不一定是正确的规则 |

在大数据清洗中，根据缺陷数据类型可分为异常记录检测、空值的处理、错误值的处理、不一致数据的处理和重复数据的检测。其中异常记录检测和重复数据的检测为数据清洗的两个核心问题。

(1) 异常记录检测：包括解决空值、错误值和不一致数据的方法。

(2) 空值的处理：一般采用估算方法，例如采用均值、众数、最大值、最小值、中位数填充。但估值方法会引入误差，如果空值较多，会使结果偏离较大。

(3) 错误值的处理：通常采用统计方法来处理，例如偏差分析、回归方程、正态分布等。

(4) 不一致数据的处理：主要体现为数据不满足完整性约束，可以通过分析数据字典、元数据等，整理数据之间的关系进行修正。不一致数据通常是由于缺乏数据标准而产生的。

(5) 重复数据的检测：其算法可以分为基本的字段匹配算法、递归的字段匹配算法、Smith-Waterman 算法、基于编辑距离的字段匹配算法和改进余弦相似度函数。这些算法的对比如表 2-4 所示。

**表 2-4 重复数据的检测算法对比**

| 算法 | 基本的字段匹配算法 | 递归的字段匹配算法 | Smith-Waterman 算法 | 基于编辑距离的字段匹配算法 | 改进余弦相似度函数 |
|---|---|---|---|---|---|
| 优点 | 直接按位比较 | 可以处理子串顺序颠倒及缩写的匹配情况 | 性能好，不依赖领域知识，允许不匹配字符的缺失，可以识别字符串缩写的情况 | 可以捕获拼写错误、短单词的插入和删除错误 | 可以解决经常性使用单词插入和删除导致的字符串匹配问题 |
| 缺点 | 不能处理子字段排序的情况 | 时间复杂度高，与具体领域关系密切，效率较低 | 不能处理子串顺序颠倒的情形 | 对单词的位置交换、长单词的插入和删除错误，匹配效果差 | 不能识别拼写错误 |

大数据的清洗工具主要有 DataWrangler 和 Google Refine 等。DataWrangle 是一款由斯坦福大学开发的在线数据清洗、数据重组软件，主要用于去除无效数据，将数据整理成用

户需要的格式等。Google Refine 设有内置算法,可以发现一些拼写不一样但实际上应分为一组的文本。除了数据管家功能,Google Refine 还提供了一些有用的分析工具,例如排序和筛选。

**2. 数据集成**

在大数据领域中,数据集成技术也是实现大数据方案的关键组件。大数据集成是将大量不同类型的数据原封不动地保存在原地,而将处理过程适当地分配给这些数据。这是一个并行处理的过程,当在这些分布式数据上执行请求后,需要整合并返回结果。大数据集成是基于数据集成技术演化而来的,但其方案和传统的数据集成有着巨大的差别。大数据集成架构如图 2-4 所示,图中的箭头表示各种各样数据结构之间进行数据传输和整合的数据集成方案。

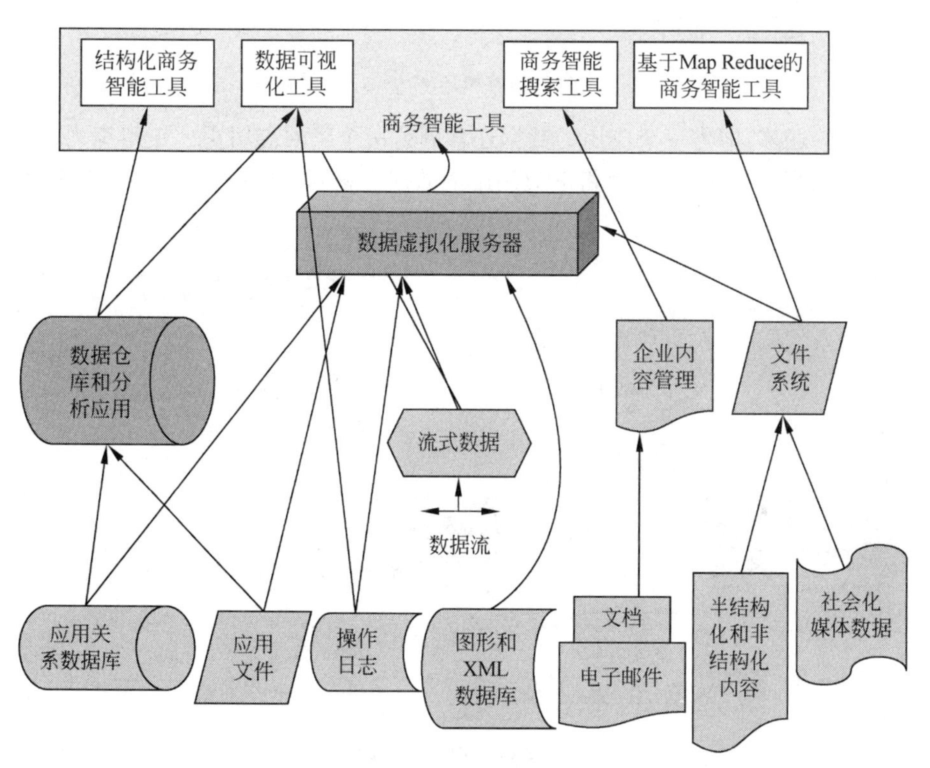


图 2-4 大数据集成架构

大数据集成,狭义上讲是指如何合并规整数据;广义上讲,数据的存储、移动、处理等与数据管理有关的活动都称为数据集成。大数据集成一般需要将处理过程分布到源数据上进行并行处理,并仅对结果进行集成。因为,如果预先对数据进行合并会消耗大量的处理时间和存储空间。集成结构化、半结构化和非结构化的数据时需要在数据之间建立共同的信息联系,这些信息可以表示为数据库中的主数据、键值,非结构化数据中的元数据标签或者其他内嵌内容。

数据集成时应解决的问题包括数据转换、数据的迁移、组织内部的数据移动、从非结构化数据中抽取信息以及将数据处理移动到数据端。

（1）数据转换，是数据集成中最复杂和最困难的问题，所要解决的是如何将数据转换为统一的格式。需要注意的是要理解整合前的数据和整合后的数据结构。将数据转换为通用格式的过程如图 2-5 所示。

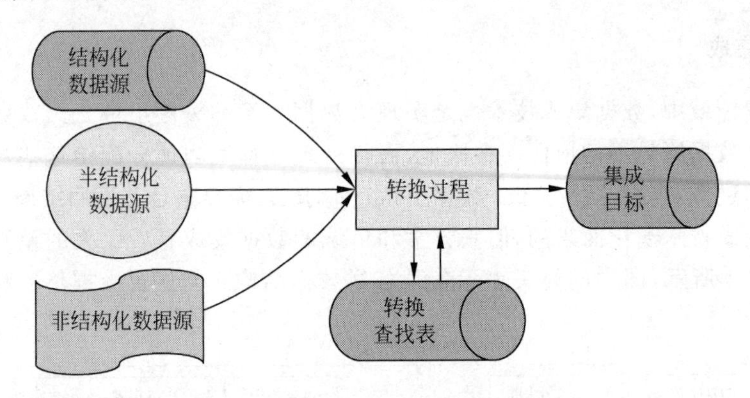


图 2-5　将数据转换为通用格式的过程

（2）数据的迁移，即将一个应用的数据迁移到另一个新的应用中。在组织内部，当一个应用被新的应用所替换时，就需要将旧应用中的数据迁移到新的应用中，如图 2-6 所示。

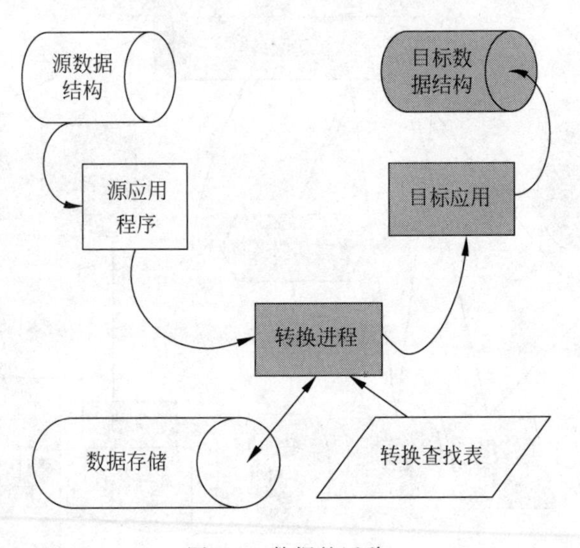


图 2-6　数据的迁移

（3）组织内部的数据移动，即多个应用系统需要在多个来自其他应用系统的数据发生更新时被实时通知，如图 2-7 所示。

（4）从非结构化数据中提取信息。当前数据集成的主要任务是将结构化的、半结构化或非结构化的数据进行集成。存储在数据库外部的数据，如文档、电子邮件、网站、社会化媒体、音频及视频文件，可以通过客户、产品、雇员或者其他主数据引用进行搜索。主数据引用作为元数据标签附加到非结构化数据上，在此基础上就可以实现与其他数据源和其他类型数据的集成，如图 2-8 所示。

（5）将数据处理移动到数据端。将数据处理过程分布到数据所处的多个不同的位置，这样可以避免冗余，如图 2-9 所示。

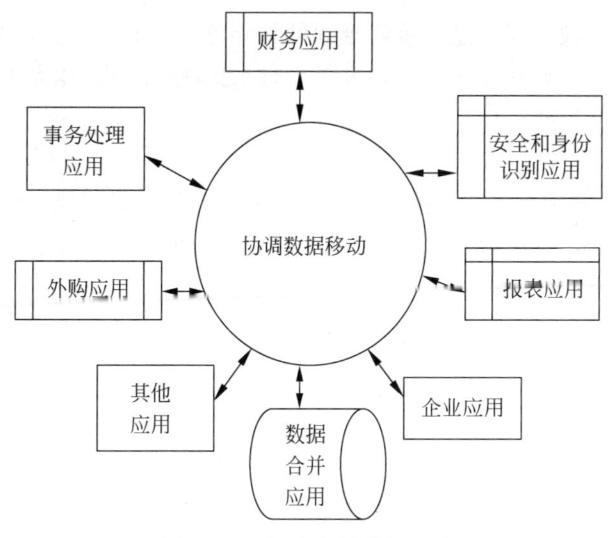


图 2-7 组织内部的数据移动

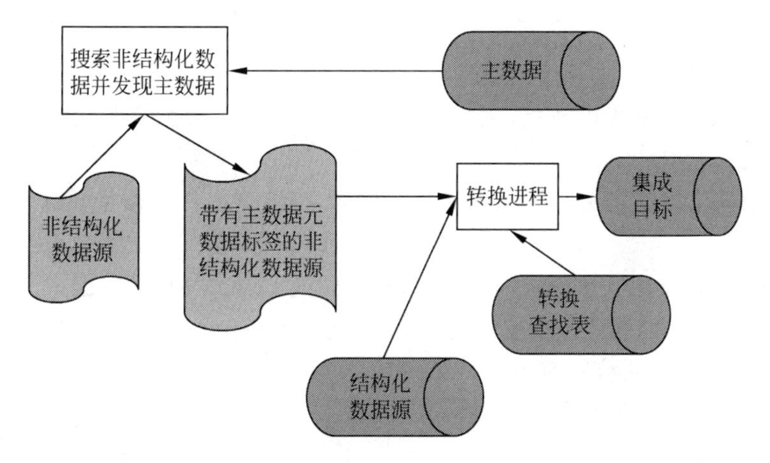


图 2-8 从非结构化数据中提取信息

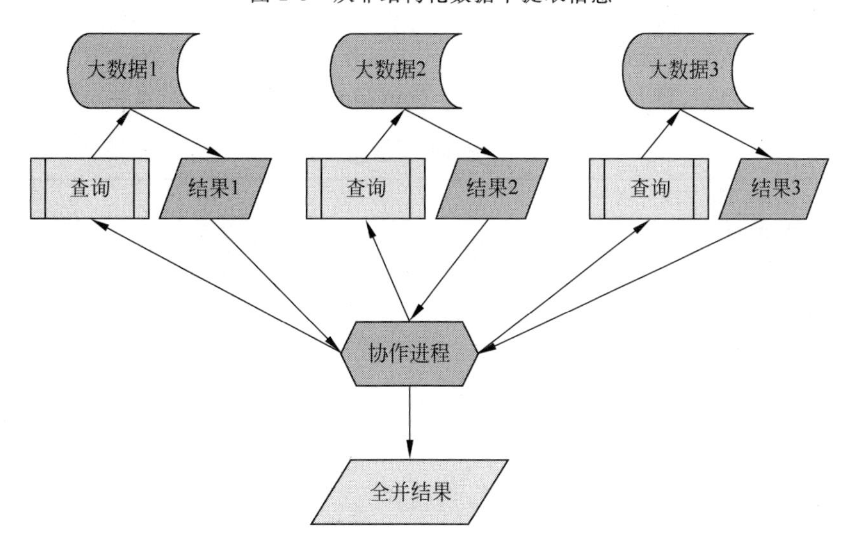


图 2-9 将数据处理移动到数据端

目前，数据集成已被推至信息化战略规划的首要位置。要实现数据集成的应用，不光要考虑集成的数据范围，还要从长远发展角度考虑数据集成的架构、能力和技术等方面内容。

### 3. 数据变换

数据变换是将数据转换成适合挖掘的形式。数据变换是采用线性或非线性的数学变换方法将多维数据压缩成较少维数的数据，消除它们在时间、空间、属性及精度等特征表现方面的差异，如表 2-5 所示。

**表 2-5　数据变换方法分类**

| 数据变换方法分类 | 作　　用 |
| --- | --- |
| 数据平滑 | 去噪，将连续数据离散化 |
| 数据聚集 | 对数据进行汇总 |
| 数据概化 | 用高层概念替换，减少复杂度 |
| 数据规范化 | 使数据按比例缩放，落入特定区域 |
| 属性构造 | 提高数据的准确性，加深对高维数据结构的理解 |

数据变换涉及的内容如下。

(1) 数据平滑：清除噪声数据。去除源数据集中的噪声数据和无关数据，处理遗漏数据和清洗脏数据。

(2) 数据聚集：对数据进行汇总和聚集。例如，可以聚集日门诊量数据，计算月和年门诊数。

(3) 数据概化：使用概念分层，用高层次概念替换低层次“原始”数据。

(4) 数据规范化：将属性数据按比例缩放，使之落入一个小的特定区间，如[0.0～1.0]。规范化对于某些分类算法特别有用。

(5) 属性构造：基于其他属性创建一些新属性。

### 4. 数据归约

数据归约是从数据库或数据仓库中选取并建立使用者感兴趣的数据集合，然后从数据集合中过滤掉一些无关、偏差或重复的数据。数据归约的主要方法如表 2-6 所示。

**表 2-6　数据归约方法分类**

| 数据归约方法分类 | 技　　术 |
| --- | --- |
| 维归约 | 数据选择方法等 |
| 数据压缩 | 小波变换、主成分分析、分形技术 |
| 数值归约 | 回归、直方图、聚类等 |
| 离散化和概念分层 | 分箱技术、基于熵的离散化等 |

(1) 维归约：通过删除不相关的属性(或维)减少数据量。维归约不仅会压缩数据集，还会减少出现在发现模式上的属性数目。

(2) 数据压缩：应用数据编码或变换，得到源数据的归约或压缩表示。数据压缩分为无损压缩和有损压缩。

(3) 数值归约：数值归约通过选择替代的、较小的数据表示形式来减少数据量。

(4) 离散化和概念分层：概念分层通过收集并用较高层的概念替换较低层的概念来定义数值属性的一个离散化。

## 2.3 大数据采集及预处理的工具

本节主要介绍大数据采集及预处理时的一些常用工具，随着国内大数据战略越来越清晰，数据抓取和信息采集产品迎来了巨大的发展机遇，采集产品数量也出现迅猛增长。然而与产品种类快速增长相反的是，信息采集技术相对薄弱、市场竞争激烈、质量良莠不齐。在此，本节列出了当前信息采集和数据抓取的一些主流产品。

### 1. Flume

Flume 是 Cloudera 提供的一个高可用的、高可靠的、分布式的海量日志采集、聚合和传输系统。Flume 支持在日志系统中定制各类数据发送方，用于收集数据；同时，Flume 能够对数据进行简单处理，具有写到各种数据接收方(可定制)的能力。

Flume 提供了从 Console(控制台)、RPC(Thrift-RPC)、Text(文件)、Tail(UNIX Tail)、Syslog(Syslog 日志系统，支持 TCP 和 UDP 两种模式)、Exec(命令执行)等数据源上收集数据的能力。

官网地址为 http://flume.apache.org/，如图 2-10 所示。

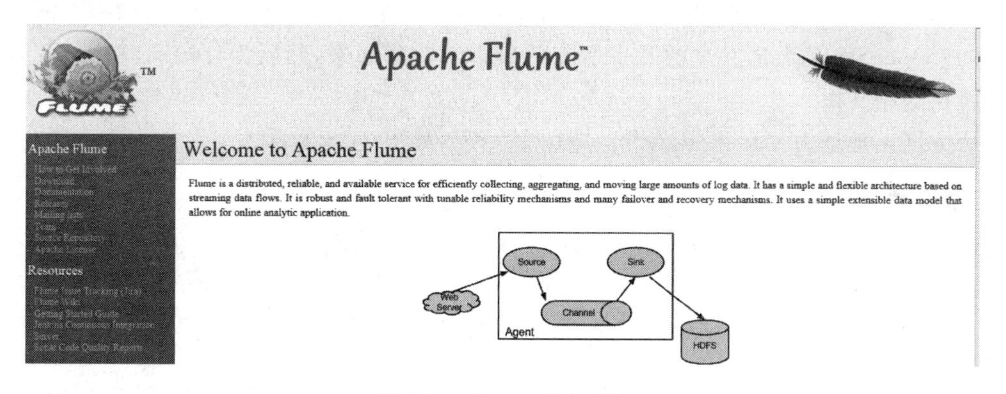


图 2-10 Flume 官方网站

### 2. Logstash

Logstash 是一个应用程序日志、事件的传输、处理、管理和搜索的平台，可以用它来统一对应用程序日志进行收集管理，提供 Web 接口用于查询和统计。它可以对日志进行收集、分析，并将其存储供以后使用(如搜索)，Logstash 带有一个 Web 界面，可以用来搜索和展示所有日志。

官网地址为 http://www.logstash.net/，如图 2-11 所示。

### 3. Kibana

Kibana 是一个为 Logstash 和 ElasticSearch 提供的日志分析的 Web 接口，可使用它对日志进行高效的搜索、可视化、分析等各种操作。Kibana也是一个开源和免费的工具，它可以汇总、分析和搜索重要数据日志并提供友好的Web界面，它可以为Logstash和ElasticSearch提供日志分析的Web界面。

图 2-11 Logstash官方网站

Kibana主页地址为 http://kibana.org/，如图 2-12 所示。

图 2-12 Kibana官方网站

#### 4. Ceilometer

Ceilometer主要负责监控数据的采集，是OpenStack中的一个子项目，它像一个漏斗一样，能把OpenStack内部发生的几乎所有的事件都收集起来，然后为计费和监控以及其他服务提供数据支撑。

官方网站地址为 http://docs.openstack.org/，如图 2-13 所示。

图 2-13 OpenStack官方网站

### 5. Zipkin

Zipkin(分布式跟踪系统)是 Twitter 的一个开源项目,允许开发者收集 Twitter 各个服务上的监控数据,并提供查询接口。该系统让开发者可通过一个 Web 前端轻松地收集和分析数据,例如用户每次请求服务的处理时间等,可方便地监测系统中存在的瓶颈。

官方网站地址为 http://twitter.github.io/zipkin/,如图 2-14 所示。

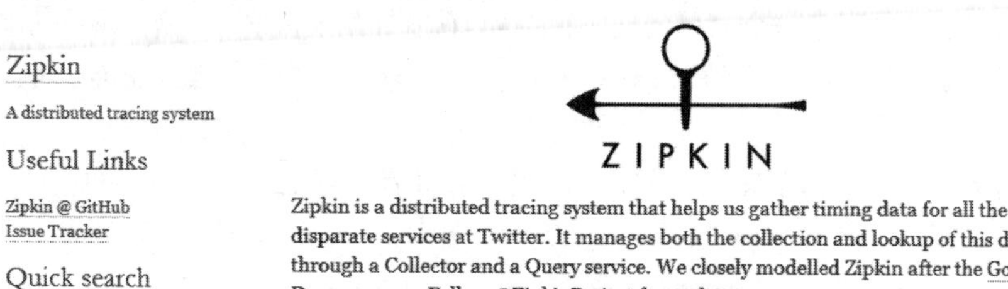


图 2-14 Zipkin 官方网站

### 6. Arachnid

Arachnid 是一个基于 Java 的网络爬虫框架,它包含一个简单的 HTML 剖析器,能够分析包含 HTML 内容的输入流。通过实现 Arachnid 的子类就能够开发一个简单的网络爬虫。

特点:微型爬虫框架,含有一个小型 HTML 解析器。

项目主页:http://arachnid.sourceforge.net/。

### 7. Crawlzilla

Crawlzilla 是一个建立搜索引擎的自由软件,由 Nutch 专案为核心,并整合更多相关套件。Crawlzilla 除了爬取基本的 HTML 外,还能分析网页上的文件,如 doc、pdf、ppt、ooo、rss 等多种文件格式,使得搜索引擎不只是网页搜索引擎,而是网站的完整资料索引库。它拥有中文分词能力,搜索更精准。Crawlzilla 最主要的特色与目标就是给使用者提供一个方便好用易安装的搜索平台。

特点:安装简易,拥有中文分词功能。

项目主页:https//github.com/shunfa/crawlzilla。

下载地址:http//sourceforge.net/projects/crawlzilla/。

8. 集搜客 GooSeeker

GooSeeker 是国内一款大数据抓取软件，GooSeeker 致力于提供一套便捷易用的软件，将网页内容进行语义标注和结构化转换。一旦有了语义结构，整个 Web 就变成了一个大数据库；一旦内容被赋予了意义（语义），就能从中挖掘出有价值的知识。集搜客创造了以下商业应用场景：

（1）集搜客网络爬虫不是一个简单的网页抓取器，它能够集众人之力把语义标签摘取下来；

（2）每个语义标签代表大数据知识对象的一个维度，可以进行多维度整合，剖析此知识对象；

（3）知识对象可以是多个层面的，如市场竞争、消费者洞察、品牌地图、企业画像。

官方网站地址为 http://www.gooseeker.com/index.html，如图 2-15 所示。

图 2-15 GooSeeker 官方网站

9. 乐思网络信息采集系统

乐思网络信息采集系统的主要目标就是解决网络信息采集和网络数据抓取问题，是根据用户自定义的任务配置，批量而精确地抽取因特网目标网页中的半结构化与非结构化数据，转化为结构化的记录，保存在本地数据库中，用于内部使用或外网发布，快速实现外部信息的获取。

该系统主要用于大数据基础建设、舆情监测、品牌监测、价格监测、门户网站新闻采集、行业资讯采集、竞争情报获取、商业数据整合、市场研究、数据库营销等领域。

官方网站地址为 http://www.knowlesys.cn/index.html，如图 2-16 所示。

10. 火车采集器

火车采集器是一款专业的网络数据采集/信息处理软件，通过灵活的配置，可以很轻松迅速地从网页上抓取结构化的文本、图片、文件等资源信息，可编辑筛选处理后选择发布到

图 2-16　乐思网络信息采集系统官方网站

网站后台、各类文件或其他数据库系统中。它被广泛应用于数据采集挖掘、垂直搜索、信息汇聚和门户、企业网信息汇聚、商业情报、论坛或博客迁移、智能信息代理、个人信息检索等领域，适用于各类对数据有采集挖掘需求的群体。

官方网站地址为 http://www.locoy.com/，如图 2-17 所示。

图 2-17　火车采集器官方网站

### 11. 狂人采集器

狂人采集器是一套专业的网站内容采集软件，支持各类论坛的帖子和回复采集，网站和博客文章内容抓取，通过相关配置，能轻松地采集 80%的网站内容为己所用。根据各建站程序的区别，狂人采集器分论坛采集器、CMS 采集器和博客采集器三类，总计支持近 40 种主流建站程序的上百个版本的数据采集和发布任务，支持图片本地化，支持网站登录采集、分页抓取，全面模拟人工登录发布、软件运行快速安全稳定。狂人采集器还支持论坛会员无限注册，自动增加帖子查看人数，自动顶帖等。

官方网站地址为 http://www.kuangren.cc/，如图 2-18 所示。

图 2-18　狂人采集器官方网站

### 12. 网络矿工

网络矿工数据采集软件是一款集互联网数据采集、清洗、存储、发布为一体的工具软件。它具有高效的采集性能，能够从网络获取最小的数据，从中提取需要的内容，优化核心匹配算法，存储最终的数据。网络矿工可按照用户数量授权，不绑定计算机，可随时切换计算机。

官方网站地址为 http://www.minerspider.com/，如图 2-19 所示。

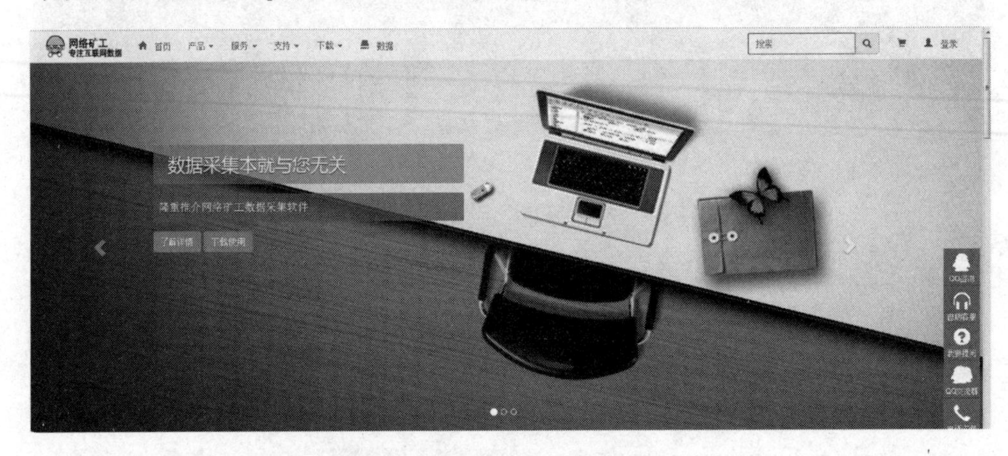


图 2-19　网络矿工官方网站

以上各采集工具均可进入官方网站下载免费版或试用版，或者根据用户需求购买专业版，以及跟在线客服人员提出采集需求，采用付费方式由专业人员提供技术支持。下面以网络矿工举例，操作步骤如下。

(1) 进入网络矿工官方网站，下载免费版，本例下载的是 sominerv5.33(通常免费版有试用期限，一般为 30 天)。网络矿工的运行需要.NET Framework 2.0 环境，建议使用 Firefox 浏览器。

(2) 下载的压缩文件内包含多个可执行程序，其中 SoukeyNetget.exe 为网络矿工采集软件，运行此文件即可打开网络矿工，操作界面如图 2-20 所示。

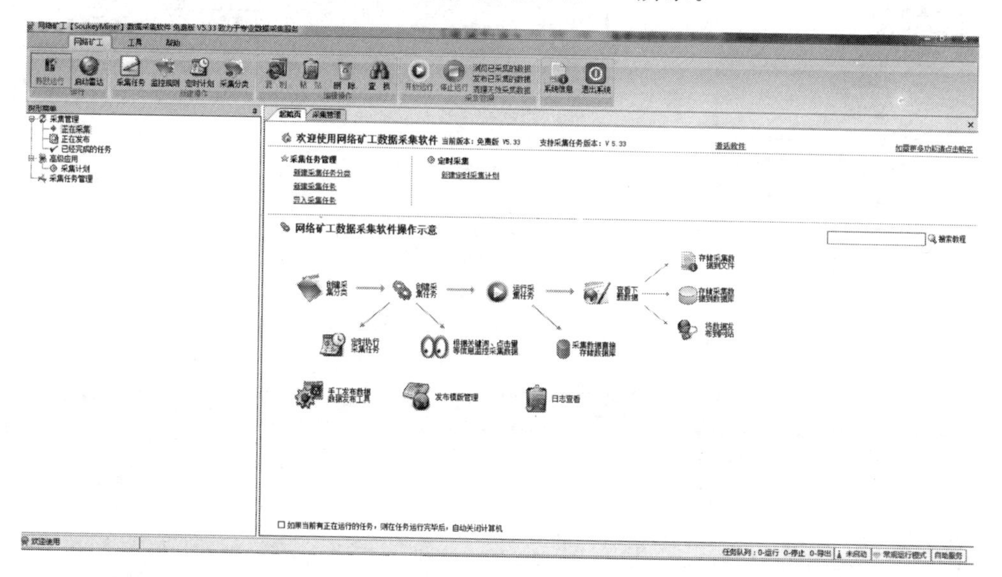


图 2-20 网络矿工采集器操作界面图

(3) 单击“新建采集任务分类”，在弹出的“新建任务类别”中输入类别名称，并保存存储路径，如图 2-21 所示。

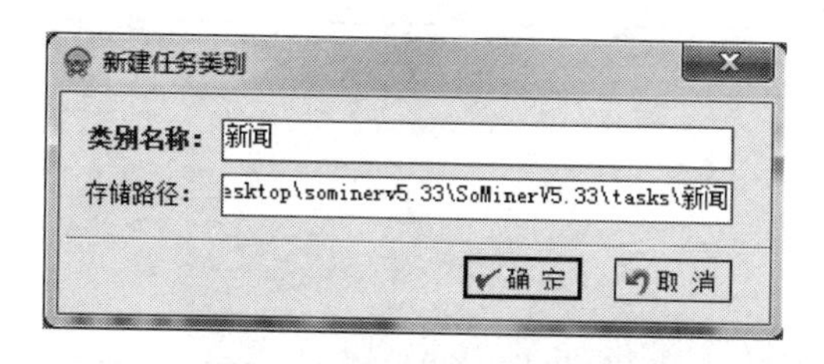


图 2-21 新建任务类别操作界面图

(4) 在“采集任务管理”中右击“新建采集任务”，如图 2-22 所示。在弹出的“新建采集任务”中输入任务名称，如图 2-23 所示。

(5) 在“新建采集任务”中单击“增加采集网址”，在弹出的操作页面中输入采集网址，如 http://news.baidu.com/。选中“导航采集”，并单击“增加”按钮，如图 2-24 所示。

(6) 在“导航页规则配置”页面中，可选“前后标记配置”“可视化配置”等选项，如图 2-25 所示。

(7) 若在上面选择“可视化配置”，则会弹出“导航页规则配置”，如图 2-26 所示。

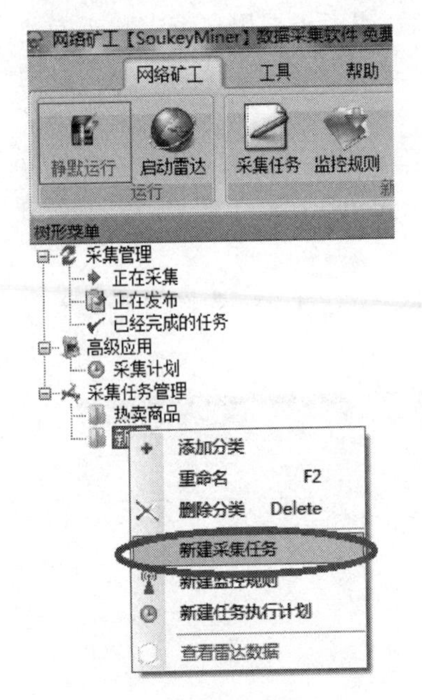


图 2-22　新建采集任务

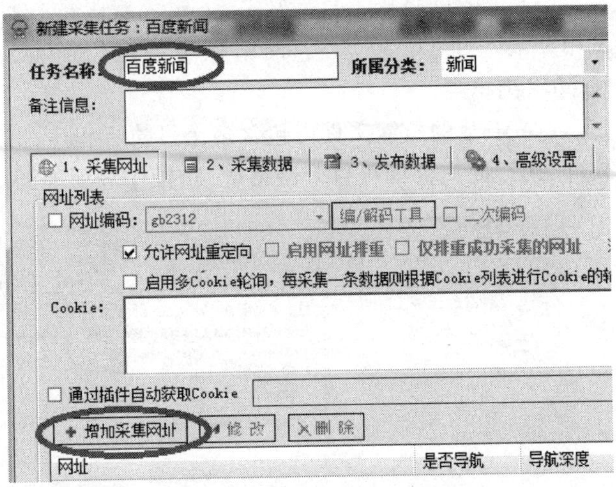

图 2-23　输入任务名称

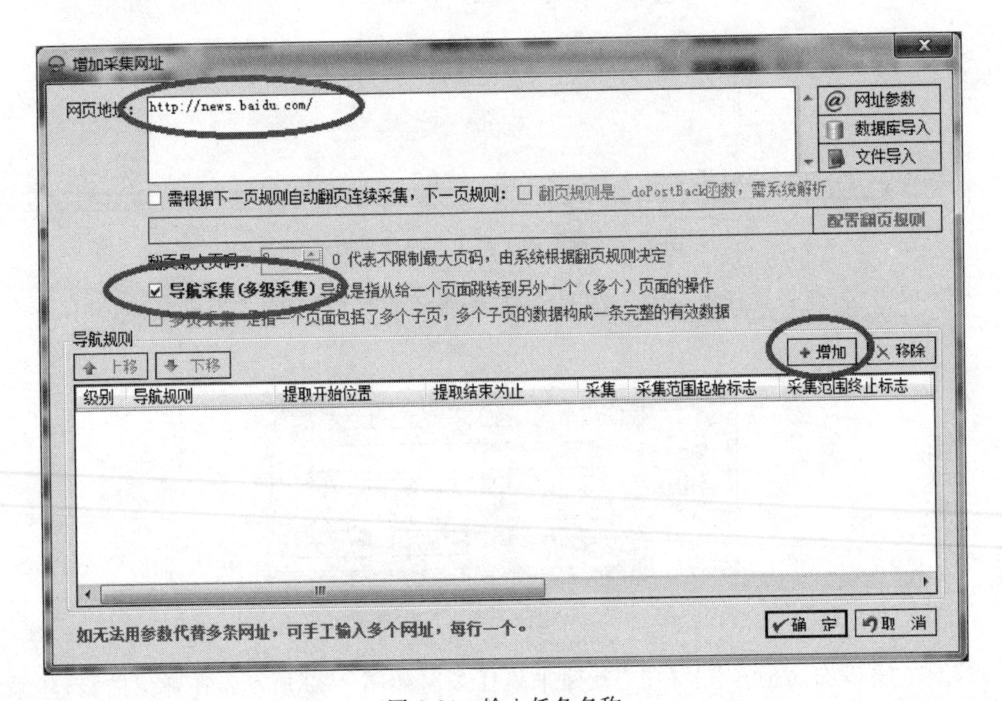


图 2-24　输入任务名称

导航通常是通过一个地址导航多个地址，而 XPath 获取的是一个信息，所以可以通过 XPath 插入参数进 XPath 列表，进行多个地址的采集。单击“可视化提取”按钮，则会弹出“可视化采集配置器”对话框，然后单击工具栏中的“开始捕获”按钮，鼠标在页面滑动时会出现一个蓝色的边框，用蓝色的边框选中第一条新闻单击，然后再选中最后一条新闻单击，系统会自动捕获导航规则，如图 2-27 所示。

导航页规则配置

导航规则 → 导航翻页规则 导航执行规则

○特征信息配置 ⊙前后标记配置 ○自定义正则配置 ○自我导航 ○可视化配置 ○自定义参数配置

常规配置

导航规则提取范围（如不填写，则在整个页面进行匹配）：

起始于： 终止于：

填写网址的相同部分即可自动识别导航网址

导航规则

起始位置： 终止位置：

选择不允许包含的字符：

☑> □空格 □# □' □" □自定义字符

导航网址加工

必须包含字符串： 不能包含字符串：

附加前缀： 附加后缀：

□ 使用正则替换

替换（原值）： 替换（新值）：

✔确 定 取 消

图 2-25 “导航页规则配置”对话框

导航页规则配置

导航规则 → 导航翻页规则 导航执行规则

○特征信息配置 ○前后标记配置 ○自定义正则配置 ○自我导航 ⊙可视化配置 ○自定义参数配置

可视化配置导航规则

XPath:

可视化提取

插入数字参数

图 2-26 可视化配置

可视化采集配置器

开始捕获 ✔确定退出 取消退出

http://news.baidu.com/

新闻 网页 贴吧

Bai du 新闻

● 新闻全文 ○ 新闻标题

首页 百家 财经 娱乐 体育 互联

热点要闻 个性推荐

▪习近平同摩洛哥国王举行会谈

图 2-27 “可视化采集配置器”对话框

确定退出后配置完成。选中刚才配置的网址，单击“测试网址解析”，可以看到系统已经将需要采集的新闻地址解析出来，表示配置成功。

(8) 配置采集数据的规则：要采集新闻的正文、标题、发布时间，可以用三种方式来完成，即智能采集、可视化采集和规则配置。以智能采集为例，回到“新建采集任务”对话框中，单击“采集数据”，然后单击“配置助手”，如图 2-28 所示。

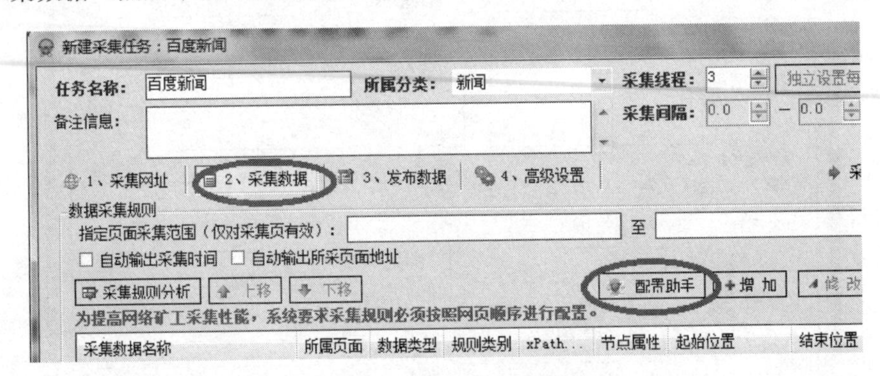


图 2-28　选择“采集数据”

在弹出的“采集规则自动化配置”中，在地址栏输入采集地址，同时单击“生成文章采集规则”，可以看到系统已经将文章的智能规则输入到系统中，单击“测试”按钮可以检查采集结果是否正确，如图 2-29 所示。确定退出就完成了配置。

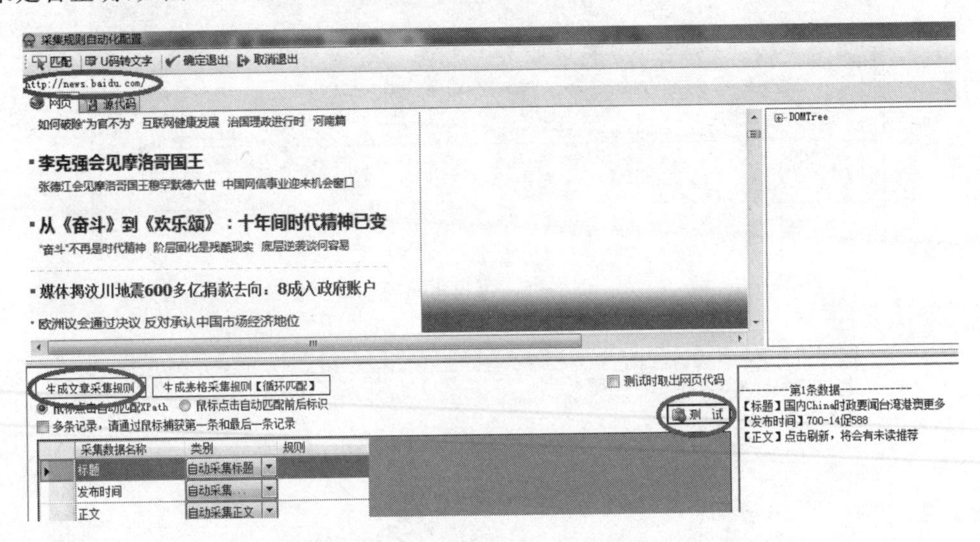


图 2-29　采集规则自动化配置

(9) 单击“应用”按钮保存测试采集。在返回的“新建采集任务”对话框中，单击“采集任务测试”，在弹出的操作页面中单击“启动测试”按钮，如图 2-30 所示。

(10) 任务设置完成后，返回最初操作的界面，如图 2-31 所示。选中任务右击，选择“启动任务”选项，可以看到下面屏幕滚动，停止则采集完成。

(11) 采集任务完成后，任务将以.smt 文件形式保存在安装路径的 tasks 文件夹内。右击采集任务的名称，在弹出的快捷菜单内选择数据导出的格式，包括文本、Excel 和 Word 等，如图 2-32 所示。如选择“导出 Excel”，导出结果如图 2-33 所示。

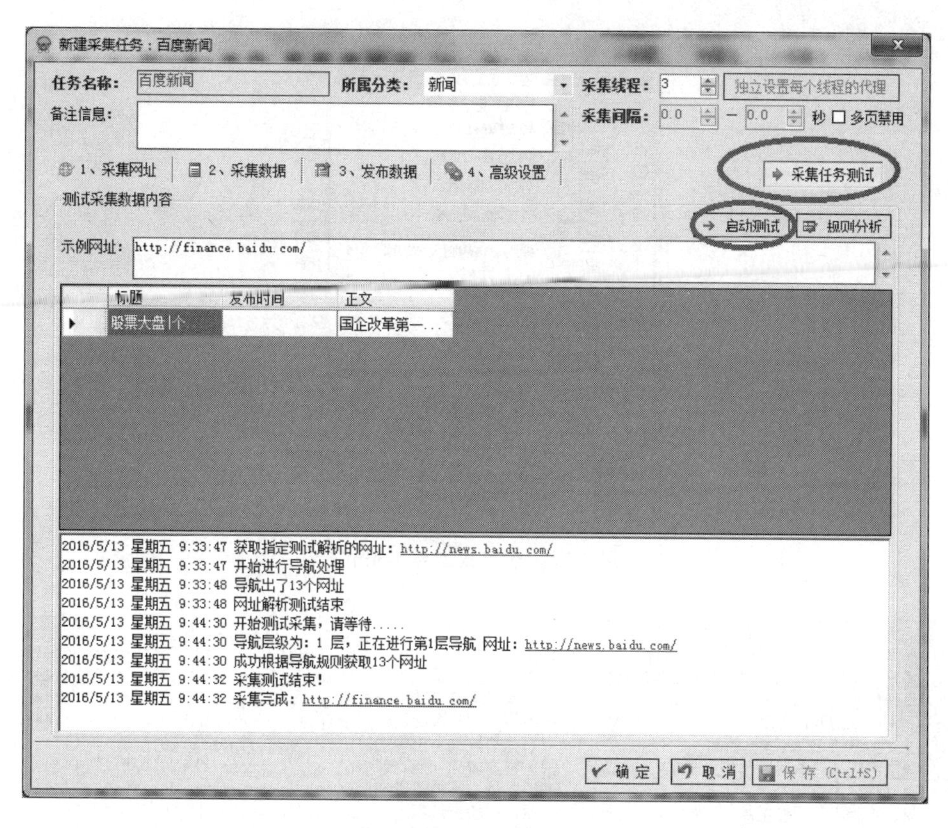


图 2-30 采集任务测试

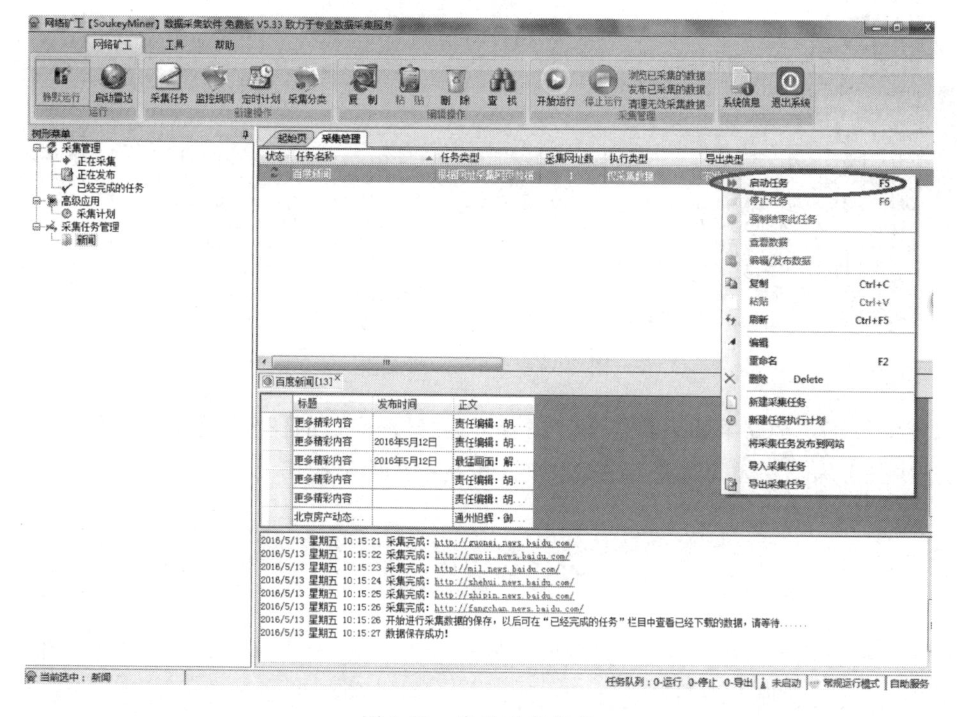


图 2-31 启动采集任务

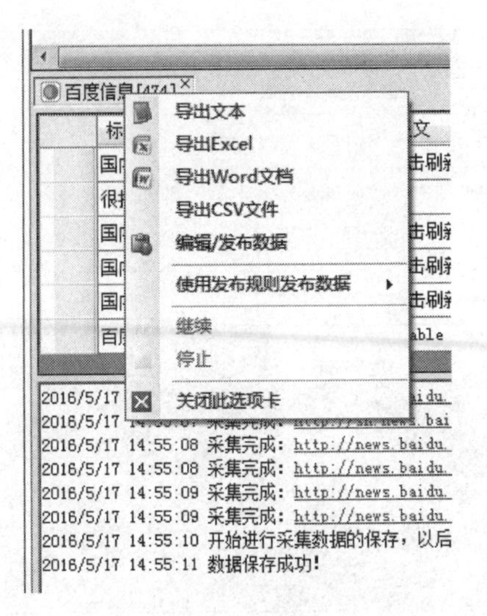


图 2-32　选择数据导出格式

| | A | B | C | D | E | F |
|---|---|---|---|---|---|---|
| 1 | 标题 | 发布时间 | 正文 | CollectionUrl | CollectionDateTime | |
| 2 | 股票大盘\|个股\|新股\|权证 | 2016年5月17日 | 上海警方成立证券犯罪侦 | http://finance.bai | 2016/5/17 14:44:26 | |
| 3 | 电视TVS更多最新\|剧评 | | 《又是吴海英》收视破五 | http://yule.baidu. | 2016/5/17 14:44:27 | |
| 4 | 同城活动5月9日 | | 神龙召回部分进口雪铁龙 | http://sh.news.bai | 2016/5/17 14:44:27 | |
| 5 | CBACBA更多赛事\|球员新闻 | | 中石化易捷助力田径挑战 | http://sports.baid | 2016/5/17 14:44:28 | |
| 6 | 阿里巴巴一达通项目落户南 | 05-16 19:58 | 民间投资增速"腰斩式"下 | http://internet.ba | 2016/5/17 14:44:29 | |
| 7 | 更多精彩内容 | | 潮流导读：不得不说的是 | http://fashion.bai | 2016/5/17 14:44:30 | |
| 8 | 免费沪牌申领门槛提高　信 | 2016年6月6日 | 云南惊现幼童开车上路　 | http://auto.baidu. | 2016/5/17 14:44:31 | |
| 9 | 更多精彩内容 | | 责任编辑：胡彦BN098　文 | http://guonei.news | 2016/5/17 14:44:31 | |
| 10 | 更多精彩内容 | | 责任编辑：胡彦BN098　文 | http://guoji.news. | 2016/5/17 14:44:31 | |
| 11 | 更多精彩内容 | | 责任编辑：胡彦BN098　文 | http://mil.news.ba | 2016/5/17 14:44:32 | |
| 12 | 更多精彩内容 | | 责任编辑：胡彦BN098　文 | http://shehui.news | 2016/5/17 14:44:32 | |
| 13 | 更多精彩内容 | | 责任编辑：胡彦BN098　文 | http://shipin.news | 2016/5/17 14:44:34 | |
| 14 | 很抱歉，您要访问的页面不存在！ | | | http://jian.news.b | 2016/5/17 14:44:35 | |
| 15 | 北京房产动态DYNAMICS | 2016年5月9日 | 通州旭辉·御锦仅剩45平 | http://fangchan.ne | 2016/5/17 14:44:35 | |
| 16 | 国内China时政要闻台湾港澳更多 | | 点击刷新，将会有未读推 | http://news.baidu. | 2016/5/17 14:44:39 | |
| 17 | 新闻排行榜 | | | http://news.hao123 | 2016/5/17 14:44:40 | |
| 18 | 业界IT\|通信\|3G\|人物公司 | | UCloud直播云技术细节讲 | http://tech.baidu. | 2016/5/17 14:44:40 | |
| 19 | 更多精彩内容 | | 责任编辑：胡彦BN098　文 | http://lady.baidu. | 2016/5/17 14:44:41 | |
| 20 | LOL新英雄塔莉垭什么时候出　岩 | | LOL新英雄塔莉垭什么时候 | http://youxi.news. | 2016/5/17 14:44:41 | |
| 21 | 很抱歉，您要访问的页面不存在！ | | | http://news.baidu. | 2016/5/17 14:44:42 | |
| 22 | 很抱歉，您要访问的页面不存在！ | | | http://news.baidu. | 2016/5/17 14:44:42 | |
| 23 | 习近平主持召开中央财经领 | 2016-05-16 21:4 | <br/><br/>　　习近平主 | http://china.huanq | 2016/5/17 14:44:42 | |
| 24 | 聆听习近平告诫　避免"新 | 2016-05-17 10:4 | <br/>　　新华网记者 | http://china.huanq | 2016/5/17 14:44:42 | |
| 25 | 手机看直播 | 2016年1月18日 | 习近平：新常态是一个客 | http://china.huanq | 2016/5/17 14:44:43 | |

图 2-33　导出 Excel 结果

以上完成了一个简单的采集任务。以后可在"已经完成的任务"栏目中查看已经下载的数据，选中任务右击后也可以进行查看、编辑和发布数据等操作。

## 本 章 小 结

本章主要介绍大数据的采集、大数据采集的数据来源、大数据采集的技术方法和大数据的预处理，以及大数据采集与预处理的一些工具和简单的采集任务执行范例。大数据采集后为了减少及避免后续的数据分析和数据挖掘中可能出现的问题，有必要对数据进行预处理。数据的预处理主要完成对已经采集到的数据进行适当的处理、清洗、去噪及进一步的集成存储。

**【注释】**

1. PV值：即页面浏览量，通常是衡量一个网络新闻频道或网站甚至一条网络新闻的主要指标。网页浏览数是评价网站流量最常用的指标之一，简称为PV。

2. 并发：在操作系统中，是指一个时间段中有几个程序都处于已启动运行到运行完毕之间，且这几个程序都在同一个处理机上运行，但任一个时刻点上只有一个程序在处理机上运行。

3. ERP(Enterprise Resource Planning，企业资源计划)：是指建立在信息技术基础上，以系统化的管理思想，为企业决策层及员工提供决策运行手段的管理平台。

4. POS(Point Of Sale)：是一种多功能终端，把它安装在信用卡的特约商户和受理网点中与计算机联成网络，就能实现电子资金自动转账，它具有支持消费、预授权、余额查询和转账等功能，使用起来安全、快捷、可靠。

5. 射频识别：又称无线射频识别，是一种通信技术，可通过无线电信号识别特定目标并读写相关数据，而无须在识别系统与特定目标之间建立机械或光学接触。

6. URL(Uniform Resource Locator，统一资源定位符)：是对可以从互联网上得到的资源的位置和访问方法的一种简洁的表示，是互联网上标准资源的地址。互联网上的每个文件都有一个唯一的URL，它包含的信息指出文件的位置以及浏览器应该怎么处理它。

7. API(Application Programming Interface，应用程序编程接口)：是一些预先定义的函数，目的是提供应用程序与开发人员访问软件或硬件的能力，API无须访问源码，也无须理解系统内部工作机制的细节。

8. DPI(Deep Packet Inspection，深度包检测)：是一种基于应用层的流量检测和控制技术，当IP数据包、TCP或UDP数据流通过基于DPI技术的带宽管理系统时，该系统通过深入读取IP包载荷的内容来对OSI七层协议中的应用层信息进行重组，从而得到整个应用程序的内容，然后按照系统定义的管理策略对流量进行整形操作。

9. DFI(Deep/Dynamic Flow Inspection，深度/动态流检测)：它与DPI进行应用层的载荷匹配不同，采用的是一种基于流量行为的应用识别技术，即不同的应用类型体现在会话连接或数据流上的状态各有不同。

10. 集群存储：是将多台存储设备中的存储空间聚合成一个能够给应用服务器提供统一访问接口和管理界面的存储池，应用可以通过该访问接口透明地访问和利用所有存储设备上的磁盘，可以充分发挥存储设备的性能和磁盘利用率。数据将会按照一定的规则从多台存储设备上存储和读取，以获得更高的并发访问性能。

11. 分布式处理：分布式处理则是将不同地点的，或具有不同功能的，或拥有不同数据的多台计算机通过通信网络连接起来，在控制系统的统一管理控制下，协调地完成大规模信息处理任务的计算机系统。

12. 分布式数据库：是指利用高速计算机网络将物理上分散的多个数据存储单元连接起来组成一个逻辑上统一的数据库。分布式数据库的基本思想是将原来集中式数据库中的数据分散存储到多个通过网络连接的数据存储结点上，以获取更大的存储容量和更高的并发访问量。

13. 布隆过滤器：布隆过滤器是一个很长的二进制向量和一系列随机映射函数，可以用来检索一个元素是否在一个集合中。它的优点是空间效率和查询时间都远远优于一般的算法，缺点是有一定的误识别率和删除困难。

14. OpenStack：是一个开源的云计算管理平台项目，由几个主要的组件组合起来完成具体工作。OpenStack支持几乎所有类型的云环境，项目目标是提供实施简单、可大规模扩展、丰富、标准统一的云计算管理平台。

CHAPTER 3

# 第 3 章

# 大数据分析概述

## 导 学

### 内容与要求

本章主要介绍了大数据分析的基本方法和流程、大数据分析处理系统、大数据分析的主要技术，以及大数据分析的应用，使读者对大数据分析有个概括性的了解和掌握。

大数据分析简介部分要求理解大数据分析；掌握大数据分析的基本方法及流程。

大数据分析的主要技术部分要求熟悉一些大数据分析的关键技术，并对它们的作用有所了解。

大数据分析处理系统部分要求掌握四种类型大数据的特点并了解相对应的典型分析处理系统。

大数据分析的应用部分要求对网络与医学大数据的分析有所了解。

### 重点、难点

本章的重点是大数据分析的方法、流程、关键技术和典型分析系统。难点是对大数据分析的关键技术的理解。

当今越来越多的应用领域涉及到大数据，这些数据在数量、速度、多样性等方面都呈现了不断增长的复杂性，只有通过对相应领域大数据的分析，才能挖掘出适合该领域业务的有价值的信息，从而更好地促进相应业务的发展。所以对不同领域大数据的分析尤为重要，是各个领域今后发展的关键所在。

# 3.1 大数据分析简介

在方兴未艾的大数据时代，人们要掌握大数据分析的基本方法和分析流程，从而探索出大数据中蕴含的规律与关系，解决实际业务问题。

## 3.1.1 什么是大数据分析

大数据分析是指对规模巨大的数据进行分析，其目的是通过多个学科技术的融合，实现数据的采集、管理和分析，从而发现新的知识和规律。大数据时代的数据分析，首先要解决的是海量、结构多变、动态实时的数据存储与计算问题，这些问题在大数据解决方案中至关重要，决定了大数据分析的最终结果。

看个案例来初步认识大数据分析：美国福特公司利用大数据分析促进汽车销售。分析过程如图 3-1 所示。

(1) 提出问题：用大数据分析技术来提升汽车销售业绩。一般汽车销售商的普通做法是投放广告，动辄就是几百万，而且很难分清广告促销的作用到底有多大。大数据技术不一样，它可以通过对某个地区可能会影响购买汽车意愿的源数据进行收集和分析，如房屋市场、新建住宅、库存和销售数据、这个地区的就业率等；还可利用与汽车相关的网站上的数据进行分析，如客户搜索了哪些汽车、哪一种款式的汽车、汽车的价格、车型配置、汽车功能、汽车颜色。

(2) 数据采集：分析团队搜索采集所需的外部数据，如第三方合同网站、区域经济数据、就业数据等。

(3) 数据分析：对采集的数据进行分析挖掘，为销售提供精准可靠的分析结果，即提供多种可能的促销分析方案。

(4) 结果应用：根据数据分析结果实施有针对性的促销计划，如在需求量旺盛的地方有专门的促销计划，哪个地区的消费者对某款汽车感兴趣，相应广告就送到其电子邮箱和地区的报纸上，非常精准，只需要较少的费用。

(5) 效果评估：与传统的广告促销相比，通过大数据的创新营销，福特公司花了很少的钱，做了大数据分析产品，也可叫大数据促销模型，大幅度地提高了汽车的销售业绩。

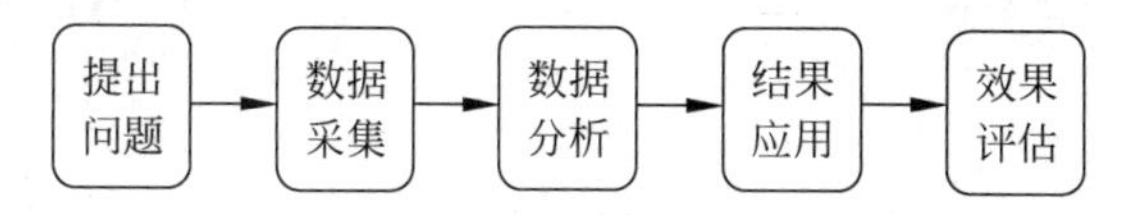


图 3-1　福特促进汽车销售的大数据分析流程

## 3.1.2 大数据分析的基本方法

大数据分析可以分为如下 5 种基本方法。

### 1. 预测性分析

大数据分析最普遍的应用就是预测性分析，从大数据中挖掘出有价值的知识和规则，通过科学建模的手段呈现出结果，然后可以将新的数据带入模型，从而预测未来的情况。

例如，麻省理工学院的研究者约翰·古塔格(John Guttag)和柯林·斯塔尔兹(Collin Stultz)创建了一个计算机预测模型来分析心脏病患者丢弃的心电图数据，如图 3-2 所示。他们利用数据挖掘和机器学习在海量的数据中筛选，发现心电图中出现三类异常者一年内死于第二次心脏病发作的几率比未出现者高 1～2 倍。这种新方法能够预测出更多的、无法通过现有的风险筛查被探查出的高危病人。

图 3-2　心电图大数据分析

### 2. 可视化分析

不管是对数据分析专家还是普通用户，对大数据分析最基本的要求就是可视化分析，因为可视化分析能够直观地呈现大数据特点，同时能够非常容易被用户所接受，就如同看图说话一样简单明了。可视化可以直观地展示数据，让数据自己说话，让观众听到结果。数据可视化是数据分析工具最基本的要求。如图 3-3 展示了报纸发行量的可视化分析，图 3-4 展示了超市开业情况的地理位置可视化分析。

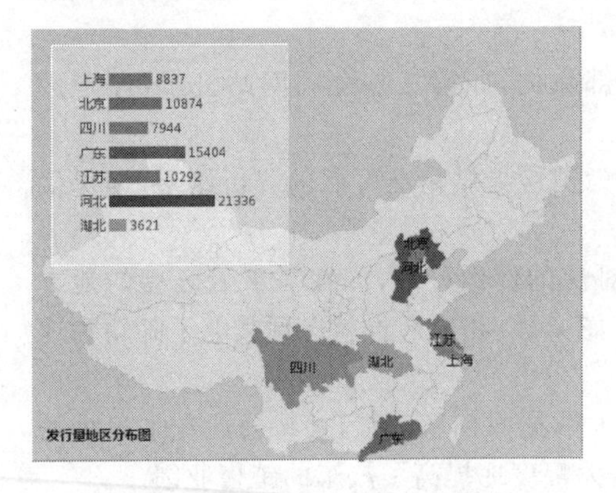


图 3-3　北京日报发行量数据分析

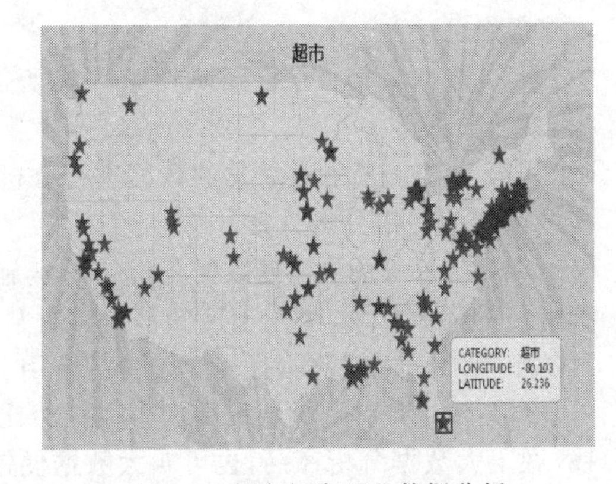


图 3-4　超市新店开业数据分析

### 3. 大数据挖掘算法

可视化分析结果是给用户看的，而数据挖掘算法是给计算机看的，通过让机器学习算法，按人的指令工作，从而呈现给用户隐藏在数据之中的有价值的结果。大数据分析的理论核心就是数据挖掘算法，算法不仅要考虑数据的量，也要考虑处理的速度。目前在许多领域的研究都是在分布式计算框架上对现有的数据挖掘理论加以改进，进行并行化、分布式处理。

常用的数据挖掘方法有分类、预测、关联规则、聚类、决策树、描述和可视化、复杂数据类型挖掘(Text、Web、图形图像、视频、音频)等。有很多学者对大数据挖掘算法进行了研究和文献发表。

例如,有文献提出了对适合慢性病分类的 C4.5 决策树算法进行改进,对基于 MapReduce 编程框架进行算法的并行化改造。

有文献对数据挖掘技术中的关联规则算法进行研究,并通过引入兴趣度对经典 Apriori 算法进行改进,提出了一种基于 MapReduce 的改进的 Apriori 医疗数据挖掘算法。

有文献在高可靠安全的 Hadoop 平台上,结合传统分类聚类算法的特点给出了一种基于云计算的数据挖掘系统的设计方案。

#### 4. 语义引擎

数据的含义就是语义。语义技术是从词语所表达的语义层次上来认识和处理用户的检索请求。

语义引擎通过对网络中的资源对象进行语义上的标注,以及对用户的查询表达进行语义处理,使得自然语言具备语义上的逻辑关系,能够在网络环境下进行广泛有效的语义推理,从而更加准确、全面地实现用户的检索。大数据分析广泛应用于网络数据挖掘,可从用户的搜索关键词来分析和判断用户的需求,从而实现更好的用户体验。

例如,一个语义搜索引擎试图通过上下文来解读搜索结果,它可以自动识别文本的概念结构。如你搜索"选举",语义搜索引擎可能会获取包含"投票""竞选"和"选票"的文本信息,但是"选举"这个词可能根本没有出现在这些信息来源中。也就是说语义搜索可以对关键词的相关词和类似词进行解读,从而扩大搜索信息的准确性和相关性。

#### 5. 数据质量和数据管理

数据质量和数据管理是指为了满足信息利用的需要,对信息系统的各个信息采集点进行规范,包括建立模式化的操作规程、原始信息的校验、错误信息的反馈、矫正等一系列的过程。大数据分析离不开数据质量和数据管理,高质量的数据和有效的数据管理,无论是在学术研究还是在商业应用领域,都能够保证分析结果的真实和有价值。

例如,假设一个银行的客户文件中有 500 000 个客户。银行计划向所有客户以邮寄方式直接发送新产品的广告。如果客户文件中的错误率是 10%,包括重复的客户记录、过时的地址等,假如邮寄的直接成本是 5.00 美元(包括邮资和材料费),则由于糟糕数据而产生的预期损失是:500 000 客户×0.10×5,即 250 000 美元。可见在充满"垃圾"的大数据环境中也只能提取出毫无意义的"垃圾"信息,甚至导致数据分析失败,因此数据质量在大数据环境下显得尤其重要。

综上所述,大数据分析的基础就是以上 5 个方面,如果进行更加深入的大数据分析,还需要更加专业的大数据分析手段、方法和工具的运用。

### 3.1.3 大数据处理流程

整个处理流程可以分解为提出问题、数据理解、数据采集、数据预处理、数据分析、分析结果的解析等,具体如图 3-5 所示。

#### 1. 提出问题

大数据分析就是解决具体业务问题的处理过程,这需要在具体业务中提炼出准确的实现目标,也就是首先要制定具体需要解决的问题,如图 3-6 所示。

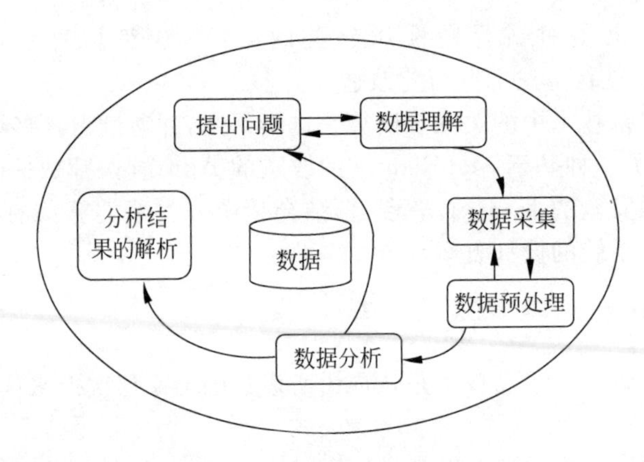


图 3-5 大数据分析处理流程图

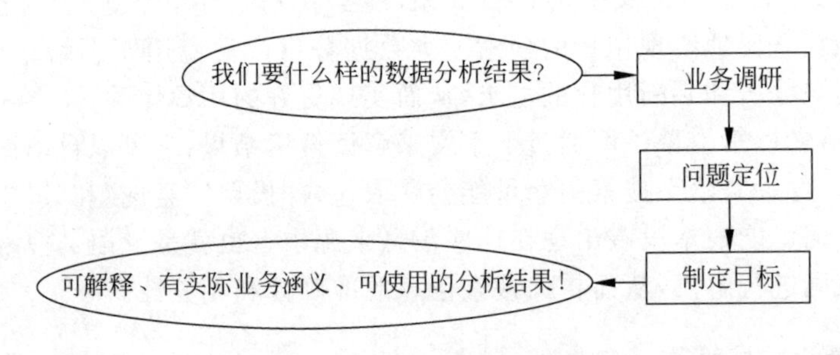


图 3-6 提出问题制定分析目标

**2. 数据理解**

大数据分析是为了解决业务问题，理解问题要基于业务知识，数据理解就是利用业务知识来认识数据。如大数据分析“饮食与疾病的关系”“糖尿病与高血压的发病关系”，这些分析都需要对相关医学知识有足够的了解才能理解数据并进行分析。只有对业务知识有深入的理解才能在大数据中找准分析指标和进一步会衍生出的指标，从而抓住问题的本质挖掘出有价值的结果，如图 3-7 所示。

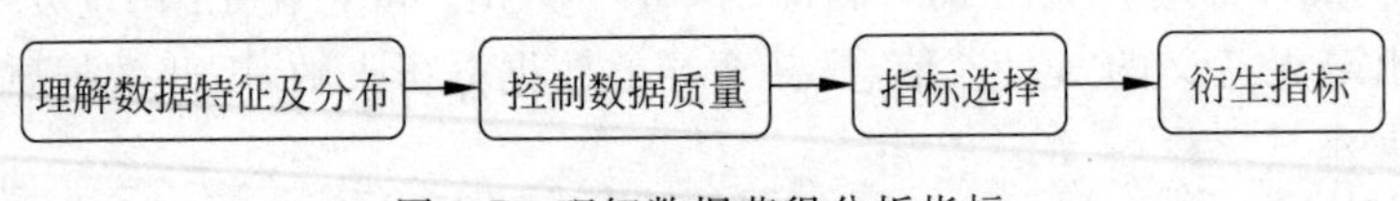


图 3-7 理解数据获得分析指标

**3. 数据采集**

传统的数据采集来源单一，且存储、管理和分析的数据量也相对较小，大多采用关系型数据库和并行数据仓库即可处理。大数据的采集可以通过系统日志采集方法、非结构化数据采集方法、企业特定系统接口等相关方式采集。例如利用多个数据库来接收来自客户端(Web、App 或者传感器等)的数据，电商会使用传统的关系型数据库 MySQL 和 Oracle 等来存储每一笔事务数据，除此之外，Redis 和 MongoDB 这样的 NoSQL 非结构化数据库也常用于数据的管理。

#### 4. 数据预处理

如果要对海量数据进行有效的分析，应该将数据导入到一个集中的大型分布式数据库，或者分布式存储集群，并且可以在导入基础上做一些简单的清洗和预处理工作。也有一些用户会在导入时对数据进行流式计算，来满足部分业务的实时计算需求。导入与预处理过程的特点和挑战主要是导入的数据量大，每秒钟的导入量经常会达到百兆，甚至千兆级别。

#### 5. 数据分析

数据分析包括对结构化、半结构化及非结构化数据的分析，主要利用分布式数据库，或者分布式计算集群来对存储于其内的海量数据进行分析，如分类汇总、基于各种算法的高级别计算等，涉及的数据量和计算量都很大。

#### 6. 分析结果的解析

对用户来讲最关心的是数据分析结果与解析，对结果的理解可以通过合适的展示方式，如可视化和人机交互等技术来实现。

## 3.2 大数据分析的主要技术

大数据分析的主要技术有深度学习、知识计算及可视化等，深度学习和知识计算是大数据分析的基础，而可视化在数据分析和结果呈现的过程中均起作用。

### 3.2.1 深度学习

#### 1. 认识深度学习

深度学习是一种能够模拟出人脑的神经结构的机器学习方式，从而能够让计算机具有人一样的智慧。其利用层次化的架构学习出对象在不同层次上的表达，这种层次化的表达可以帮助解决更加复杂抽象的问题。在层次化中，高层的概念通常是通过低层的概念来定义的，深度学习可以对人类难以理解的底层数据特征进行层层抽象，从而提高数据学习的精度。让计算机模仿人脑的机制来分析数据，建立类似人脑的神经网络进行机器学习，从而实现对数据进行有效表达、解释和学习，这种技术在将来无疑是前景无限的。

#### 2. 深度学习的应用

近几年，深度学习在语音、图像以及自然语言理解等应用领域取得一系列重大进展。在自然语言处理等领域主要应用于机器翻译以及语义挖掘等方面，国外的 IBM、Google 等公司都迅速进行了语音识别的研究；国内的阿里巴巴、科大讯飞、百度、中科院自动化所等公司或研究单位，也在进行深度学习在语音识别上的研究。

深度学习在图像领域也取得了一系列进展。如微软推出的网站 how-old，用户可以上传自己的照片“估龄”。系统根据照片会对瞳孔、眼角、鼻子等 27 个“面部地标点”展开分析，判断照片上人物的年龄，如图 3-8 所示。百度在此方向也做出了很大的成绩，由百度牵头的分布式深度机器学习开源平台日前正式面向公众开放，该平台隶属于名为“深盟”的开源组织，该组织核心开发者来自百度深度学习研究院(IDL)、微软亚洲研究院、华盛顿大学、纽约大学、香港科技大学、卡耐基·梅隆大学等知名公司和高校。

举例：德国用深度学习算法让人工智能系统学习梵·高画名画。

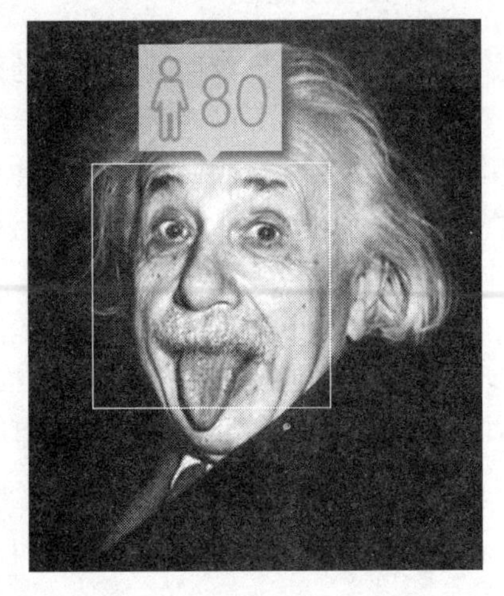


图 3-8　人脸识别判断年龄

2015 年 8 月 26 日，德国一个综合神经科学研究所用深度学习算法让人工智能系统学习梵·高、莫奈等世界著名画家的画风以绘制新的“人工智能世界名画”。他们在视觉感知的关键领域，如物体和人脸识别等方面有了新的解决方法，这就是深层神经网络。基于深层神经网络的人工智能系统提供了绘画模仿，提供了神经创造艺术形象的算法，用以理解和模拟人类去创建和感知艺术形象。该算法是卷积神经网络算法，模拟人类大脑处理视觉时的工作状态，在目标识别方面较其他可用算法更好，甚至比人类专家更好。

图 3-9 是德国一个小镇的原始照片，图 3-10～图 3-12 的左下角显示的是名画原作，右侧是图 3-9 经人工智能学习后变形的效果。

图 3-9　德国小镇一瞥

图 3-10　特纳弥诺陶洛斯的沉船风格的小镇

图 3-11　梵·高的星夜风格的小镇

图 3-12　爱德华·蒙克的呐喊风格的小镇

以上这些图像结合了一些著名的艺术绘画风格，这些图像被创建时首先学习艺术品的内容表示和风格表示，然后应用在给定的图片中，并进行重新排列组合进行相似性视觉对比绘画，形成人工智能版的世界名画。

## 3.2.2 知识计算

### 1. 认识知识计算

知识计算是从大数据中首先获得有价值的知识，并对其进行进一步深入计算和分析的过程。也就是要对数据进行高端的分析，需要从大数据中先抽取出有价值的知识，并把它构建成可支持查询、分析与计算的知识库。知识计算是目前国内外工业界开发和学术界研究的一个热点。知识计算的基础是构建知识库，知识库中的知识是显式的知识。通过利用显式的知识，人们可以进一步计算出隐式知识。知识计算包括属性计算、关系计算、实例计算等。

### 2. 知识计算的应用

目前，世界各个组织建立的知识库多达五十余种，相关的应用系统更是达到了上百种，如维基百科等在线百科知识构建的知识库 DBpedia、YAG、Omega、WikiTaxonomy；Wolfram 的知识计算平台 WolframAlpha；Google 创建了至今世界最大的知识库，名为 Knowledge Vault ，它通过算法自动搜集网上信息，通过机器学习把数据变成可用知识，目前，Knowledge Vault 已经收集了 16 亿件事实。知识库除了改善人机交互之外，也会推动现实增强技术的发展，Knowledge Vault 可以驱动一个现实增强系统，让我们从头戴显示屏上了解现实世界中的地标、建筑、商业网点等信息。

知识图谱泛指各种大型知识库，是把所有不同种类的信息连接在一起而得到的一个关系网络。这个概念最早由 Google 提出，提供了从“关系”的角度去分析问题的能力，知识图谱就是机器大脑中的知识库。

在国内，中文知识图谱的构建与知识计算也有大量的研究和开发应用，如图 3-13 是心房颤动知识图谱，如图 3-14 所示是心肌炎知识图谱，如图 3-15 是中药人参知识图谱。具有代表性的有中国科学院计算技术研究所的 OpenKN，中国科学院数学研究院提出的知件(Knowware)，上海交通大学最早构建的中文知识图谱平台 zhishi. me，百度推出的中文知识图谱搜索，搜狗推出的知立方平台，复旦大学 GDM 实验室推出的中文知识图谱展示平台等。这些知识库必将使知识计算发挥更大的作用。

通过知识图谱建立事物之间的关联，扩展用户搜索结果，可以发现更多内容。例如：利用百度的知识图谱搜索“达·芬奇”，会得到其生平介绍和他的画作等相关内容，如图 3-16 所示。

## 3.2.3 可视化

可视化是帮助大数据分析用户理解数据及解析数据分解结果的有效方法，可以帮助人们分析大规模、高维度、多来源、动态演化的信息，并辅助做出实时的决策。大数据可视化的主要手段有数据转换和视觉转换，其主要方法有：

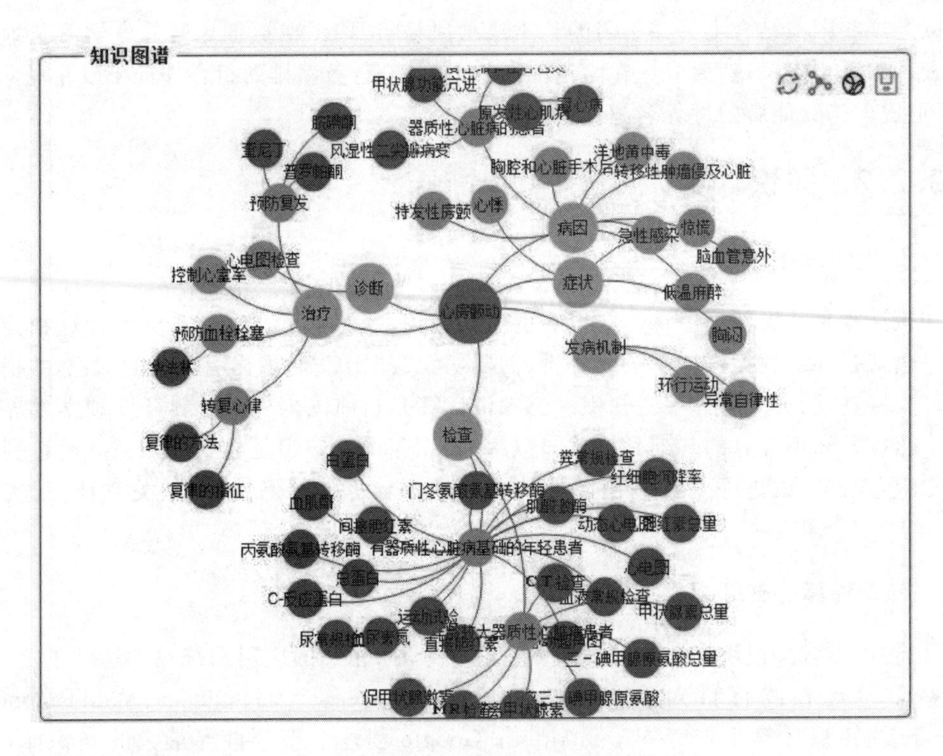


图 3-13　心房颤动知识图谱

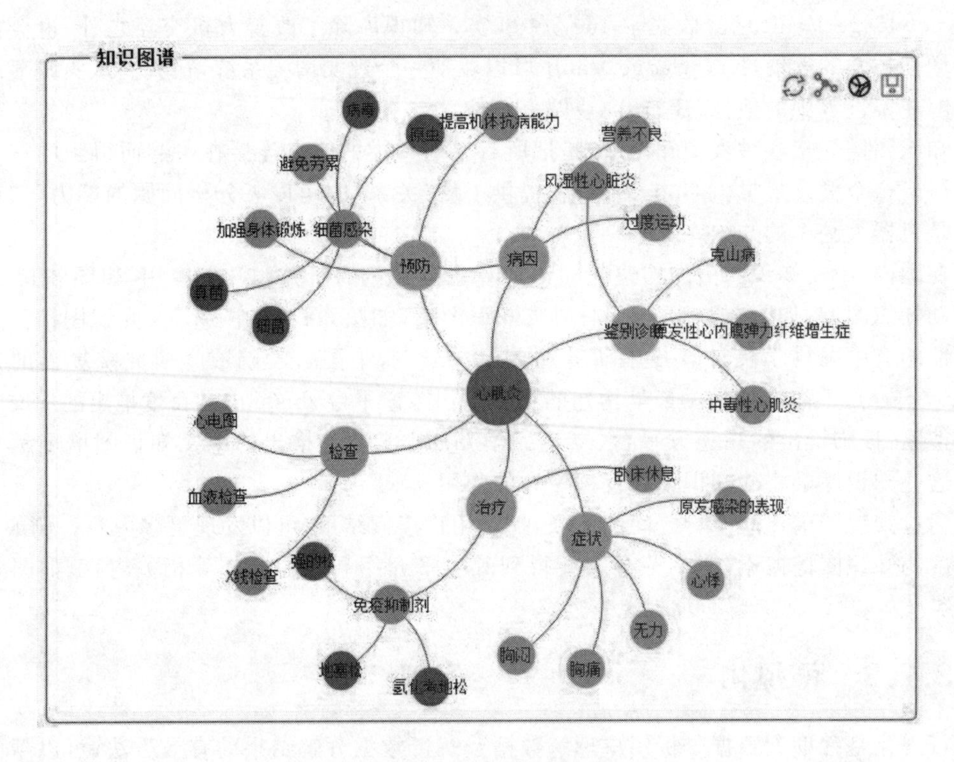


图 3-14　心肌炎知识图谱

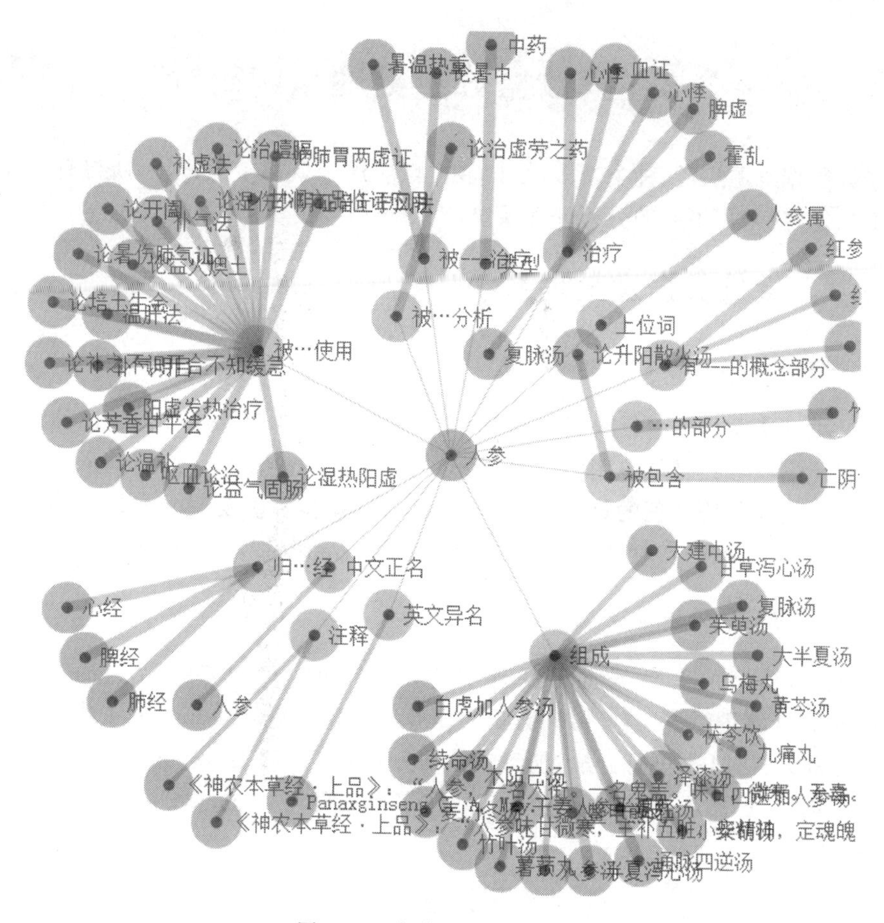


图 3-15 中药人参知识图谱

图 3-16 通过知识图谱搜索到的达·芬奇画作

(1) 对信息流压缩或者删除数据中的冗余来对数据进行简化；

(2) 设计多尺度、多层次的方法实现信息在不同的解析度上的展示；

(3) 把数据存储在外存，并让用户通过交互手段方便地获取相关数据；

(4) 新的视觉隐喻方法以全新的方式展示数据，如“焦点＋上下文”方法，它重点对焦点数据进行细节展示，对不重要的数据则简化表示，例如鱼眼视图。Plaisant 提出了空间树(Space Tree)，这种树形浏览器通过动态调整树枝的尺寸来使其最好地适配显示区域。

关于可视化的具体处理方法见第 4 章。

# 3.3 大数据分析处理系统简介

由于大数据来源广泛、种类繁多、结构多样且应用于众多不同领域，所以针对不同业务需求的大数据，应采用不同的分析处理系统。

## 3.3.1 批量数据及处理系统

### 1. 批量数据

批量数据通常数据体量巨大，如数据从 TB 级别跃升到 PB 级别，且是以静态的形式存储。这种批量数据往往是从应用中沉淀下来的数据，如医院长期存储的电子病历等。对这种数据的分析通常使用合理的算法，才能进行数据计算和价值发现。大数据的批量处理系统适用于先存储后计算、实时性要求不高，但对数据的准确性和全面性要求较高的场景。

### 2. 批量数据分析处理系统

Hadoop 是典型的大数据批量处理架构，由 HDFS 负责静态数据的存储，并通过 MapReduce 将计算逻辑、机器学习和数据挖掘算法实现。MapReduce 的工作原理实质是先分后合的处理方式，Map 进行分解，把海量数据分割成若干部分，分割后的部分发给不同的处理机进行联合处理，而 Reduce 进行合并，把多台处理机处理的结果合并成最终的结果，如图 3-17 所示。

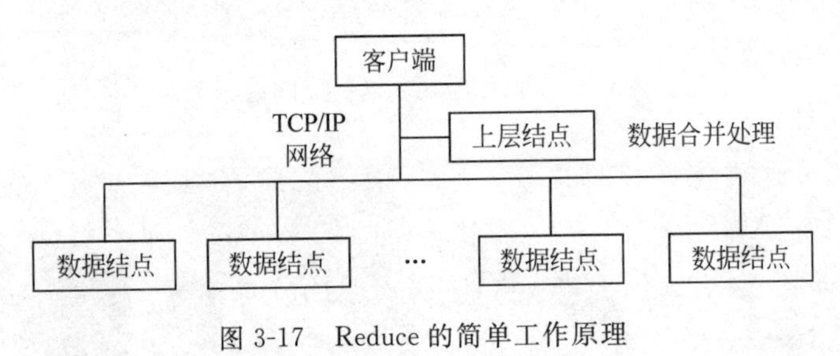


图 3-17 Reduce 的简单工作原理

关于 Hadoop 与 MapReduce 的具体处理流程和方法见本书第 5 和第 7 章。

## 3.3.2 流式数据及处理系统

### 1. 流式数据

流式数据是一个无穷的数据序列，序列中的每一个元素来源不同、格式复杂，序列往往包含时序特性。在大数据背景下，流式数据处理常见于服务器日志的实时采集，将 PB 级数据的处理时间缩短到秒级。数据流中的数据格式可以是结构化的、半结构化的甚至是非结构化的，数据流中往往含有错误元素、垃圾信息等，因此流式数据的处理系统要有很好的容错性及不同结构的数据分析能力，还能完成数据的动态清洗、格式处理等。

### 2. 流式数据分析处理系统

流式数据处理有 Twitter 的 Storm，Facebook 的 Scribe，Linkedin 的 Samza 等。其中 Storm 是一套分布式、可靠、可容错的用于处理流式数据的系统，其流式处理作业被分发至不同类型的组件，每个组件负责一项简单的、特定的处理任务。

Storm 系统有其独特的特性。

(1) 简单的编程模型：Storm 提供类似于 MapReduce 的操作，降低了并行批处理与实时处理的复杂性；

(2) 容错性：在工作过程中，如果出现异常，Storm 将以一致的状态重新启动处理以恢复正确状态；

(3) 水平扩展：Storm 拥有良好的水平扩展能力，其流式计算过程是在多个线程和服务器之间并行进行的；

(4) 快速可靠的消息处理：Storm 利用 ZeroMQ 作为消息队列，极大提高了消息传递的速度，任务失败时，它会负责从消息源重试消息。

## 3.3.3 交互式数据及处理系统

### 1. 交互式数据

交互式数据是操作人员与计算机以人机对话的方式一问一答地对话数据，操作人员提出请求，数据以对话的方式输入，计算机系统便提供相应的数据或提示信息，引导操作人员逐步完成所需的操作，直至获得最终处理结果。交互式数据处理灵活、直观、便于控制。采用这种方式，存储在系统中的数据文件能够被及时处理修改，同时处理结果可以立刻被使用。

### 2. 交互式数据分析处理系统

交互式数据处理系统有 Berkeley 的 Spark 和 Google 的 Dremel 等。Spark 是一个基于内存计算的可扩展的开源集群计算系统。针对 MapReduce 的不足，即大量的网络传输和磁盘 I/O 使得效率低效，Spark 使用内存进行数据计算以便快速处理查询实时返回分析结果。Spark 提供比 Hadoop 更高层的 API，同样的算法在 Spark 中的运行速度比 Hadoop 快 10～100 倍。Spark 在技术层面兼容 Hadoop 存储层 API，可访问 HDFS、HBASE、SequenceFile 等。Spark-Shell 可以开启交互式 Spark 命令环境，能够提供交互式查询。

关于 Spark 的详细介绍见本书第 9 章。

## 3.3.4 图数据及处理系统

### 1. 图数据

图数据是通过图形表达出来的信息含义。图自身的结构特点可以很好地表示事物之间的关系。图数据中主要包括图中的结点以及连接结点的边。在图中，顶点和边实例化构成各种类型的图，如标签图、属性图、语义图以及特征图等(见图 3-18～图 3-21)。大图数据是无法使用单台机器进行处理的，但如果对大图数据进行并行处理，对于每一个顶点之间都连通的图来讲，难以分割成若干完全独立的子图进行独立的并行处理，即使可以分割，也会面临并行机器的协同处理以及将最后的处理结果进行合并等一系列问题。这需要图数据处理系统选取合适的图分割以及图计算模型来满足要求。

图 3-18 价格标签图

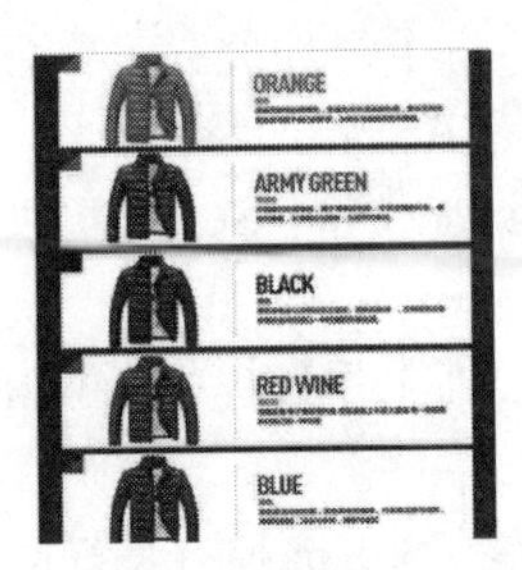


图 3-19 服装颜色属性图

图 3-20 自然特征图

图 3-21 人脑语义地图

**2. 图数据分析处理系统**

图数据处理有一些典型的系统，如 Google 的 Pregel 系统、Neo4j 系统和 Trinity 系统。Trinity 是 Microsoft 推出的一款建立在分布式云存储上的计算平台，可以提供高度并行查询处理、事务记录、一致性控制等功能。Trinity 主要使用内存存储，磁盘仅作为备份存储。

Trinity 有以下特点。

(1) 数据模型是超图：超图中，一条边可以连接任意数目的图顶点，此模型中图的边称为超边，超图比简单图的适用性更强，保留的信息更多；

(2) 并发性：Trinity 可以配置在一台或上百台计算机上，Trinity 提供了一个图分割机制；

(3) 具有数据库的一些特点：Trinity 是一个基于内存的图数据库，有丰富的数据库特点；

(4) 支持批处理：Trinity 支持大型在线查询和离线批处理，并且支持同步和不同步批处理计算。

总之，面对大数据，各种处理系统层出不穷，各有特色。总体来说，数据处理平台多样化，国内外的互联网企业都在基于开源性面向典型应用的专用化系统进行开发。

## 3.4 大数据分析的应用

大数据分析在各个领域都有广泛的应用，以下以互联网和医疗领域为例，介绍大数据的应用。

### 1. 互联网领域大数据分析的典型应用

(1) 用户行为数据分析。如精准广告投放、内容推荐、行为习惯和喜好分析、产品优化等，如图 3-22 和图 3-23 所示。

图 3-22　利用微信做精准广告投放

(2) 用户消费数据分析。如精准营销、信用记录分析、活动促销、理财等。

(3) 用户地理位置数据分析。如 O2O 推广、商家推荐、交友推荐等。

(4) 互联网金融数据分析。如 P2P、小额贷款、支付、信用、供应链金融等。

(5) 用户社交等数据分析。如趋势分析、流行元素分析、受欢迎程度分析、舆论监控分析、社会问题分析等。

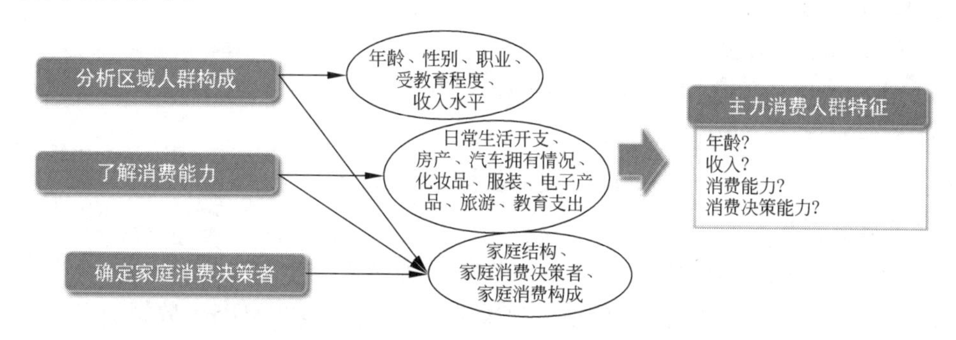


图 3-23　用户购买习惯大数据分析

### 2. 在医疗领域大数据分析的典型应用

(1) 公共卫生：分析疾病模式和追踪疾病暴发及传播方式途径，提高公共卫生监测和反应速度。更快更准确地研制靶向疫苗，例如开发每年的流感疫苗。

(2) 循证医学：结合和分析各种结构化和非结构化数据、电子病历、财务和运营数据、临床资料和基因组数据来寻找与病症信息相匹配的治疗，预测疾病的高危患者或提供更多高效的医疗服务。

(3) 基因组分析：更有效和低成本地执行基因测序，使基因组分析成为正规医疗保健决策的必要信息并纳入病人病历记录。

(4) 设备远程监控：从住院和家庭医疗装置采集和分析实时大容量地快速移动数据，用于安全监控和不良反应的预测。

(5) 病人资料分析：全面分析病人个人信息(例如分割和预测模型)，从中找到能从特定健保措施中获益的个人，例如，某些疾病的高危患者(如糖尿病)可以从预防措施中受益。

这些人如果拥有足够的时间提前有针对性地预防病情，那么大多数的危害可以降到最低程度，甚至可以完全消除。

(6) 预测疾病或人群的某些未来趋势：如预测特定病人的住院时间，哪些病人会选择非急需性手术，哪些病人不会从手术治疗中受益，哪些病人会更容易出现并发症等。资料显示，单单就美国而言，医疗大数据的利用可以为医疗开支节省出3000亿美元每年。

(7) 临床操作：相对更有效的医学研究，发展出临床相关性更强和成本效益更高的方法用来诊断和治疗病人。

(8) 药品和医疗器械方面：建立更低磨损度、更精简、更快速、更有针对性的研发产品线。

(9) 临床试验：在产品进入市场前发现病人对药物医疗方法的不良反应。

### 3. 应用案例

1) 互联网大数据分析案例

案例背景：

对某互联网公司的用户进行行为分析，实时分析大量的数据。

问题解决步骤：

(1) 首先提出了测试方案：

90天细节数据约50亿条导入，并制定分析策略。

(2) 简单测试：

先通过5台PC Server，导入1～2天的数据，演示如何ETL，如何做简单应用。

(3) 实际数据导入：

按照提出的测试方案开始导入90天的数据，在导入数据中解决如下问题：解决步长问题，有效访问次数，在几个分组内，停留时间大于30分钟；解决HBase数据和SQL Server数据的关联问题；解决分组太多、跨度过长的问题。

(4) 数据源及数据特征分析：

90天的数据，Web数据7亿，App数据37亿，总估计50亿。

每个表有20多个字段，一半字符串类型，一半数值类型，一行数据的大小估计2000B。

每天5000万行，原始数据每天100GB，100天是10TB的数据。

抽取样本数据100万行，导入数据集市，数据量为180MB。

50亿数据若全部导入需要900GB的空间，压缩比为11∶1。

假设同时装载到内存中分析的量为1/3，那总共需要300GB的内存。

(5) 设计方案：

总共配制需要300GB的内存。

硬件：5台PC Server，每台内存64GB、4CPU 4Core。

机器角色：一台Naming、Map，一台Client、Reduce、Map，其余三台都是Map。

(6) ETL过程(将数据从来源端经过抽取、转换、加载至目的端的过程)：

历史数据集中导：每天的细节数据和SQL Server关联后，打上标签，再导入集市。

增量数据自动导：每天导入数据，生成汇总数据。

维度数据被缓存：细节数据按照日期打上标签，跟缓存的维度数据关联后入集市；根据系统配置调优日期标签来删除数据；清洗出有意义的字段。

(7) 系统配置

内部管理内存参数等配置。

(8) 互联网用户行为分析：

浏览器分析：运行时间，有效时间，启动次数，覆盖人数等。

主流网络电视：浏览总时长，有效流量时长，浏览次(PV)数覆盖占有率等。

主流电商网站：在线总时长，有效在线总时长，独立访问量，网站覆盖量等。

主流财经网站：在线总时长，有效总浏览时长，独立访问量，总覆盖量等。

(9) 案例测试结果：

90天数据，近10TB的原始数据，大部分的查询都是秒级响应。

实现了HBase数据与SQL Server中维度表关联分析的需求。

预算有限，投入并不大，又能解决Hive不够实时的问题。

性能卓越的交互式BI呈现，非常适合分析师使用。

2) 百度流行病预测

(1) 问题提出

利用大数据在医疗服务领域开展疾病预测研究，借助最新大数据技术，呈现身边的疾病信息。人们通过这个疾病预测系统，不仅可以了解当前流行病的态势，还可以看到未来7天的变化趋势，提前做好预防措施。

(2) 数据来源与分析

流行病的发生和传播有一定的规律性，与气温变化、环境指数、人口流动等因素密切相关。每天网民在百度搜索大量流行病相关信息，汇聚起来就有了统计规律，经过一段时间的数据积累，可以形成一个个预测模型，预测未来疾病的活跃指数。

(3) 预测应用

预测病种是流感、肝炎、肺结核、高血压、糖尿病、心脏病、艾滋病等13种疾病，覆盖331个地市2870个区县，免费提供疾病预测的服务。

(4) 流感预测

将数据(如搜索、微博、贴吧)与中国疾控中心(CDC)提供的流感监测数据结合建立预测模型。对比CDC提供的流感阳性率(2014.5.25值)，绝对误差在1%以内的城市占62%，在5%以内的城市占89%。而其他几种疾病依靠百度搜自身数据，用无监督学习模型来预测疾病热搜动态的时空变化。如图3-24所示是过去一个时间点"流感"全国发病预测情况，从图中可以观察到广州、珠海、重庆、成都、深圳等地流感发病较为活跃。

总之，大数据分析为处理结构化与非结构化的数据提供了新的途径，这些分析在具体应用上还有很长的路要走，在未来的日子里将会看到更多的产品和应用系统在生活中出现。

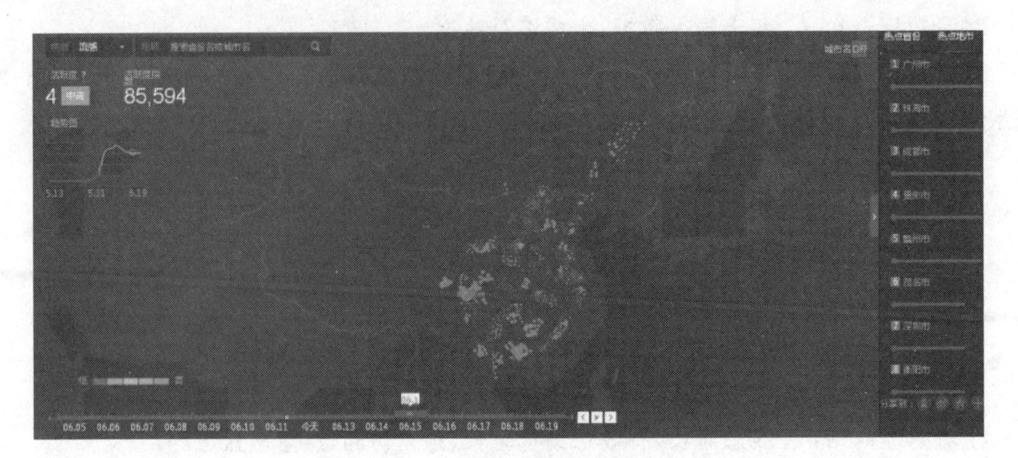


图 3-24 “流感”全国发病预测情况

## 本章小结

我们已经走进了大数据时代，挖掘隐含在大数据中的规律和关系是人们的渴望。由于大数据自身隐藏着的价值，在此领域开展相关问题的分析研究，必将产生深远的社会意义和效益，对未来社会的发展也将产生重大的推动作用。因此，通过本章内容的学习，学生应该学会大数据分析的方法，掌握大数据分析的一般流程与主要技术，为大数据的分析应用贡献力量。

**【注释】**

1. 机器学习(Machine Learning，ML)：是一门多领域交叉学科，专门研究计算机怎样模拟或实现人类的学习行为，以获取新的知识或技能，重新组织已有的知识结构使之不断改善自身的性能。

2. 分布式计算：是一种计算方法，和集中式计算是相对的。随着计算技术的发展，有些应用需要非常巨大的计算能力才能完成，如果采用集中式计算，需要耗费相当长的时间来完成。分布式计算将该应用分解成许多小的部分，分配给多台计算机进行处理。这样可以节约整体计算时间，大大提高计算效率。

3. 人工智能(Artificial Intelligence，AI)：是研究、开发用于模拟、延伸和扩展人的智能的理论、方法、技术及应用系统的一门新的技术科学。人工智能是计算机科学的一个分支，企图了解智能的实质，并生产出一种新的能以与人类智能相似的方式做出反应的智能机器，该领域的研究包括机器人、语言识别、图像识别、自然语言处理和专家系统等。

4. 推荐算法：是利用用户的一些行为，通过一些数学算法，推测出用户可能喜欢的东西。

5. 商务智能(Business Intelligence，BI)：是一套完整的解决方案，用来将企业中现有的数据进行有效的整合，快速准确地提供报表并提出决策依据，帮助企业做出明智的业务经营决策。

6. 单线程：在程序执行时，所走的程序路径按照连续顺序排下来，前面的必须处理好，后面的才会执行。

7. ZeroMQ：是一个消息处理队列库，可在多个线程、内核和主机盒之间弹性伸缩。ZMQ 的明确目标是“成为标准网络协议栈的一部分，之后进入 Linux 内核”。

8. ETL(Extract-Transform-Load)：用来描述将数据从来源端经过抽取(Extract)、转换(Transform)、加载(Load)至目的端的过程。ETL 一词较常用在数据仓库，但其对象并不限于数据仓库。

9. O2O(Online To Offline，在线离线/线上到线下)：是指将线下的商务机会与互联网结合，让互联网成为线下交易的平台，这个概念最早来源于美国。O2O 的概念非常广泛，既可涉及到线上，又可涉及到线下，可以统称为O2O。

10. P2P：可以理解为对等网络(Peer-to-Peer Networking)或对等计算(Peer-to-Peer Computing)。网络的参与者共享他们所拥有的一部分硬件资源(处理能力、存储能力、网络连接能力、打印机等)，此网络中的参与者既是资源、服务和内容的提供者(Server)，又是获取者(Client)。

11. 超图：是北京超图软件股份有限公司(SuperMap Software Co. Ltd.简称"超图软件"的品牌)，中国科学院旗下亚洲著名的地理信息系统(GIS)软件企业。

CHAPTER 4

# 第 4 章

# 大数据可视化

## 导学

### 内容与要求

本章主要介绍大数据可视化的概念、大数据可视化过程和大数据可视化工具。

大数据可视化概述中要了解科学可视化和信息可视化的定义，掌握大数据可视化和数据可视化的概念，掌握大数据可视化的过程。

大数据可视化工具中要了解传统数据可视化工具与大数据可视化工具的区别，了解常见大数据可视化工具，掌握 Tableau 工具的使用。

### 重点、难点

本章的重点是大数据可视化的概念、过程。本章的难点是使用 Tableau 设计可视化产品。

大数据时代不仅处理着海量的数据，同时也加工、传播和分享着它们，而大数据可视化是正确理解数据信息的最好方法，甚至是唯一方式。大数据可视化让数据变得更加可信，它可以被看作是一种媒介，像文字一样，为人们讲述着各种各样的故事。

## 4.1 大数据可视化概述

随着大数据可视化平台的拓展、应用领域的增加，表现形式不断变化，而且增加了诸如实时动态效果、用户交互使用等功能。

### 4.1.1　大数据可视化与数据可视化

数据可视化是关于数据的视觉表现形式的科学技术研究。其中，这种数据的视觉表现形式被定义为一种以某种概要形式抽取出来的信息，包括相应信息单位的各种属性和变量。

常见的柱状图、饼图、直方图、散点图等是最原始的统计图表，也是数据可视化最基础、最常见的应用。例如图 4-1 所示为数据可视化的常见表现形式，其中就包括了柱状图、饼图等多种统计图表。可以看出，使用它们可以快速认识数据，同时传达了数据中的信息。

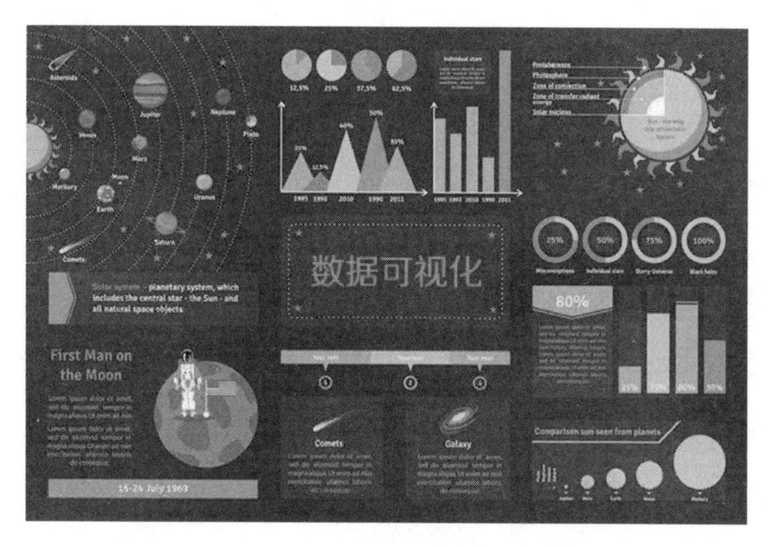


图 4-1　数据可视化

因为这些原始统计图表只能呈现基本的信息，所以当面对复杂或大规模结构化、半结构化和非结构化数据时，数据可视化的流程要复杂很多，具体实现的流程如图 4-2 所示。

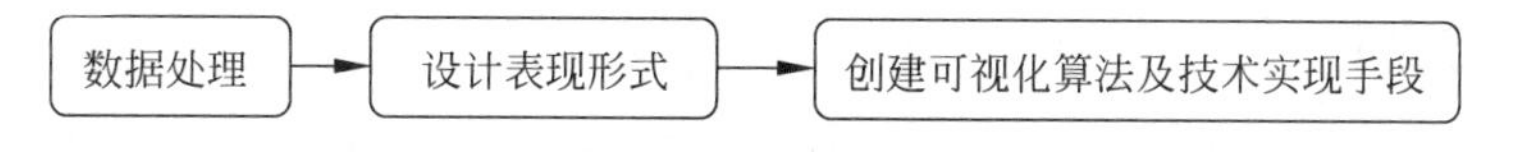


图 4-2　大数据可视化实现的流程

其具体描述是：首先要经历包括数据采集、数据分析、数据管理、数据挖掘在内的一系列复杂数据处理；然后由设计师设计一种表现形式，如立体的、二维的、动态的、实时的或者交互的；最终由工程师创建对应的可视化算法及技术实现手段，包括建模方法、处理大规模数据的体系架构、交互技术等。所以一个大数据可视化作品或项目的创建，需要多领域专业人士的协同工作才能取得成功。

所以，大数据可视化可以理解为数据量更加庞大、结构更加复杂的数据可视化。例如图 4-3 展示的是非洲大型哺乳动物种群的稳定性和濒危状况。图中面朝左边的动物数量正在不断减少，而面朝右边的动物状况则比较稳定，其中有些动物的数量还有所增加。所以，在数据急剧增加的背景下，大数据的可视化显得尤为重要。

综合以上描述，现将大数据可视化与数据可视化做以下比较，如表 4-1 所示。

图 4-3　非洲大型哺乳动物种群的稳定性和濒危状况

**表 4-1　大数据可视化与数据可视化的比较**

| | 大数据可视化 | 数据可视化 |
|---|---|---|
| 数据类型 | 结构化、半结构化、非结构化 | 结构化 |
| 表现形式 | 多种形式 | 主要是统计图表 |
| 实现手段 | 各种技术方法、工具 | 各种技术方法、工具 |
| 结果 | 发现数据中蕴含的规律特征 | 注重数据及其结构关系 |

### 4.1.2　大数据可视化的过程

大数据可视化的过程主要有以下 9 个方面。

**1. 数据的可视化**

数据可视化的核心是采用可视化元素来表达原始数据，例如通常柱状图利用柱子的高度反映数据的差异。图 4-4 中显示的是中国电信区域人群检测系统，其中利用柱状图显示年龄的分布情况、利用饼图显示性别的分布情况。

**2. 指标的可视化**

在可视化的过程中，采用可视化元素的方式将指标可视化，会使可视化的效果增彩很多，例如对 QQ 群大数据资料进行可视化分析中，数据用各种图形的方式展示。图 4-5 中显示的是将近 100GB 的 QQ 群数据，通过数据可视化，可以把数据作为点和线连接起来，从而更加直观地显示出来从而进行分析。其中企鹅图标的结点代表 QQ，群图标的结点代表群。每条线代表一个关系，一个 QQ 可以加入 $N$ 个群，一个群也可以有 $N$ 个 QQ 加入。线的颜色的代表含义为：黄色为群主、绿色为群管理员、蓝色为群成员。群主和管理员的关系线也比普通的群成员长一些，这是为了突出群内的重要成员的关系。

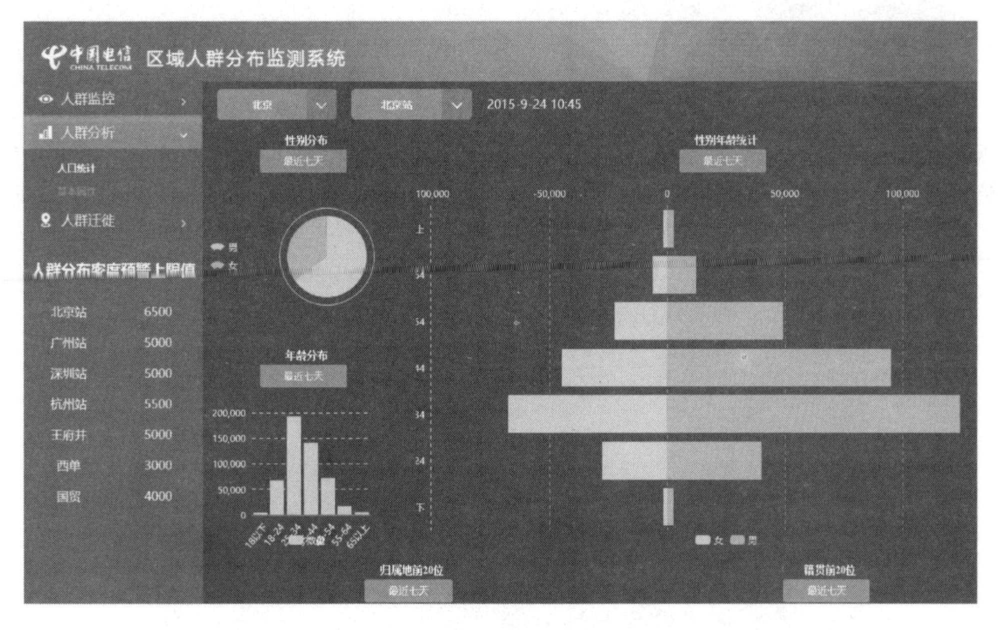


图 4-4 区域人群检测系统

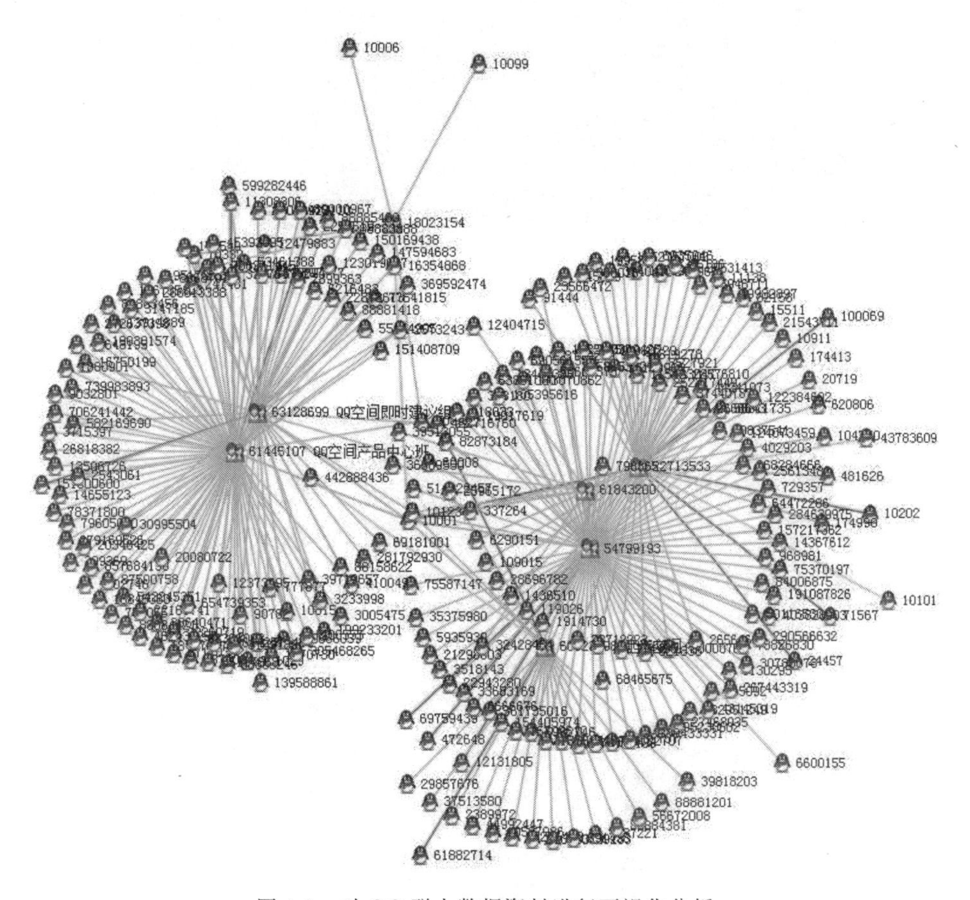


图 4-5 对 QQ 群大数据资料进行可视化分析

### 3. 数据关系的可视化

在数据可视化方式、指标可视化方式确立以后，就需要进行数据关系的可视化。这种数据关系往往也是可视化数据核心表达的主题宗旨，例如研究操作系统的分布。图 4-6 中显示的是将 Windows 比喻成太阳系，Windows XP、Window 7 等比喻成太阳系中的行星，其他系统比喻成其他星系的操作系统分布图。

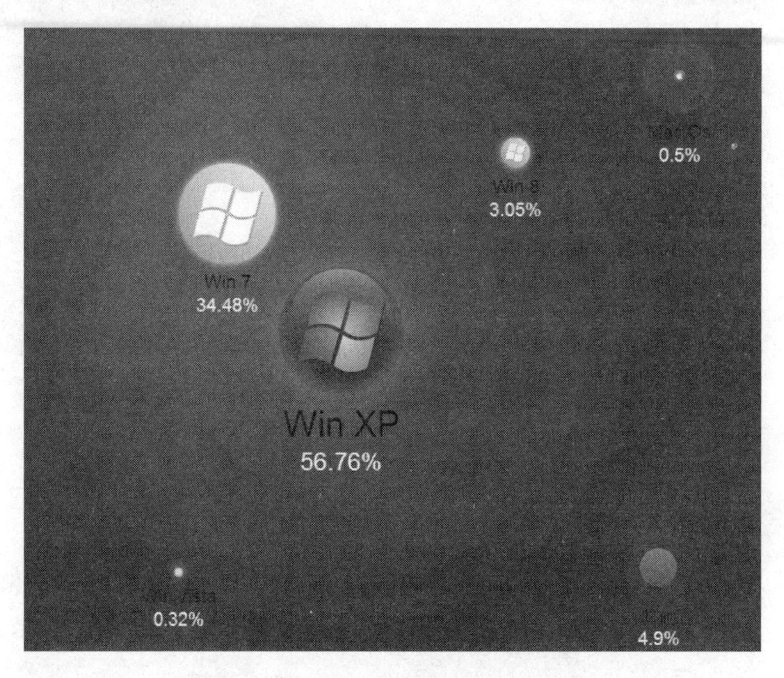


图 4-6　操作系统分布

### 4. 背景数据的可视化

很多时候，光有原始数据是不够的，因为数据没有价值，信息才有价值。例如设计师马特·罗宾森(Matt Robinson)和汤姆·维格勒沃斯(Tom Wrigglesworth)用不同的圆珠笔和字体写“Sample”这个单词。因为不同字体使用墨水量不同，所以每支笔所剩的墨水也不同。于是就产生了这幅有趣的图(图 4-7)，在这幅图中不再需要标注坐标系，因为不同的笔及其墨水含量已经包含了这个信息。

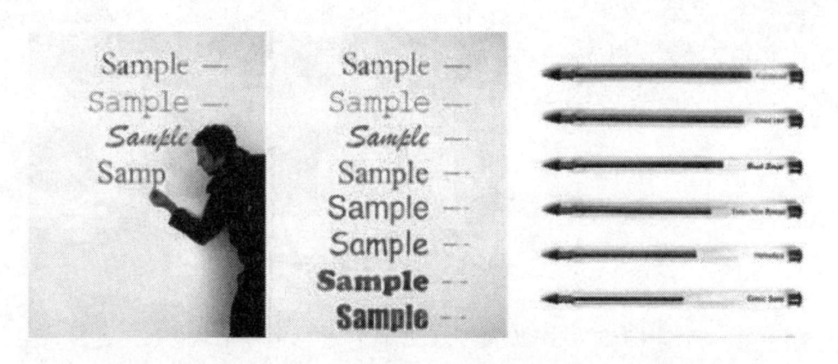


图 4-7　马特·罗宾森和汤姆·维格勒沃斯的“字体测量”

### 5. 转换成便于接受的形式

数据可视化的功能包括数据的记录、传递和沟通，之前的操作实现了记录和传递，但是沟通可能还需要优化，这种优化就包括按照人的接受模式、习惯和能力，甚至还需要考虑显示设备的能力，进行综合改进，这样才能更好地达到被接受的效果。例如对刷机用户所使用系统满意度的调查，如图 4-8 所示，其中适当增加一些符号可能更容易被接受。

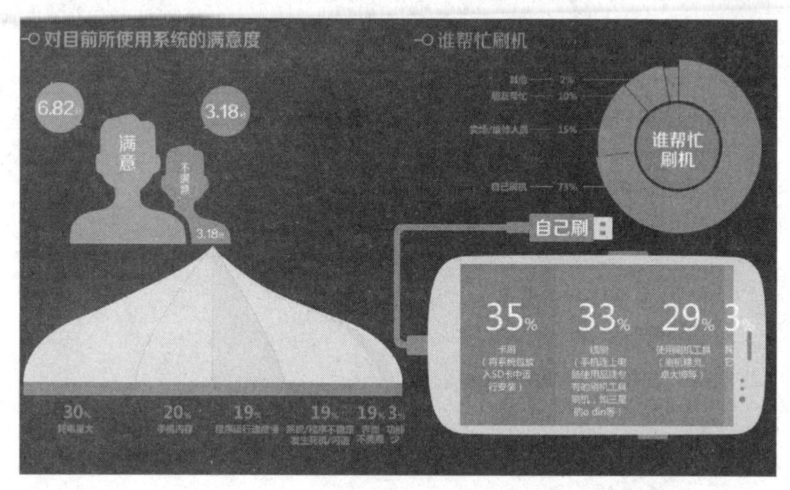


图 4-8　对刷机用户所使用系统满意度的调查

### 6. 聚焦

所谓聚焦就是利用一些可视化手段，把那些需要强化的小部分数据、信息，按照可视化的标准进行再次处理。

提到聚焦就必须要讲讲大数据。因为是大数据，所以很多时候数据、信息、符号对于接受者而言是超负荷的，可能就分辨不出来了，这时我们就需要在原来的可视化结果基础上再进行优化。例如百度迁徙中筛选最热线路，如图 4-9 所示。

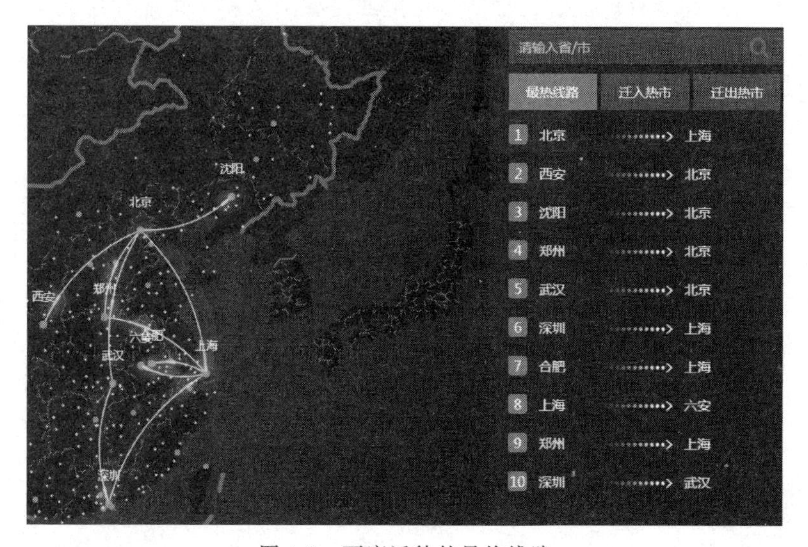


图 4-9　百度迁徙的最热线路

### 7. 集中或者汇总展示

就图 4-9 所示的百度迁徙来说，这个图表并没有完全结束，还有很大的空间，例如点击每一个城市，就可以看到这个城市具体的迁徙状态，例如图 4-10 中显示的是上海的迁徙状态。这样人们在掌控全局的基础上，很容易抓住所有焦点，再进行逐一处理。

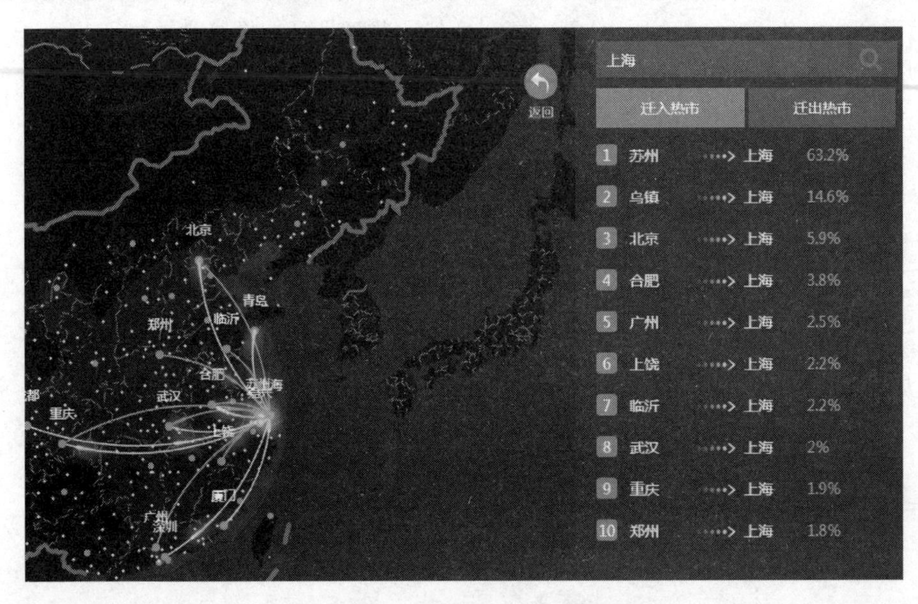


图 4-10　百度迁徙中的上海

### 8. 扫尾的处理

在之前的基础上，我们还可以进一步修饰。这些修饰是为了让可视化的细节更为精准，甚至优美，比较典型的工作包括设置标题，表明数据来源，对过长的柱子进行缩略处理，进行表格线的颜色设置，各种字体、图素粗细、颜色设置等。

图 4-11 显示的是最有价值的运动队。这是通过叠加数据来讲述深层故事的一个例子。这个交互由 Column Five 设计，从福布斯“2014 年最具价值的运动队 50 强”名单得到的启发。但是它不仅将列表可视化，用户还可以通过它看到每支队伍参赛的时间以及夺得总冠军的数量，这为各队的历史和成功提供了更全面的看法。

### 9. 完美的风格化

所谓风格化就是标准化基础上的特色化，最典型的例如增加企业、个人的 LOGO，让人们知道这个可视化产品属于哪个企业、哪个人。而真正做到风格化，还是有很多不同的操作，例如布局、用色、图素，常用的图表、信息图形式、数据、信息维度控制，典型的图标，甚至动画的时间、过渡等，从而形成让接收者赏心悦目，直观了然地理解、接受的网络。图 4-12 中显示的是“今年发生了哪些新闻”，这件艺术品是将 2014 年 Twitter 上最受关注的新闻进行可视化，其中展示了 18 450 万条推文。这件作品体现了最好的数据可视化方式，就是用直观和美丽的方式传达信息。

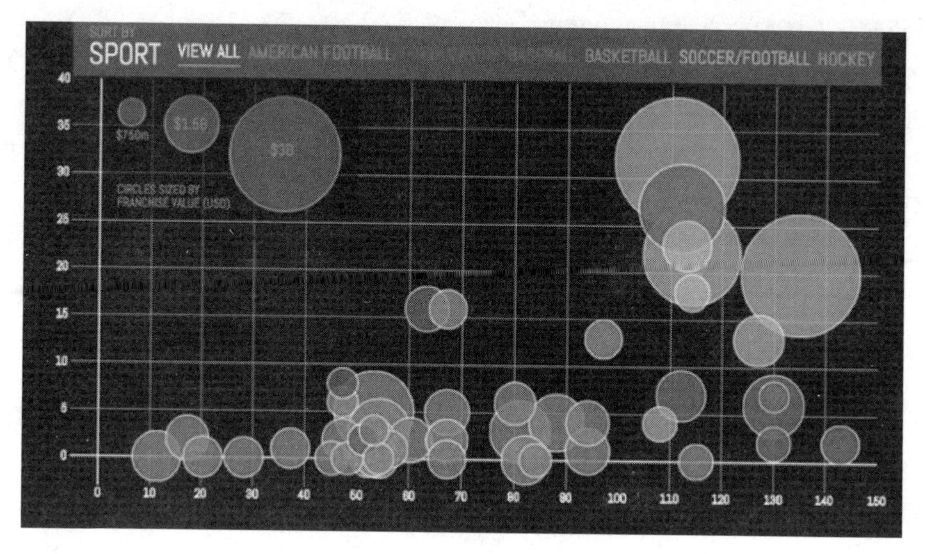


图 4-11 最有价值的运动队

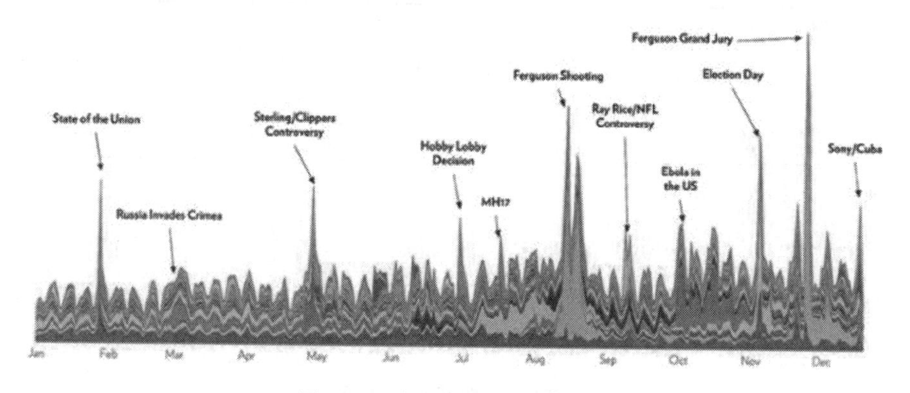


图 4-12 今年发生了哪些新闻

## 4.2 大数据可视化工具

传统的数据可视化工具仅仅是将数据加以组合，通过不同的展现方式提供给用户，用于发现数据之间的关联信息。随着云和大数据时代的来临，数据可视化产品已经不再满足于使用传统的数据可视化工具来对数据仓库中的数据进行抽取、归纳并简单地展现。数据可视化产品必须满足互联网的大数据需求，快速地收集、筛选、分析、归纳、展现决策者所需要的信息，并根据新增的数据进行实时更新。因此，在大数据时代，数据可视化工具必须具有以下特性。

(1) 实时性：数据可视化工具必须适应大数据时代数据量的爆炸式增长需求，快速收集分析数据并对数据信息进行实时更新。

(2) 简单操作：数据可视化工具满足快速开发、易于操作的特性，能满足互联网时代信息多变的特点。

(3) 更丰富的展现：数据可视化工具需具有更丰富的展现方式，能充分满足数据展现的多维度要求。

(4) 多种数据集成支持方式：数据的来源不仅仅局限于数据库，数据可视化工具将支持团队协作数据、数据仓库、文本等多种方式，并能够通过互联网进行展现。

### 4.2.1 常见大数据可视化工具简介

现在已经出现了很多大数据可视化的工具，从最简单的 Excel 到复杂的编程工具，以及基于在线的数据可视化工具、三维工具、地图绘制工具等，正逐步改变着人们对大数据可视化的认识。

#### 1. 入门级工具

入门级工具是最简单的数据可视化工具，只要对数据进行一些复制粘贴，直接选择需要的图形类型，然后稍微进行调整即可。常见的入门级工具如表 4-2 所示。

**表 4-2 常见入门级工具**

| 工　具 | 特　点 |
| --- | --- |
| Excel | 操作简单，快速生成图表，很难制作出能符合专业出版物和网站需要的数据图 |
| Google Spreadsheets | Microsoft Excel 的云版本，增加了动态、交互式图表，支持的操作类型更丰富，服务器负载过大时运行速度变得缓慢 |

#### 2. 在线工具

目前，很多网站都提供在线的数据可视化工具，为用户提供在线的数据可视化操作。常见的在线工具如表 4-3 示。

**表 4-3 常见在线工具**

| 工　具 | 特　点 |
| --- | --- |
| Google Chart API | 包含大量图表类型，内置了动画和交互控制，不支持 JavaScript 的设备无法使用 |
| Flot | 线框图表库，开源的 JavaScript 库，操作简单，支持多种浏览器 |
| Raphaël | 创建图表和图形的 JavaScript 库 |
| D3(Data Driven Documents) | JavaScript 库，提供复杂图表样式 |
| Visual. ly | 提供了大量信息图模板 |

#### 3. 三维工具

数据可视化的三维工具，可以设计出 Web 交互式三维动画的产品。常见的三维工具如表 4-4 所示。

表 4-4 常见三维工具

| 工　　具 | 特　　点 |
|---|---|
| Three. js | 开源的 JavaScript 3D 引擎，低复杂、轻量级的 3D 库 |
| PhiloGL | WebGL 开源框架，强大的 API |

#### 4. 地图工具

地图工具是一种非常直观的数据可视化方式，绘制此类数据图的工具也有很多。常见的地图工具如表 4-5 所示。

表 4-4 常见地图工具

| 工　　具 | 特　　点 |
|---|---|
| Google Maps | 基于 JavaScript 和 Flash 的地图 API，提供多种版本 |
| Modest Maps | 开源项目，最小地图库，Flash 和 ActionScript 的区块拼接地图函数库 |
| Poly Maps | 一个地图库，具有类似 CSS 样式表的选择器 |
| OpenLayers | 可靠性最高的地图库 |
| Leaflet | 支持 HTML5 和 CSS3，轻松使用 OpenStreetMap 的数据 |

#### 5. 进阶工具

进阶工具通常提供桌面应用和编程环境。常见的进阶工具如表 4-6 所示。

表 4-6 常见进阶工具

| 工　　具 | 特　　点 |
|---|---|
| Processing | 轻量级的编程环境，制作编译成 Java 的动画和交互功能的图形，桌面应用，几乎可在所有平台上运行 |
| Nodebox | 开源图形软件，支持多种图形类型 |

#### 6. 专家级工具

如果要进行专业的数据分析，那么就必须使用专家级的工具。常见的专家级工具如表 4-7 所示。

表 4-7 常见专家级工具

| 工　　具 | 特　　点 |
|---|---|
| R | 一套完整的数据处理、计算和制图软件系统，非常复杂 |
| Weka | 基于 Java 环境下开源的机器学习及数据挖掘软件 |
| Gephi | 开源的工具，能处理大规模数据集，生成漂亮的可视化图形，能对数据进行清洗和分类 |

### 4.2.2 Tableau 数据可视化入门

Tableau 是一款功能非常强大的可视化数据分析软件，其定位在数据可视化的商务智能展现工具，可以用来实现交互的、可视化的分析和仪表盘分析应用。就和 Tableau 这个词汇的原意“画面”一样，它带给用户美好的视觉感官。

Tableau 的特性包括：

(1) 自助式 BI(商业智能)，IT 人员提供底层的架构，业务人员创建报表和仪表盘。Tableau 允许操作者将表格中的数据转变成各种可视化的图形、强交互性的仪表盘并共享给企业中的其他用户；

(2) 友好的数据可视化界面，操作简单，用户通过简单的拖曳就能发现数据背后所隐藏的业务问题；

(3) 与各种数据源之间实现无缝连接；

(4) 内置地图引擎；

(5) 支持两种数据连接模式，Tableau 的架构提供了两种方式访问大数据量，即内存计算和数据库直连；

(6) 灵活的部署，适用于各种企业环境。

Tableau 拥有一万多个客户，分布在全球 100 多个国家和地区，应用领域遍及商务服务、能源、电信、金融服务、互联网、生命科学、医疗保健、制造业、媒体娱乐、公共部门、教育、零售等各个行业。

Tableau 有桌面版和服务器版。桌面版包括个人版开发和专业版开发，个人版开发只适用于连接文本类型的数据源；专业版开发可以连接所有数据源。服务器版可以将桌面版开发的文件发布到服务器上，共享给企业中其他的用户访问；能够方便地嵌入到任何门户或者 Web 页面中。

Tableau 支持的数据接口多达 24 种，其中常见的数据接口如表 4-8 所示。

**表 4-8　Tableau 的常见数据接口**

| 数据接口 | 说明 |
| --- | --- |
| Microsoft Excel | 可以进行各种数据的处理、统计分析和辅助决策操作的软件 |
| Microsoft Access | 微软发布的关系数据库管理系统 |
| Text files | 文本文件 |
| Aster Data nCluster | 一个大型数据管理和数据分析的新平台 |
| Microsoft SQL Server | 关系型数据库管理系统，使用集成的商业智能工具提供了企业级的数据管理 |
| MySQL | 关系型数据库管理系统，在 Web 应用方面表现最好 |
| Oracle | 关系数据库管理系统，系统可移植性好、使用方便、功能强，适用于各类大、中、小、微机环境 |
| IBM DB2 | 关系型数据库管理系统，主要应用于大型应用系统，具有较好的可伸缩性，可支持从大型机到单用户环境，应用于所有常见的服务器操作系统平台下 |
| Hadoop Hive | 基于 Hadoop 的一个数据仓库工具，可以将结构化的数据文件映射为一张数据库表，并提供简单的 SQL 查询功能，可以将 SQL 语句转换为 MapReduce 任务运行 |

下面将介绍 Tableau 的入门操作，使用软件自带的示例数据，介绍如何连接数据、构建视图、创建仪表板和创建故事。

### 1. 连接数据

启动 Tableau 后要做的第一件事是连接数据。

1）选择数据源

在 Tableau 的工作界面的左侧显示可以连接的数据源，如图 4-13 所示。

图 4-13 Tableau 的工作界面

2）打开数据文件

这里以 Excel 文件为例，选择 Tableau 自带的文件“超市. xls”，如图 4-14 所示为打开文件后的工作界面。

3）设置连接

超市. xls 中有三个工作表，将工作表拖至连接区域就可以开始分析数据了。例如将“订单”工作表拖至连接区域，然后单击工作表选项卡开始分析数据，如图 4-15 所示。

### 2. 构建视图

连接到数据源之后，字段作为维度和度量显示在工作簿左侧的数据窗格中，将字段从数据窗格拖放到功能区来创建视图。

1）将维度拖至行、列功能区

单击图 4-15 中下面的“工作表 1”切换到数据窗格。例如将窗格左侧“维度”区域里的

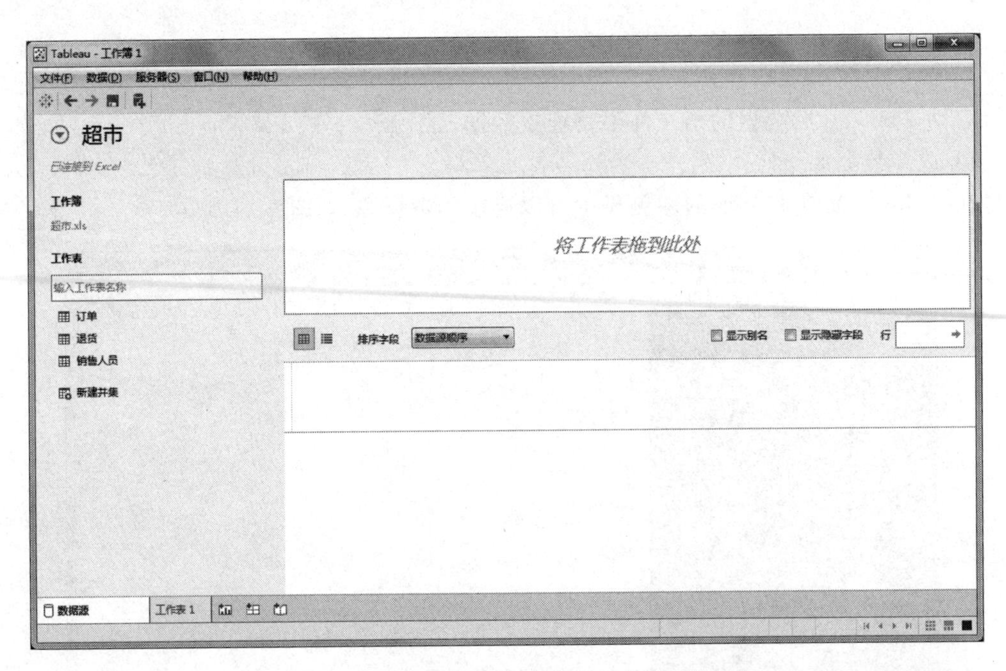


图 4-14　打开文件“超市. xls”

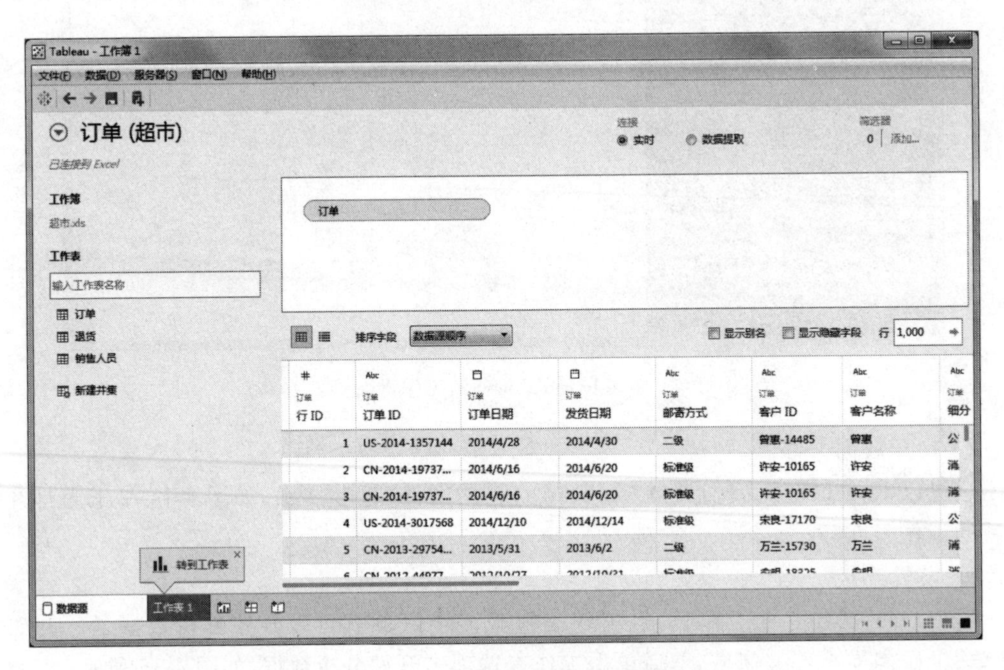


图 4-15　将“订单”工作表拖至连接区域

“地区”和“细分”拖至行功能区、“类别”拖至列功能区，如图 4-16 所示。

2）将度量拖至“文本”

例如将数据窗格左侧“度量”区域里的“销售额”拖至窗格“标记”中的“文本”标记卡上，如图 4-17 所示。

这时，在图 4-17 所示的窗格的中间区域，数据的交叉表视图就呈现出来了。

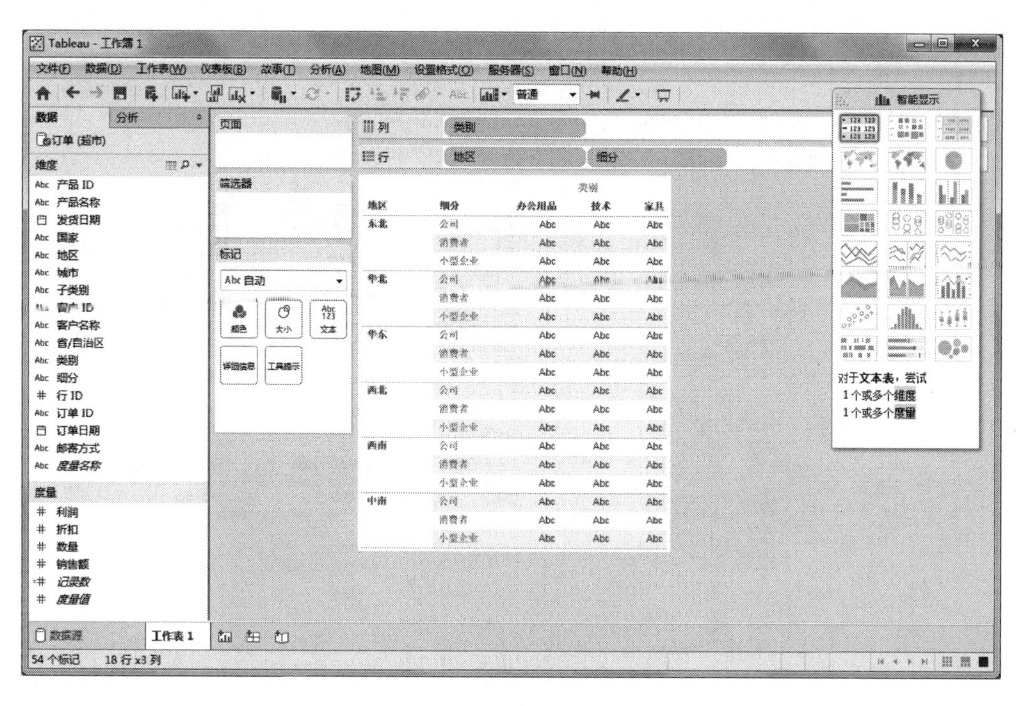


图 4-16　数据窗格

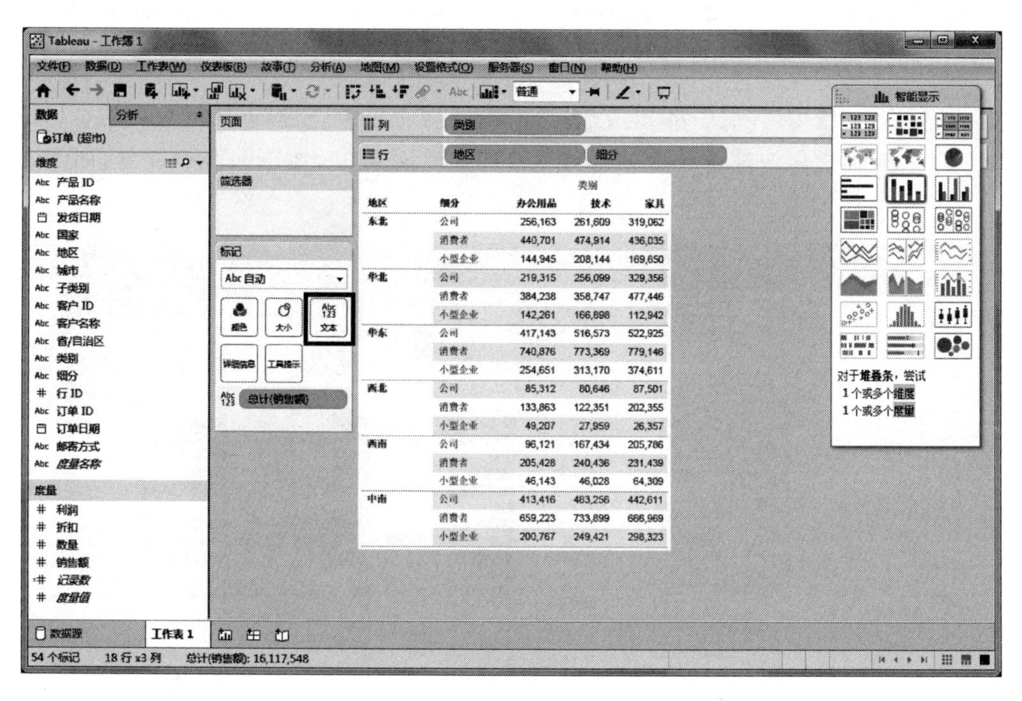


|  |  | 类别 |  |  |
|---|---|---|---|---|
| 地区 | 细分 | 办公用品 | 技术 | 家具 |
| 东北 | 公司 | 256,163 | 261,609 | 319,062 |
|  | 消费者 | 440,701 | 474,914 | 436,035 |
|  | 小型企业 | 144,945 | 208,144 | 169,650 |
| 华北 | 公司 | 219,315 | 256,099 | 329,356 |
|  | 消费者 | 384,238 | 358,747 | 477,446 |
|  | 小型企业 | 142,261 | 166,898 | 112,942 |
| 华东 | 公司 | 417,143 | 516,573 | 522,925 |
|  | 消费者 | 740,876 | 773,369 | 779,146 |
|  | 小型企业 | 254,651 | 313,170 | 374,611 |
| 西北 | 公司 | 85,312 | 80,646 | 87,501 |
|  | 消费者 | 133,863 | 122,351 | 202,355 |
|  | 小型企业 | 49,207 | 27,959 | 26,357 |
| 西南 | 公司 | 96,121 | 167,434 | 205,786 |
|  | 消费者 | 205,428 | 240,436 | 231,439 |
|  | 小型企业 | 46,143 | 46,028 | 64,309 |
| 中南 | 公司 | 413,416 | 483,256 | 442,611 |
|  | 消费者 | 659,223 | 733,899 | 686,969 |
|  | 小型企业 | 200,767 | 249,421 | 298,323 |

图 4-17　“文本”标记卡

3）显示数据

将图 4-17“标记”卡中“总计(销售额)”拖至列功能区，数据就会以图形的方式显示出来，如图 4-18 所示。

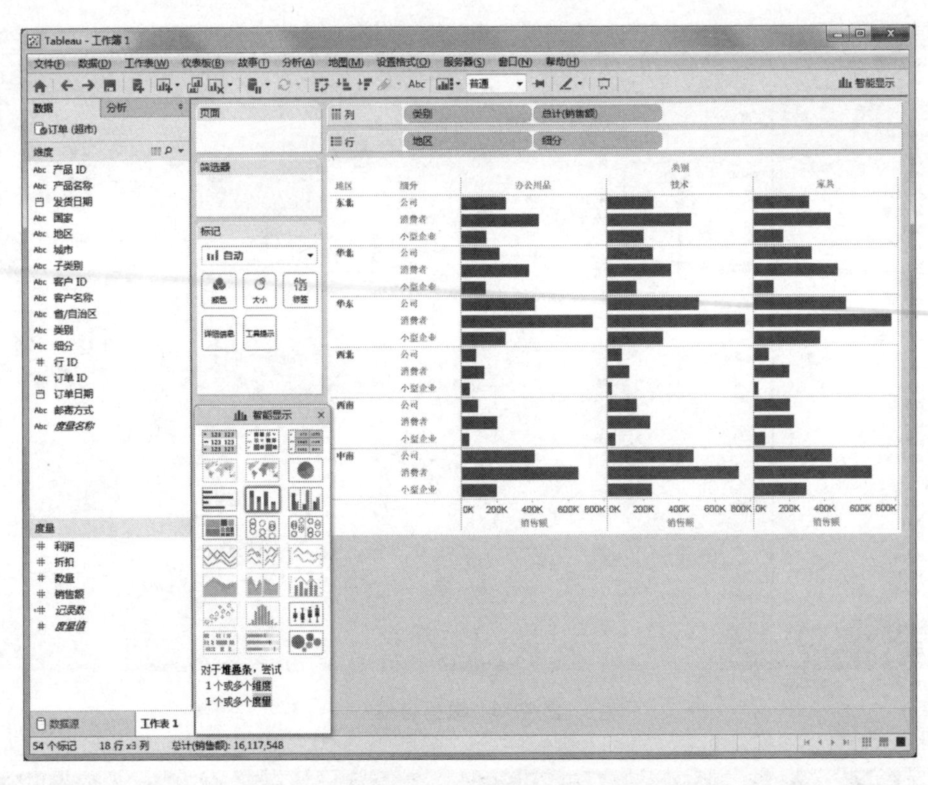


图 4-18　显示数据

从数据窗格“维度”区域中将“地区”拖至“颜色”标记卡上，不同地区的数据就会以不同的颜色显示，从而可以快速挑出业绩最好和最差的产品类别、地区和客户细分，如图 4-19 所示。

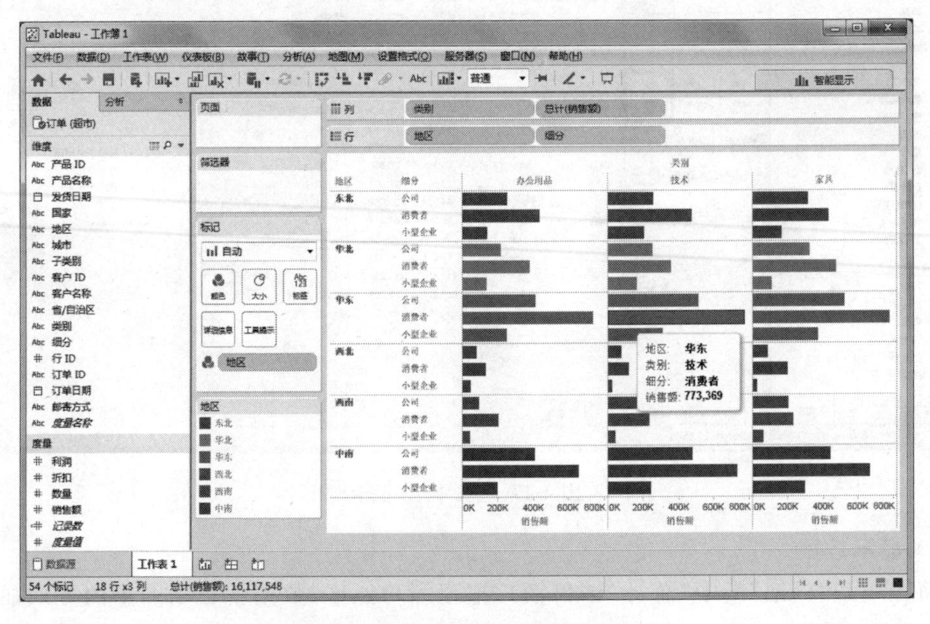


图 4-19　使用颜色显示更多数据

当鼠标在图形上移动时，会显示与之对应的相关数据，如图 4-19 所示的白色浮动框。

对于数据的显示图形还可以进行修改，单击图 4-19 工具栏右侧的“智能显示”按钮，打开“智能显示”窗格，如图 4-20 所示。在“智能窗格”中凡是变亮的按钮即可为当前数据所使用，例如这里就是“文本表”“压力图”“突出显示表”“饼图”等 12 个图形可以使用。

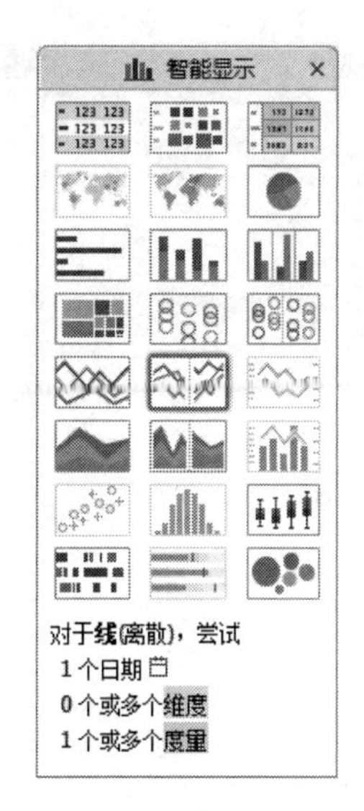


图 4-20 “智能显示”窗格

### 3. 创建仪表板

当对数据集创建了多个视图后，就可以利用这些视图组成单个仪表板。

1）新建仪表板

单击图 4-21 下方的“新建仪表板”按钮，打开仪表板。然后在“仪表板”的“大小”列表中适当调整大小。

2）添加视图

将仪表板中显示的视图依次拖入编辑视图中。如图 4-22 所示，将“销售地图”放在上方，“销售客户细分”和“销售产品细分”分别放在下方。

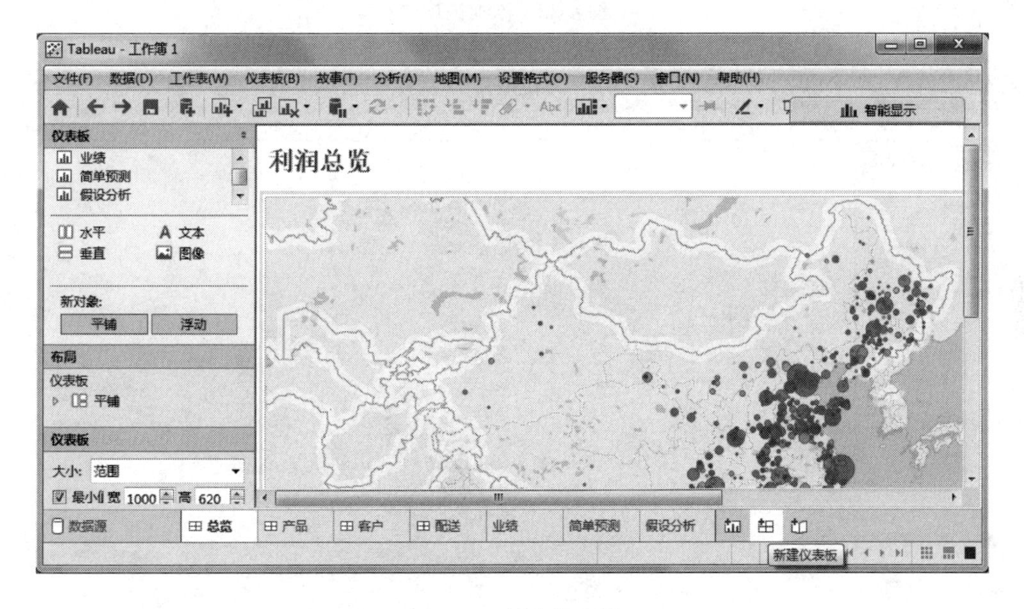


图 4-21 新建仪表板

### 4. 创建故事

使用 Tableau 故事点，可以显示事实间的关联、提供前后关系，以及演示决策与结果间的关系。

单击“故事”→“新建故事”，打开故事视图。从“仪表板和工作表”区域中将视图或仪表板拖至中间区域，如图 4-23 所示。

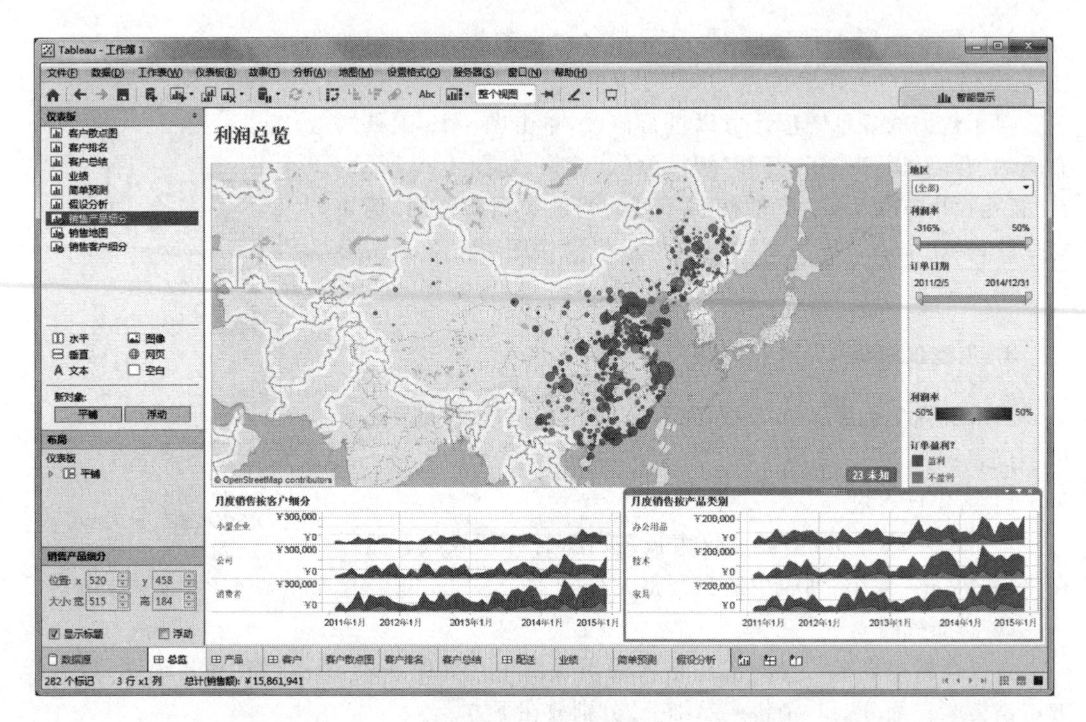


图 4-22　添加视图

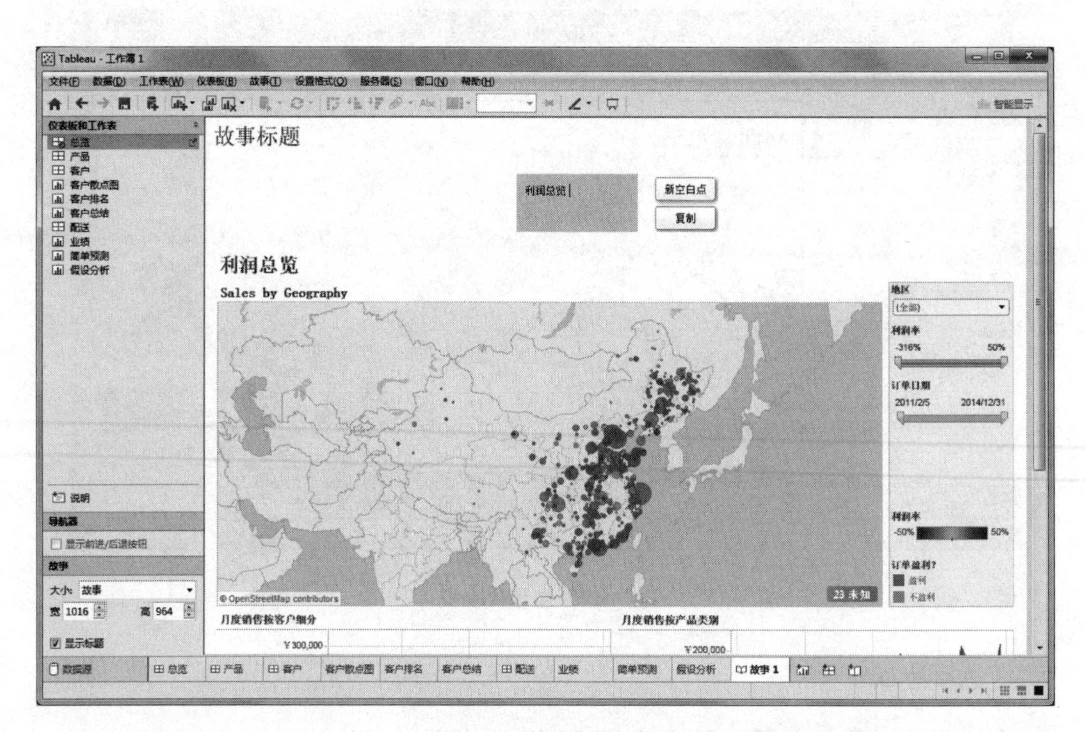


图 4-23　创建故事点

在导航器中单击故事点可以添加标题。单击“新空白点”添加空白故事点，继续拖入视图或仪表板。单击“复制”创建当前故事点的副本，然后可以修改该副本。

**5. 发布工作簿**

1）保存工作簿

可以通过“文件”中的“保存”或者“另存为”命令来完成，或者单击工具栏中的“保存”按钮。

2）发布工作簿

可以通过“服务器”→“发布工作簿”来实现。

Tableau 工作簿的发布方式有多种，如图 4-24 所示，其中分享工作簿最有效的方式是发布到 Tableau Online 和 Tableau Server。Tableau 发布的工作簿是最新、安全、完全交互式的，可以通过浏览器或移动设备观看。

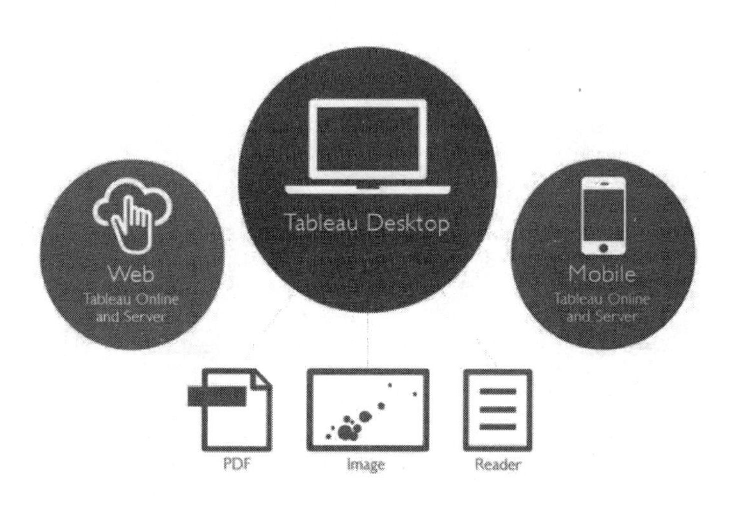


图 4-24 工作簿发布

## 本 章 小 结

大数据可视化是一个崭新的领域，对于可视化研究的重点在于仔细研究数据，讲出大多数人从不知晓但却渴望听到的好故事，从而了解它们背后蕴含的信息。通过本章的学习，可以对大数据可视化有一个基本的了解，为进一步学习大数据可视化打下理论基础。

**【注释】**

1. 推文：就是应用推广性质的文章，非硬性的，而是在含蓄的文字中，向读者传达了要推广的产品、内容。

2. WebGL：一种 3D 绘图标准。WebGL 技术标准免去了开发网页专用渲染插件的麻烦，可被用于创建具有复杂 3D 结构的网站页面，甚至可以用来设计 3D 网页游戏等。

3. API：即应用程序编程接口（Application Programming Interface），是一些预先定义的函数，目的是提供应用程序给开发人员基于某软件或硬件得以访问一组例程的能力，而又无须访问源码，或理解内部工作机制的细节。

4. CSS：层叠样式表是一种用来表现HTML（标准通用标记语言的一个应用）或XML（标准通用标记语言的一个子集）等文件样式的计算机语言。CSS目前最新版本为CSS3，是真正能够做到网页表现与内容分离的一种样式设计语言。

5. HTML5：万维网的核心语言、标准通用标记语言下的一个应用超文本标记语言（HTML）的第5次重大修改。

6. OpenStreetMap：一个网上地图协作计划，目标是创造一个内容自由且能让所有人编辑的世界地图。这个地图和百度百科、维基百科一样是全民地图。

CHAPTER 5

# 第 5 章 Hadoop概论

## 导 学

### 内容与要求

本章主要介绍了 Hadoop 的应用现状及其架构。Hadoop 允许用户在集群服务器上使用简单的编程模型对大数据集进行分布式处理。

Hadoop 简介中介绍了 Hadoop 的起源及功能与优势，要求了解 Hadoop 优势及应用现状。

Hadoop 的架构及组成中介绍了 Hadoop 的架构，要求了解其主要核心模块 HDFS 和 MapReduce，并了解其他模块的功能。

Hadoop 的应用中介绍了 Hadoop 平台的搭建，并阐述了其开发方式，要求以实例分析了解 Hadoop 的工作原理。

### 重点、难点

本章的重点是了解 Hadoop 的功能与特点。本章的难点是了解各个 Hadoop 核心模块的功能。

用户使用 Hadoop 开发分布式程序，可以在不了解分布式底层细节的情况下，充分利用集群的作用高速运算和存储。绝大多数从事大数据处理的行业和公司都借助 Hadoop 平台进行产品开发，并对 Hadoop 本身的功能进行拓展和演化，极大地丰富了 Hadoop 的性能。

# 5.1 Hadoop 简介

Hadoop 是一个由 Apache 基金会所开发的分布式系统基础架构。Hadoop 是以分布式文件系统(Hadoop Distributed File System,HDFS)和 MapReduce 等模块为核心,为用户提供细节透明的系统底层分布式基础架构。用户可以利用 Hadoop 轻松地组织计算机资源,搭建自己的分布式计算平台,并且可以充分利用集群的计算和存储能力,完成海量数据的处理。

## 5.1.1 Hadoop 的发展简史

### 1. Hadoop 的起源

Hadoop 这个名称是由它的创始人 Doug Cutting 命名,来源于 Doug Cutting 儿子的棕黄色大象玩具,它的发音是[hædu: p]。Hadoop 的图标如图 5-1 所示。

图 5-1 Hadoop 图标

Hadoop 起源于 2002 年 Doug Cutting 和 Mike Cafarella 开发的 ApacheNutch 项目。Nutch 项目是一个开源的网络搜索引擎,Doug Cutting 主要负责开发的是大范围文本搜索库。随着互联网的飞速发展,Nutch 项目组意识到其构架无法扩展到拥有数十亿网页的网络,随后在 2003 年和 2004 年 Google 先后推出了两个支持搜索引擎而开发的软件平台。这两个平台一个是谷歌文件系统(Google File System,GFS),用于存储不同设备所产生的海量数据;另一个是 MapReduce,它运行在 GFS 之上,负责分布式大规模数据的计算。基于这两个平台,在 2006 年初,Doug Cutting 和 Mike Cafarella 从 Nutch 项目转移出来一个独立的模块,称为 Hadoop。

截至 2016 年年初,Apache Hadoop 版本分为两代。第一代 Hadoop 称为 Hadoop 1.0,第二代 Hadoop 称为 Hadoop 2.0。第一代 Hadoop 包含三个版本,分别是 0.20.x,0.21.x 和 0.22.x。第二代 Hadoop 包含两个版本,分别是 0.23.x 和 2.x。其中,第一代 Hadoop 由一个分布式文件系统 HDFS 和一个离线计算框架 MapReduce 组成;第二代 Hadoop 则包含一个支持 NameNode 横向扩展的 HDFS、一个资源管理系统 Yarn 和一个运行在 Yarn 上的离线计算框架 MapReduce。相比之下 Hadoop 2.0 功能更加强大、扩展性更好并且能够支持多种计算框架。目前,最新的版本是 2016 年年初发布的 Hadoop 2.7.2。Hadoop 的版本如表 5-1 所示。

表 5-1 Hadoop 的版本

| Hadoop 版本 | 版本名称 | 版本号 | 包含内容 |
|---|---|---|---|
| 第一代 | Hadoop 1.0 | 0.20.x,0.21.x,0.22.x | HDFS、MapReduce |
| 第二代 | Hadoop 2.0 | 0.23.x,2.x | HDFS、MapReduce、Yarn 等 |

### 2. Hadoop 的特点

Hadoop 具有可扩展、低成本、高效率及可靠性等特点。Hadoop 可以高效地存储并管理海量数据，同时分析这些海量数据以获取更多有价值的信息。Hadoop 中的 HDFS 可以提高读写速度和扩大存储容量，因为 HDFS 具有优越的数据管理能力，并且是基于 Java 语言开发的，具有容错性高的特点，所以 Hadoop 可以部署在低廉的计算机集群中，同时不限于某个操作系统；Hadoop 中的 MapReduce 可以整合分布式文件系统上的数据，保证高速分析处理数据；与此同时还采用存储冗余数据来保证数据的安全性。MapReduce 具有开源性和高效性等特点。

举例来说，早期使用 Hadoop 是在 Internet 上对搜索关键字进行内容分类。如果要对一个 10TB 的巨型文件进行文本搜索，使用传统的系统需要耗费很长的时间。但是 Hadoop 在设计时就考虑到这些技术瓶颈问题，采用并行执行机制，因此能大大提高效率。

## 5.1.2 Hadoop 应用现状和发展趋势

Hadoop 因其在大数据处理领域具有广泛的实用性以及良好的容错性，目前已经取得了非常突出的成绩。Hadoop 的应用获得了学术界的广泛关注和研究，已经从互联网领域向电信、电子商务、银行、生物制药等领域拓展。在短短的几年中，Hadoop 已经成为迄今为止最为成功、使用最广泛的大数据处理主流技术和系统平台，在业界和各个行业尤其是互联网行业获得了广泛的应用。

### 1. 国外 Hadoop 的应用现状

1）Yahoo

Yahoo 是 Hadoop 的最大支持者，Yahoo 的 Hadoop 机器总结点数目超过 42 000 个，有超过 10 万的核心 CPU 在运行 Hadoop。最大的一个单 Master 结点集群有 4500 个结点，每个结点配置了 4 核 CPU、4×1TB 磁盘。总的集群存储容量大于 350PB，每月提交的作业数目超过 1000 万个。

2）Facebook

Facebook 使用 Hadoop 存储内部日志与多维数据，并以此作为报告、分析和机器学习的数据源。目前 Hadoop 集群的机器结点超过 1400 台，共计 11 200 个核心 CPU，超过 15PB 原始存储容量，每个商用机器结点配置了 8 核 CPU、12TB 数据存储，主要使用 StreamingAPI 和 JavaAPI 编程接口。Facebook 同时在 Hadoop 基础上建立了一个名为 Hive 的高级数据仓库框架，Hive 已经正式成为基于 Hadoop 的 Apache 一级项目。此外，还开发了 HDFS 上的 FUSE 实现。

3）eBay

单集群超过 532 结点集群，单节点 8 核 CPU，存储容量超过 5. 3PB，大量使用 MapReduce 的 Java 接口、Pig、Hive 来处理大规模的数据，还使用 HBase 进行搜索优化和研究。

4）IBM

IBM 蓝云也利用 Hadoop 来构建云基础设施。IBM 蓝云使用的技术包括 Xen 和

PowerVM 虚拟化的 Linux 操作系统映像及 Hadoop 并行工作量调度，并发布了自己的 Hadoop 发行版及大数据解决方案。

### 2. 国内 Hadoop 的应用现状

1）百度

百度在 2006 年就开始关注 Hadoop 并开始调研和使用，其总的集群规模达到数十个，单集群超过 2800 台机器结点，Hadoop 机器总数有上万台机器，总的存储容量超过 100PB，已经使用的超过 74PB，每天提交的作业数目有数千个之多，每天的输入数据量已经超过 7500TB，输出超过 1700TB。

2）阿里巴巴

阿里巴巴的 Hadoop 集群大约有 3200 台服务器，大约 30 000 物理 CPU 核心，总内存 100TB，总的存储容量超过 60PB，每天的作业数目超过 150 000 个，Hivequery 查询大于 6000 个，扫描数据量约为 7.5PB，扫描文件数约为 4 亿，存储利用率大约为 80%，CPU 利用率平均为 65%，峰值可以达到 80%。阿里巴巴的 Hadoop 集群拥有 150 个用户组、4500 个集群用户，为淘宝、天猫、一淘、聚划算、CBU、支付宝提供底层的基础计算和存储服务。

3）腾讯

腾讯也是使用 Hadoop 最早的中国互联网公司之一，腾讯的 Hadoop 集群机器总量超过 5000 台，最大单集群约为 2000 个结点，并利用 Hadoop-Hive 构建了自己的数据仓库系统 TDW，同时还开发了自己的 TDW-IDE 基础开发环境。腾讯的 Hadoop 为腾讯各个产品线提供基础云计算和云存储服务。

4）京东

京东从 2013 年起，根据自身业务高速发展的需求，自主研发了京东 HadoopNameNode Cluster 解决方案。该方案主要为了解决两个瓶颈问题：一个是随着存储文件增加，机器的内存会逐渐增加，已经达到了内存的瓶颈；另一个是随着集群规模的扩大，要求快速响应客户端的请求，原有的系统的性能出现了瓶颈。该方案以 ClouderaCDH3 为基础，并在其上进行了大量的改造和自主研发。目前，已经通过共享存储设备，实现主从结点的元数据同步及 NameNode 的自动切换功能。客户端、主从结点、数据结点均通过 Zookeeper 判断主结点信息，通过心跳判断 NameNode 健康状态。

### 3. Hadoop 的发展趋势

随着互联网的发展，新的业务模式还将不断涌现。在以后相当长一段时间内，Hadoop 系统将继续保持其在大数据处理领域的主流技术和平台的地位，同时其他种种新的系统也将逐步与 Hadoop 系统相互融合和共存。

从数据存储的角度看，前景是乐观的。用 HDFS 进行海量文件的存储，具有很高的稳定性。在 Hadoop 生态系统中，使用 HBase 进行结构化数据存储，其适用范围广、可扩展性强、技术比较成熟，在未来的发展中占有稳定的一席之地。

从数据处理的角度看，存在一定问题。MapReduce 目前存在问题的本质原因是其擅长处理静态数据，处理海量动态数据时必将造成高延迟。由于 MapReduce 的模型比较简单，造成后期编程十分困难，一个简单的计数程序也需要编写很多代码。相比之下，Spark 的简单高效能更好地适用于数据挖掘与机器学习等需要迭代的 MapReduce 算法。有关 Spark 的介绍详见第 9 章。

Hadoop 作为大数据的平台和生态系统，已经步入稳步理性增长的阶段。未来，和其他技术一样，面临着自身新陈代谢和周围新技术的挑战。期待未来 Hadoop 跟上时代的发展，不断更新改进相关技术，成为处理海量数据的基础平台。

## 5.2 Hadoop 的架构与组成

Hadoop 的核心组成部分是 HDFS、MapReduce 以及 Common，其中 HDFS 提供了海量数据的存储，MapReduce 提供了对数据的计算，Common 为其他模块提供了一系列文件系统和文件包。但与 Hadoop 相关的 Yarn、Hive、HBase、Avro、Chukwa 等模块也是不可或缺的，它们可以提供互补性服务或者在核心层上提供更高层的服务。

### 5.2.1 Hadoop 架构

Hadoop 分布式系统基础框架具有创造性和极大的扩展性，用户可以在不了解分布式底层细节的情况下开发分布式程序，充分利用集群的威力高速运算和存储。简单来说，Hadoop 是一个可以更容易开发和运行处理大规模数据的软件平台。

Hadoop 的主要组成部分架构如图 5-2 所示。Hadoop 的核心模块包含 HDFS、MapReduce 和 Common。HDFS 是分布式文件系统；MapReduce 提供了分布式计算编程框架；Common 是 Hadoop 体系最底层的一个模块，为 Hadoop 各模块提供基础服务。

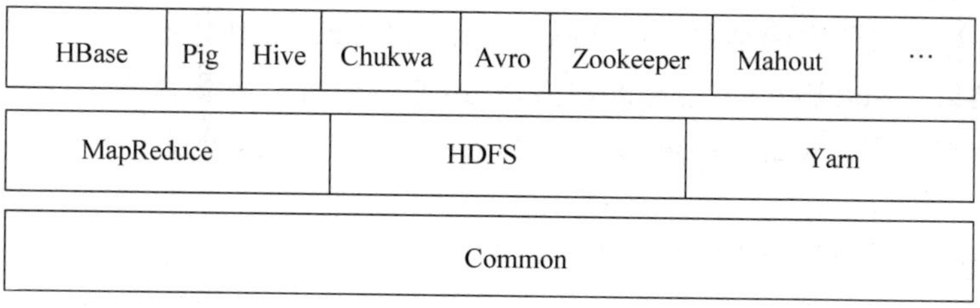

HBase | Pig | Hive | Chukwa | Avro | Zookeeper | Mahout | …

MapReduce | HDFS | Yarn

Common

图 5-2 Hadoop 主要模块

Hadoop 的其他模块包含 HBase、Pig、Yarn、Hive、Chukwa、Avro、Zookeeper 和 Mahout 等。其中 HBase 基于 HDFS，是一个开源的基于列存储模型的分布式数据库；Pig 是处理海量数据集的数据流语言和运行环境，运行在 HDFS 和 MapReduce 之上；Yarn 是 Hadoop 集群的资源管理系统；Hive 可以对存储在 Hadoop 里面的海量数据进行汇总，并能使即时查询简单化；Chukwa 是基于 Hadoop 的大集群监控系统；Avro 可以使 Hadoop 的 RPC 模块通信速度更快、数据结构更紧凑；Zookeeper 是一个分布式、可用性高的协调服务，提供分布式锁之类的基本服务，用于构建分布式应用；Mahout 是一个在 Hadoop 上运行的可扩展的机器学习和数据挖掘类库（例如分类和聚类算法）。随着 Hadoop 的发展，其框架还在不断更新，继续研发其他的模块来支撑海量数据的运算与存储。

对比 Hadoop 1.0 和 Hadoop 2.0，其核心部分变化如图 5-3 所示。

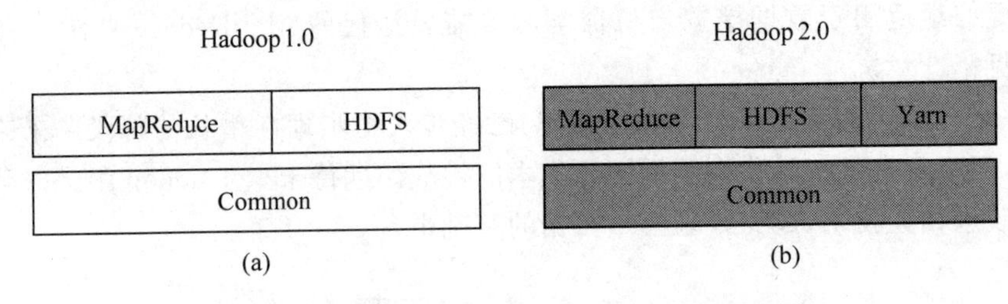


图 5-3　Hadoop 1.0 和 Hadoop 2.0 核心对比图

其中 Hadoop2.0 中的 Yarn 是在 Hadoop 1.0 中的 MapReduce 基础上发展而来的，主要是为了解决 Hadoop 1.0 扩展性较差且不支持多计算框架而提出的。

## 5.2.2　Hadoop 组成模块介绍

### 1. HDFS

HDFS 是 Hadoop 体系中数据存储管理的基础。它是一个高度容错的系统，能检测和应对硬件故障，用于在低成本的通用硬件上运行。HDFS 简化了文件的一致性模型，通过流式数据访问，提供高吞吐量应用程序数据访问功能，适合带有大型数据集的应用程序。

关于 HDFS 的详细介绍参见第 6 章。

### 2. MapReduce

MapReduce 是一种编程模型，用于大规模数据集(大于 1TB)的并行运算。MapReduce 将应用划分为 Map 和 Reduce 两个步骤，其中 Map 对数据集上的独立元素进行指定的操作，生成键-值对形式的中间结果。Reduce 则对中间结果中相同“键”的所有“值”进行规约，以得到最终结果。MapReduce 这样的功能划分，非常适合在大量计算机组成的分布式并行环境里进行数据处理。MapReduce 以 JobTracker 结点为主，分配工作以及负责和用户程序通信。

关于 MapReduce 的详细介绍参见第 7 章。

### 3. Common

从 Hadoop 0.2.0 版本开始，Hadoop Core 模块更名为 Common。Common 是 Hadoop 的通用工具，用来支持其他的 Hadoop 模块。实际上 Common 提供了一系列文件系统和通用 I/O 的文件包，这些文件包供 HDFS 和 MapReduce 公用。它主要包括系统配置工具、远程过程调用、序列化机制和抽象文件系统等。它们为在廉价的硬件上搭建云计算环境提供基本的服务，并且为运行在该平台上的软件开发提供了所需的 API。其他 Hadoop 模块都是在 Common 的基础上发展起来的。

### 4. Yarn

Yarn 是 Apache 新引入的子模块，与 MapReduce 和 HDFS 并列。由于在老的框架中，JobTracker 要一直监控 job 下的 tasks 的运行状况，承担的任务量过大，所以引入 Yarn 来解决这个问题。Yarn 的基本设计思想是将 MapReduce 中的 JobTracker 拆分成了两个独立的服务：一个全局的资源管理器 ResourceManager 和每个应用程序特有的 ApplicationMaster。其中 ResourceManager 负责整个系统的资源管理和分配，而 ApplicationMaster 则负责单个应用程序的管理。

当用户向 Yarn 中提交一个应用程序后，Yarn 将分两个阶段运行该应用程序：第一个阶段是启动 ApplicationMaster；第二个阶段是由 ApplicationMaster 创建应用程序，为它申请资源，并监控它的整个运行过程，直到运行成功。Yarn 架构如图 5-4 所示。

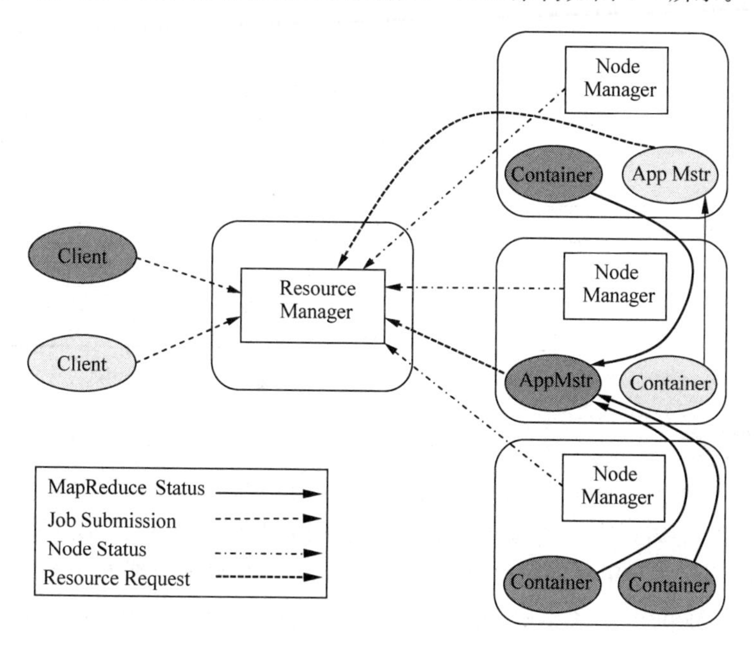


图 5-4　Yarn 架构

### 5. Hive

Hive 最早是由 Facebook 设计的基于 Hadoop 的一个数据仓库工具，可以将结构化的数据文件映射为一张数据库表，并提供类 SQL 查询功能。Hive 没有专门的数据存储格式，也没有为数据建立索引，用户可以非常自由地组织 Hive 中的表，只需要在创建表时告知 Hive 数据中的列分隔符和行分隔符，Hive 就可以解析数据。Hive 中所有的数据都存储在 HDFS 中，其本质是将 SQL 转换为 MapReduce 程序完成查询。Hive 与 Hadoop 的关系如图 5-5 所示。

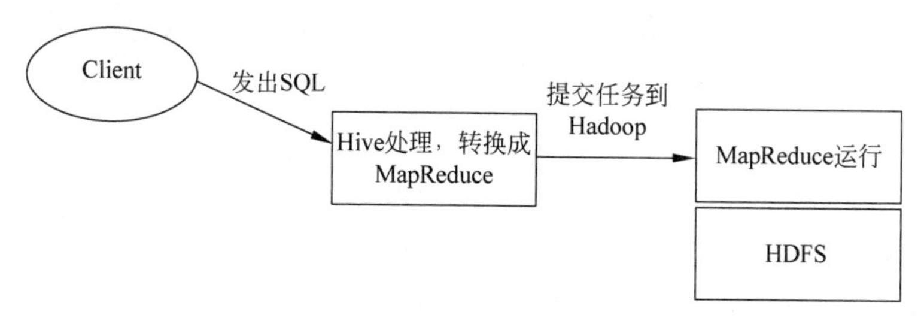


图 5-5　Hive 与 Hadoop 的关系

使用 Hive 的命令行接口，在操作上与使用关系数据库类似，但是本质上有很大的不同，例如：关系数据库(Relational Database Management System，RDBMS)是为实时查询业务而设计的，而 Hive 则是为海量数据做数据挖掘设计的，实时性很差；Hive 使用的计算模型是 MapReduce，而 RDBMS 则是自己设计的计算模型；Hive 和 RDBMS 存储文件的系统不同，Hive 使用的是 Hadoop 的 HDFS，RDBMS 则是服务器本地的文件系统；Hive 处理数据规模大，RDBMS 处理数据规模相对较小；Hive 不使用索引查询，RDBMS 则经常使用索引。Hive 与 RDBMS 的对比如表 5-2 所示。

**表 5-2 Hive 与 RDBMS 对比**

| 比较名称 | Hive | RDBMS |
|---|---|---|
| 查询 | 实时性差 | 实时性强 |
| 计算模型 | MapReduce | 自己设计 |
| 存储文件系统 | HDFS | 服务器本地 |
| 处理数据规模 | 大 | 小 |
| 索引 | 无 | 有 |

### 6. HBase

HBase 即 HadoopDatabase，是一个分布式的、面向列的开源数据库。HBase 不同于一般的关系数据库，HBase 是一个适合于存储非结构化数据的数据库，而且 HBase 是基于列而不是基于行的模式。用户将数据存储在一个表里，一个数据行拥有一个可选择的键和任意数量的列。由于 HBase 表示疏松的数据，用户可以给行定义各种不同的列。HBase 主要用于需要随机访问、实时读写的大数据。

HBase 与 Hive 的相同点是 HBase 与 Hive 都是架构在 Hadoop 之上的，都用 Hadoop 作为底层存储。其区别与联系如表 5-3 所示。

**表 5-3 HBase 与 Hive 对比**

| 比较名称 | HBase | Hive |
|---|---|---|
| 用途 | 弥补 Hadoop 的实时操作 | 减少并行计算编写工作的批处理系统 |
| 检索方式 | 适用于索引访问 | 适用于全表扫描 |
| 存储 | 物理表 | 纯逻辑表 |
| 功能 | HBase 只负责组织文件 | Hive 既要存储文件又需要计算框架 |
| 执行效率 | HBase 执行效率高 | Hive 执行效率低 |

### 7. Avro

Avro 由 Doug Cutting 牵头开发，是一个数据序列化系统。类似于其他序列化机制，Avro 可以将数据结构或者对象转换成便于存储和传输的格式，其设计目标是用于支持数据密集型应用，适合大规模数据的存储与交换。Avro 提供了丰富的数据结构类型、快速可压缩的二进制数据格式、存储持久性数据的文件集、远程调用 RPC 和简单动态语言集成等功能。

#### 8. Chukwa

Chukwa是开源的数据收集系统,用于监控和分析大型分布式系统的数据。Chukwa是在Hadoop的HDFS和MapReduce框架之上搭建的,它同时继承了Hadoop的可扩展性和健壮性。Chukwa通过HDFS来存储数据,并依赖于MapReduce任务处理数据。Chukwa中也附带了灵活且强大的工具,用于显示、监视和分析数据结果,以便更好地利用所收集的数据。

#### 9. Pig

Pig是一个对大型数据集进行分析和评估的平台。Pig最突出的优势是它的结构能够经受住高度并行化的检验,这个特性让它能够处理大型的数据集。目前,Pig的底层由一个编译器组成,它在运行的时候会产生一些MapReduce程序序列,Pig的语言层由一种叫做Pig Latin的正文型语言组成。

## 5.3 Hadoop的应用

本节将介绍Hadoop平台的搭建和Hadoop的开发方式,并通过应用分析了解Hadoop的工作机制。

### 5.3.1 Hadoop平台搭建

Hadoop平台本身的开发基于Java语言,最早是为了在Linux平台上使用而开发的。虽然它在Windows下也可以安装并良好运行,但在Windows下安装Hadoop稍微复杂,必须首先模拟Linux环境才可以。下面分别介绍在Linux下和Windows下Hadoop平台的搭建。

#### 1. Linux下Hadoop平台的搭建

Hadoop平台的搭建过程较为复杂,需要配置的软、硬件环节较多,本小节介绍在Linux操作系统下搭建Hadoop平台的过程。总结起来,搭建过程大体分为三个步骤(以1台NameNode结点、4台DataNode结点为例)。

1) Hadoop环境准备

(1) 首先环境准备,选择适合的Linux操作系统,例如Linux Ubuntu操作系统12.04的64位版本。JDK下载网址为:http://www.oracle.com/technetwork/java/javase/downloads/index.html。

(2) 将这5台机器配置成一样的环境并作为虚拟机,通过内网的一个DNS服务器,指定5台虚拟机所对应的域名。

(3) 为Hadoop集群创建访问账号Hadoop,创建访问组Hadoop,创建用户目录,把账号、组和用户目录绑定。

(4) 为Hadoop的HDFS创建存储位置,如/hadoop/conan/data0,给Hadoop用户权限。

(5) 设置 SSH 自动登录,使得 5 台虚拟机都有 SSH 自动登录配置。

至此,环境准备完成。

2) Hadoop 完全分布式集群搭建

(1) 首先,在 NameNode 结点上下载 Hadoop。

(2) 修改 Hadoop 配置文件 hadoop-env. sh、hdfs-site. xml、core-site. xml、mapred-site. xml,设置 Master 和 Slaves 结点。

(3) 把配置好的 NameNode 结点,用 scp 命令复制到其他 4 台虚拟机同样的目录位置。

(4) 启动 NameNode 结点,第一次启动时要先进行格式化,命令: bin/hadoop namenode-format。

(5) 启动 Hadoop,命令: bin/start-all. sh。

输入 jps 命令,可以看到所有 Java 的系统进程。只要 SecondaryNameNode、JobTracker、NameNode 三个系统进程出现,则表示 Hadoop 启动成功。

通过命令 netstat-nl,可以检查系统打开的端口。其中包括 HDFS 的 9000、Jobtracker 的 9001、NameNode 的 Web 监控的 50070、MapReduce 的 Web 监控的 50030。

其他的结点的测试检查与上述方法相同。

3) HDFS 测试

Hadoop 环境启动成功,可以进行 HDFS 的简单测试。

(1) 在 HDFS 上面创建一个目录,命令: bin/hadoop fs -mkdir /test。

(2) 复制一个本地文件到 HDFS 文件系统中,命令: bin/hadoop fs -copyFormLocal README. txt/test。

(3) 查看刚刚上传的文件,命令: bin/hadoop fs -ls/test。

最后,完成 Hadoop 的分步式安装,环境搭建成功。

### 2. Windows 下 Hadoop 平台的搭建

本小节介绍在 Windows 操作系统下搭建 Hadoop 平台。

1) Hadoop 环境准备

(1) 安装 JDK1. 6 或更高版本

官网下载 JDK,安装时注意路径名中尽量不要存在空格,例如 Programe Files,否则在配置 Hadoop 的配置文件时会找不到 JDK。

(2) 安装 Cygwin

Cygwin 是 Windows 平台下模拟 UNIX 环境的工具,需要在安装 Cygwin 的基础上安装 Hadoop,下载网址为 http://www. cygwin. com/,根据操作系统的需要下载 32 位或 64 的安装文件。

(3) 配置环境变量

在"我的电脑"上右击,选择菜单中的"属性",单击"属性"对话框上的"高级"页签,单击"环境变量"按钮,在系统变量列表里双击 Path 变量,在变量值后输入安装的 Cygwin 的 bin 目录,例如 D:\hadoop\cygwin64\bin。

(4) 安装 sshd 服务

双击桌面上的 Cygwin 图标,启动 Cygwin,执行 ssh-host-config -y 命令。执行后会提示输入密码，否则会退出该配置，此时输入密码并确认密码，回车。最后出现“Host configuration finished. Have fun!”表示安装成功。此时输入 net start sshd 启动服务或者在系统的服务里找到并启动 Cygwin sshd 服务。如果使用的是 Windows 8 操作系统，启动 Cygwin 时，需要以管理员身份运行，否则会因为权限问题提示“发生系统错误 5”。

(5) 配置 SSH 免密码登录

执行 ssh-keygen 命令生成密钥文件，输入：ssh-keygen -t dsa -P '' -f ～/. ssh/id_dsa，注意-t -P -f 参数区分大小写。其中 ssh-keygen 是生成密钥命令，-t 表示指定生成的密钥类型(dsa，rsa)，-P 表示提供的密语，-f 指定生成的密钥文件。执行此命令后，在 Cygwin\home\用户名路径下面会生成. ssh 文件夹，可以通过命令 ls -a /home/用户名查看、ssh -version 命令查看版本。然后执行 exit 命令，退出 Cygwin 窗口。

至此，环境准备完成。

2) Hadoop 完全分步式集群搭建

Hadoop 官网下载 http://hadoop. apache. org/releases. html。把 Hadoop 压缩包解压到/home/用户名目录下，文件夹名称更改为 hadoop。

(1) 单机模式配置方式

单机模式不需要配置，这种方式下，Hadoop 被认为是一个单独的 Java 进程，这种方式经常用来调试。

(2) 伪分布模式

可以把伪分布模式看作是只有一个结点的集群，在这个集群中，这个结点既是 Master，也是 Slave，既是 NameNode，也是 DataNode，既是 JobTracker，也是 TaskTracker。这种模式下修改几个配置文件即可。配置 hadoop-env. sh，记事本打开改文件，设置 Java_home 的值为 JDK 的安装路径。

3) Hadoop 测试

启动 Hadoop 前，需要先格式化 Hadoop 的文件系统 HDFS，执行命令：bin/hadoop name node -format。接下来，验证是否安装成功。打开浏览器，输入网址 http://localhost:50030，如果能够正常浏览，说明安装成功。

## 5.3.2 Hadoop 的开发方式

Hadoop 的开发方式基于分布式文件系统，其在很大程度上是为各种分布式计算需求所服务的。Hadoop 将分布式文件系统推广到分布式计算上，所以可以将其视为增加了分布式支持的计算函数，其开发方式可归纳为以下的三点。

### 1. 数据分布存储

HDFS 是 Hadoop 框架的分布式并行文件系统，是分布式计算的存储基石。它负责数据分布式存储及数据的管理，并能提供高吞吐量的数据访问，文件会被分割成多个文件块，每个文件块被分配存储到数据结点上，而且根据配置会有复制的文件块来保证数据安全性。

### 2. 并行计算

并行计算是相对于串行计算来说的，可分为时间上的并行和空间上的并行。时间上的并行就是指流水线技术，而空间上的并行则是指用多个处理器并发的执行计算。并行计算的目的就是提供单处理器无法提供的性能（处理器能力或存储器），使用多处理器求解单个问题。分布式计算是研究如何把一个需要非常巨大的计算能力才能解决的问题分成许多小的部分，然后把这些部分分配给许多计算机进行处理，最后把这些计算结果综合起来得到最终的结果。Hadoop 中的 MapReduce 将计算作业分成许多小的单元，同时数据也会被 HDFS 分为多个数据块，并且每个数据块被复制多份，保证系统的可靠性，HDFS 按照一定的规则将数据块放置在集群中的不同机器上，以便 MapReduce 在数据宿主机器上进行计算。

#### 3. 结果输出

数据存储在哪台计算机上，就由哪台计算机进行计算，最后将分解后多任务处理的结果汇总起来，对计算结果进行排序输出。

这里简要介绍了 Hadoop 的并行开发流程，详细的工作原理及流程介绍可参见第 6 章和第 7 章。

### 5.3.3 Hadoop 应用分析

以对海量数据排序为例，Hadoop 采用分而治之的计算模型，对海量数据进行排序时可以参照编程快速排序的思想。快速排序法的基本精神是在数列中找出适当的轴心，然后将数列一分为二，分别对左边与右边数列进行排序。

#### 1. 传统的数据排序方式

传统的数据排序就是使一串记录，按照其中的某个或某些关键字的大小，递增或递减地排列起来的操作。排序算法是如何使得记录按照要求排列的方法。排序算法在很多领域得到相当的重视，尤其是在大量数据的处理方面。一个优秀的算法可以节省大量的资源。在各个领域中考虑到数据的各种限制和规范，要得到一个符合实际的优秀算法，得经过大量的推理和分析。

下面以快速排序为例，对数据集合 $a(n)$ 从小到大排序的步骤如下。

(1) 首先设定一个待排序的元素 $a(x)$。

(2) 遍历要排序的数据集合 $a(n)$，经过一轮划分排序后在 $a(x)$ 左边的元素值都小于它，在 $a(x)$ 右边的元素值都大于它。

(3) 再按此方法对 $a(x)$ 两侧的这两部分数据分别再次进行快速排序，整个排序过程可以递归进行，以此达到整个数据集合变成有序序列的目的。

#### 2. Hadoop 的数据排序方式

设想如果将数据 $a(n)$ 分割成 $M$ 个部分，将这 $M$ 个部分送去 MapReduce 进行计算、自动排序，最后输出内部有序的文件，再把这些文件首尾相连合并成一个文件，即可完成排序。操作具体步骤如表 5-4 所示。

表 5-4 大数据排序步骤

| 序 号 | 步骤名称 | 具体操作 |
|---|---|---|
| 1 | 抽样 | 对等待排序的海量数据进行抽样 |
| 2 | 设置断点 | 对抽样数据进行排序，产生断点，以便进行数据分割 |
| 3 | Map | 对输入的数据计算所处断点位置并将数据发给对应 ID 的 Reduce |
| 4 | Reduce | Reduce 将获得的数据进行输出 |

## 本章小结

短短几年间，Hadoop 从一种边缘技术成为事实上的企业大数据的标准，Hadoop 几乎成为大数据的代名词。作为一种用于存储和分析大数据开源软件平台，Hadoop 可处理分布在多个服务器中的数据，尤其适合处理来自手机、电子邮件、社交媒体、传感器网络和其他不同渠道的多样化、大负荷的数据。

本章对 Hadoop 的起源、功能与优势、应用现状、发展趋势和平台搭建进行了简要的介绍，重点讲解了 Hadoop 的各个功能模块。通过本章的学习，读者将会打下一个基本的 Hadoop 理论基础。

**【注释】**

1. Apache 软件基金会(Apache Software Foundation，ASF)：是专门为支持开源软件项目而办的一个非盈利性组织。在它所支持的 Apache 项目与模块中，所发行的软件产品都遵循 Apache 许可证(Apache License)。

2. GFS：是一个可扩展的分布式文件系统，用于大型的、分布式的、对大量数据进行访问的应用。它运行于廉价的普通硬件上，并提供容错功能。它可以给大量的用户提供总体性能较高的服务。

3. RPC(Remote Procedure Call Protocol，远程过程调用协议)：是一种通过网络从远程计算机程序上请求服务，而不需要了解底层网络技术的协议。

4. 序列化(Serialization)：是将对象的状态信息转换为可以存储或传输的形式的过程。在序列化期间，对象将其当前状态写入到临时或持久性存储区。以后，可以通过从存储区中读取或反序列化对象的状态，重新创建该对象。

5. 抽象文件系统：与实体对应，它是由概念、原理、假说、方法、计划、制度、程序等非物质实体构成的系统，实体与抽象两类系统在实际中常结合在一起，以实现一定功能。抽象文件系统往往对实体系统提供指导和服务。

6. SSH(Secure Shell)：由 IETF 的网络工作小组(Network Working Group)所制定。SSH 为建立在应用层和传输层基础上的安全协议。SSH 是目前较可靠，专为远程登录会话和其他网络服务提供安全性的协议。利用 SSH 协议可以有效防止远程管理过程中的信息泄露问题。SSH 最初是 UNIX 系统上的一个程序，后来又迅速扩展到其他操作平台。SSH 在正确使用时可弥补网络中的漏洞。SSH 客户端适用于多种平台。几乎所有 UNIX 平台——包括 HP-UX、Linux、AIX、Solaris、Digital UNIX、Irix，以及其他平台，都可以运行 SSH。

7. RDBMS(Relational Database Management System，关系数据库管理系统)：是将数据组织为相关的行和列的系统，而管理关系数据库的计算机软件就是关系数据库管理系统，常用的数据库软件有 Oracle、SQL Server 等。

8. sshd：Linux 下的服务器进程名。

9. API(Application Programming Interface，应用程序编程接口)：是一些预先定义的函数，目的是提供应用程序与开发人员基于某软件或硬件得以访问一组例程的能力，而又无须访问源码，或理解内部工作机制的细节。

10. 动态语言：是指程序在运行时可以改变其结构，新的函数可以被引进，已有的函数可以被删除等在结构上的变化。例如众所周知的 ECMAScript（JavaScript）便是一个动态语言。除此之外如 Ruby、Python 等也都属于动态语言，而 C、C++等语言则不属于动态语言。

CHAPTER 6

# 第 6 章

# HDFS和Common概论

## 导 学

### 内容与要求

本章介绍了 Hadoop 的核心模块 HDFS 和 Common，它们承担了 Hadoop 最主要的功能和任务。其中 HDFS 提供了海量数据的存储，Common 是 Hadoop 的通用工具，用来支持其他的 Hadoop 模块。

HDFS 概述介绍了 HDFS 的相关概念和特点，要求掌握 HDFS 的体系结构和工作原理，了解 HDFS 的源代码结构、相关技术和接口知识。

Common 概述介绍了 Common 在 Hadoop 中的位置，要求了解 Common 的功能和主要工具包。

### 重点、难点

本章的重点是 HDFS 的体系结构和工作原理。本章的难点是理解 HDFS 的体系结构。

HDFS 和 Common 是 Hadoop 的核心模块，承担了 Hadoop 最主要的功能和任务。其中 HDFS 提供了海量数据的存储，Common 提供了一系列文件系统和通用 I/O 的文件包，这些文件包供 HDFS 及其他模块共同使用。

# 6.1 HDFS 概述

HDFS(Hadoop Distributed File System)是 Hadoop 架构下的分布式文件系统。HDFS 是 Hadoop 的一个核心模块,负责分布式地存储和管理数据,具有高容错性、高吞吐量等优点,并提供了多种访问模式。HDFS 能做到对上层用户的绝对透明,使用者不需要了解其内部结构就能得到 HDFS 提供的服务。并且,HDFS 提供了一系列的 API,拥有让开发者和研究人员快速编写基于 HDFS 的应用。

## 6.1.1 HDFS 相关概念

由于 HDFS 分布式文件系统概念相对复杂,在下面内容介绍之前对其相关概念介绍如下。

Metadata 是元数据,元数据信息包括名称空间、文件到文件块的映射、文件块到 DataNode 的映射三部分。

NameNode 是 HDFS 系统中的管理者,负责管理文件系统的命名空间,维护文件系统的文件树及所有的文件和目录的元数据。在一个 Hadoop 集群环境中,一般只有一个 NameNode,它成为了整个 HDFS 系统的关键故障点,对整个系统的运行有较大影响。

Secondary NameNode 是 NameNode 发生故障时的备用节点,主要功能是进行数据恢复。当 NameNode 运行了很长时间后,edit logs 文件会变得很大。在这种情况下就会出现以下一些问题:

(1) edit logs 文件会变得很大,如何管理此文件是一个问题。

(2) NameNode 的重启会花费很长时间,因为有很多改动要合并到 fsimage 文件上。

(3) 如果 NameNode 出现故障,那就丢失了很多改动,因为此时的 fsimage 文件未更新。

Secondary NameNode 解决了上述问题,它的职责是合并 NameNode 的 edit logs 到 fsimage 文件中,如图 6-1 所示。

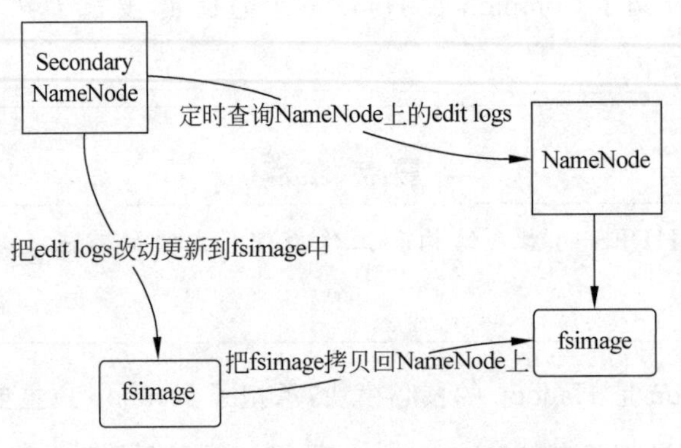


图 6-1 Secondary NameNode 工作原理

DataNode 是 HDFS 文件系统中保存数据的结点,根据需要存储并检索数据块,受客户端或 NameNode 调度,并定期向 NameNode 发送它们所存储的块的列表。

Client 是客户端，HDFS 文件系统的使用者。它通过调用 HDFS 提供的 API 对系统中的文件进行读写操作。

块是 HDFS 中的存储单位，默认为 64MB。在 HDFS 中文件被分成许多大小一定大小的分块，作为单独的单元存储。

### 6.1.2 HDFS 特点

HDFS 被设计成适合运行在通用硬件(Commodity Hardware)上的分布式文件系统。它是一个高度容错性的系统，适合部署在廉价的机器上，能提供高吞吐量的数据访问，适合大规模数据集上的应用，同时放宽了一部分 POSIX(可移植操作系统接口)约束，实现流式读取文件系统数据的目的。总体说来可将 HDFS 的主要特点概括为以下几点。

#### 1. 高效的硬件响应

HDFS 可能由成百上千的服务器所构成，每个服务器上都存储着文件系统的部分数据。构成系统的模块数目是巨大的，而且任何一个模块都有可能失效，这意味着总是有一部分 HDFS 的模块是不工作的，因此错误检测和快速、自动的恢复是 HDFS 重要特点。

#### 2. 流式数据访问

运行在 HDFS 上的应用和普通的应用不同，需要流式访问它们的数据集。流式数据的特点是像流水一样，是一点一点"流"过来，而流式数据也是一点一点进行处理的。如果是全部收到数据以后再处理，那么延迟会很大，而且在很多场合会消耗大量内存。HDFS 的设计中更多地考虑到了数据批处理，而不是用户交互处理。较之数据访问的低延迟问题，更关键在于数据访问的高吞吐量。POSIX 标准设置的很多硬性约束对 HDFS 应用系统不是必需的，为了提高数据的吞吐量，在一些关键方面对 POSIX 的语义做了一些修改。

#### 3. 大规模数据集

运行在 HDFS 上的应用具有很大的数据集。HDFS 上的一个典型文件大小一般都在 GB 至 TB 级别。HDFS 能提供较高的数据传输带宽，能在一个集群里扩展到数百个结点。一个单一的 HDFS 实例能支撑数以千万计的文件。

#### 4. 简单的一致性模型

HDFS 应用采用"一次写入多次读取"的文件访问模型。一个文件经过创建、写入和关闭之后就不再需要改变。这一模型简化了数据一致性的问题，并且使高吞吐量的数据访问成为可能。MapReduce 应用或网络爬虫应用都遵循该模型。

#### 5. 异构软硬件平台间的可移植性

HDFS 在设计的时候就考虑到平台的可移植性，这种特性方便了 HDFS 作为大规模数据应用平台的推广。

需要注意的是 HDFS 不适用于以下应用：

(1) 低延迟数据访问。因为 HDFS 关注的是数据的吞吐量，而不是数据的访问速度，所以 HDFS 不适用于要求低延迟的数据访问应用。

(2) 大量小文件。HDFS 中 NameNode 负责管理元数据的任务,当文件数量太多时就会受到 NameNode 容量的限制。例如,每个文件的索引目录及块大约占 100 字节,如果有 100 万个文件,每个文件占一个块,那么至少要消耗 200MB 内存。当文件数更多时,NameNode 检索处理元数据的时间会很长,内存消耗也非常高。

(3) 多用户写入修改文件。HDFS 中的文件只能有一个写入者,而且写操作总是在文件结尾处,不支持多个写入者,也不支持在数据写入后在文件的任意位置进行修改。

### 6.1.3 HDFS 体系结构

HDFS 采用了主从结构构建,NameNode 为 Master(主),其他 DataNode 为 Slave(从)。文件以数据块的形式存储在 DataNode 中。NameNode 和 DataNode 都以 Java 程序的形式运行在普通的计算机上,操作系统一般采用 Linux。一个 HDFS 分布式文件系统的架构如图 6-2 所示。

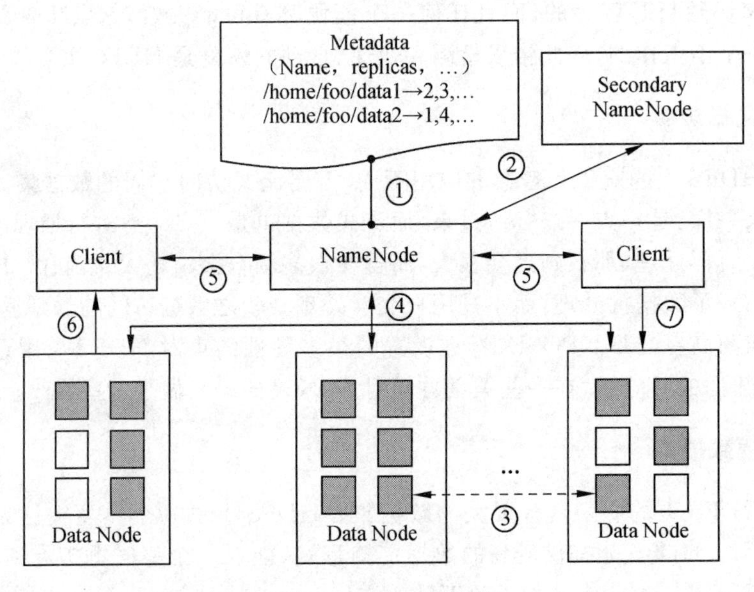


图 6-2 HDFS 架构图

(1) 连线①: NameNode 是 HDFS 系统中的管理者,对 Metadata 元数据进行管理,负责管理文件系统的命名空间、维护文件系统的文件树及所有的文件和目录的元数据。

(2) 连线②: 当 NameNode 发生故障时,使用 Secondary NameNode 进行数据恢复。它一般在一台单独的物理计算机上运行,与 NameNode 保持通信,按照一定时间间隔保存文件系统元数据的快照,以备 NameNode 发生故障时进行数据恢复。

(3) 连线③: HDFS 中的文件通常被分割为多个数据块,存储在多个 DataNode 中。DataNode 上存了数据块 ID 和数据块内容,以及它们的映射关系。文件存储在多个 DataNode 中,但 DataNode 中的数据块未必都被使用,如图 6-2 中的空白块。

(4) 连线④: NameNode 中保存了每个文件与数据块所在的 DataNode 的对应关系,并管理文件系统的命名空间。DataNode 定期向 NameNode 报告其存储的数据块列表,以备使用者直接访问 DataNode 获得相应的数据。DataNode 还周期性地向 NameNode 发送心跳信号提示 DataNode 是否工作正常。DataNode 与 NameNode 还进行交互,对文件块的创建、删除、复制等操作进行指挥与调度,只有在交互过程中收到了 NameNode 的命令后才开始执行指定操作。

(5) 连线⑤:Client 是 HDFS 文件系统的使用者,在进行读写操作时,Client 需要先从 NameNode 获得文件存储的元数据信息。

(6) 连线⑥⑦:Client 从 NameNode 获得文件存储的元数据信息后,与相应的 DataNode 进行数据读写操作。

## 6.1.4 HDFS 工作原理

下面以一个文件 File A(大小 100MB)为例,说明 HDFS 的工作原理。

### 1. HDFS 的读操作

HDFS 的读操作原理较为简单,Client 要从 DataNode 上读取 File A,而 File A 由 Block1 和 Block2 组成。其流程如图 6-3 所示。

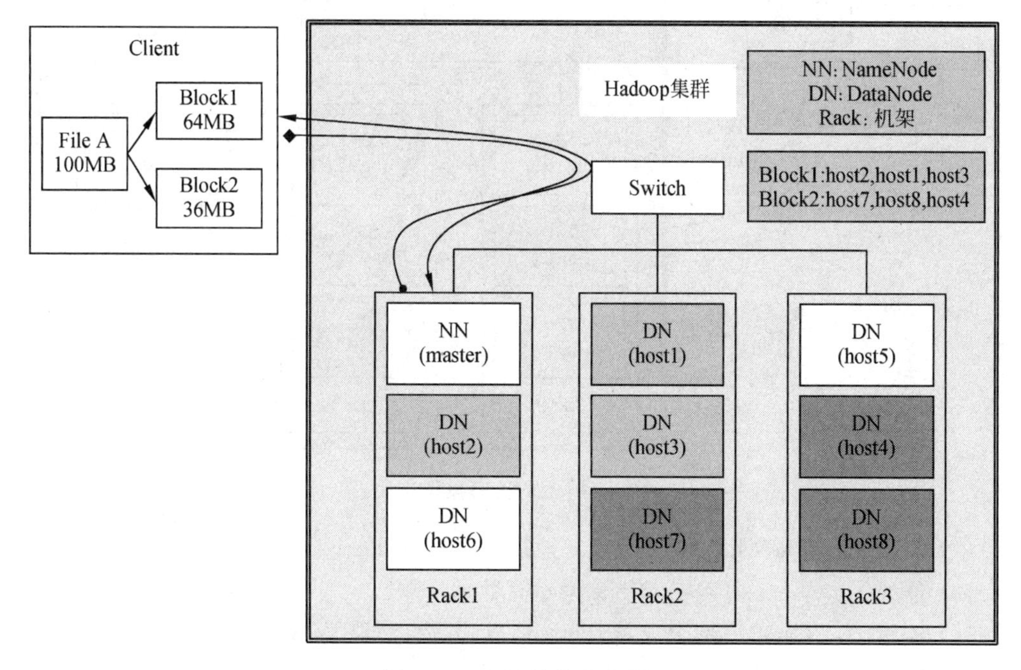


图 6-3 HDFS 读操作流程

左侧为 Client,即客户端。FileA 分成 Block1 和 Block2 两块。

右侧为 Switch,即交换机。HDFS 按默认配置将文件分布在 Rack1、Rack2、Rack3 三个机架上。

过程步骤如下。

(1) 连线①:Client 向 NameNode 发送读请求。

(2) 连线②:NameNode 查看 Metadata 信息,返回 File A 的 Block 的位置。

Block1 位置：host2，host1，host3（如图 6-3 中的浅色背景）；Block2 位置：host7，host8，host4（如图 6-3 中的深色背景）。

(3) Block 的位置是有先后顺序的，先读 Block1，再读 Block2，而且 Block1 去 host2 上读取，然后 Block2 去 host7 上读取。

在读取文件过程中，DataNode 向 NameNode 报告状态。每个 DataNode 会周期性地向 NameNode 发送心跳信号和文件块状态报告，以便 NameNode 获取到工作集群中 DataNode 状态的全局视图，从而掌握它们的状态。如果存在 DataNode 失效的情况，NameNode 会调度其他 DataNode 执行失效结点上文件块的读取处理。

### 2. HDFS 的写操作

HDFS 中 Client 写入文件 File A 的流程如图 6-4 所示。

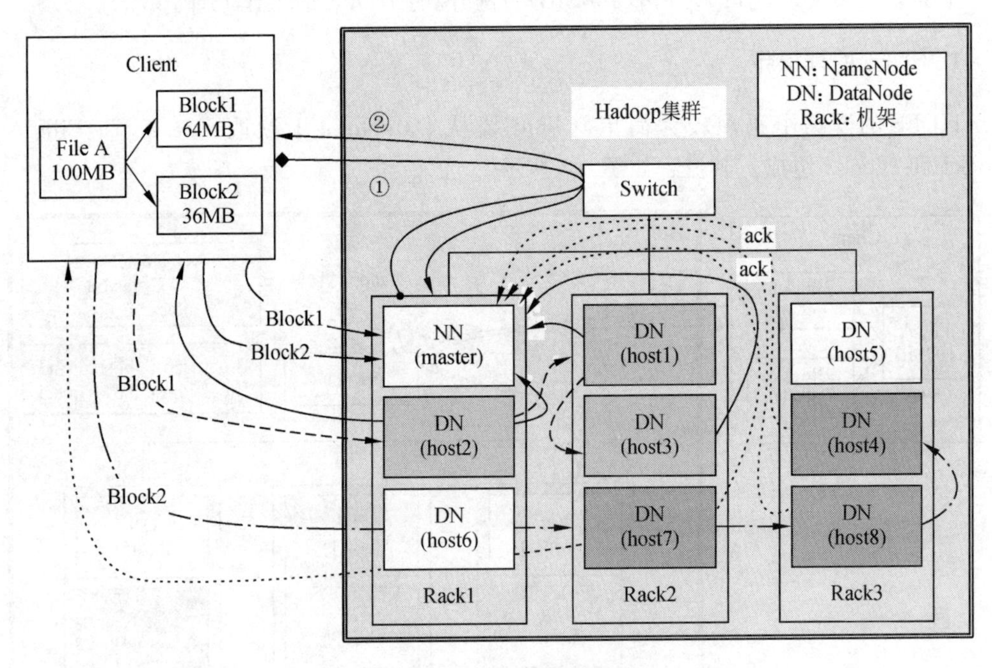


图 6-4 HDFS 写操作流程

(1) Client 将 FileA 按 64MB 分块，分成 Block1 和 Block2 两块。

(2) 连线①：Client 向 NameNode 发送写数据请求。

(3) 连线②：NameNode 记录着 Block 信息，并返回可用的 DataNode。

Block1 位置：host2，host1，host3 可用（如图 6-3 中的浅色背景）；Block2 位置：host7，host8，host4 可用（如图 6-3 中的深色背景）。

(4) Client 向 DataNode 发送 Block1，发送过程以流式写入。流式写入过程如下：

① 将 64MB 的 Block1 按 64KB 大小划分成 package。

② Client 将第一个 package 发送给 host2。

③ host2 接收完后，将第一个 package 发送给 host1；同时 Client 向 host2 发送第二个 package。

④ host1 接收完第一个 package 后发送给 host3，同时接收 host2 发来的第二个

package。

⑤ 以此类推，直到将 Block1 发送完毕。

⑥ host2、host1、host3 向 NameNode，host2 向 Client 发送通知，说明消息发送完毕。

⑦ Client 收到 host2 发来的消息后向 NameNode 发送消息，说明写操作完成。这样就完成 Block1 的写操作。

⑧ 发送完 Block1 后，再向 host7、host8、host4 发送 Block2。

⑨ 发送完 Block2 后，host7、host8、host4 向 NameNode，host7 向 Client 发送通知。

⑩ Client 向 NameNode 发送消息，说明写操作完成。

在写文件过程中，每个 DataNode 会周期性地向 NameNode 发送心跳信号和文件块状态报告。如果存在 DataNode 失效的情况，NameNode 会调度其他 DataNode 执行失效结点上文件块的复制处理，保证文件块的副本数达到规定数量。

## 6.1.5 HDFS 相关技术

在 HDFS 分布式存储和管理数据的过程中，为了保证数据的可靠性、安全性、高容错性等特点采用了以下技术。

### 1. 文件命名空间

HDFS 使用的系统结构是传统的层次结构，但是在做好相应的配置后，对于上层应用来说，就几乎可以当成是普通文件系统来看待，忽略 HDFS 的底层实现。

上层应用可以创建文件夹，可以在文件夹中放置文件；可以创建、删除文件；可以移动文件到另一个文件夹中；可以重命名文件。但是，HDFS 还有一些常用功能尚未实现，例如硬链接、软链接等功能。这种层次目录结构跟其他大多数文件系统类似。

对于上层应用来说，HDFS 与普通文件系统最大的区别就是文件的副本冗余机制。HDFS 中同一文件一般有多个拷贝，拷贝数称为文件的副本因子。每个文件的副本因子可以是不一样的，但一般都是 3。这些元数据，还有整个文件系统的命名空间都由 NameNode 保存和维护。

### 2. 权限管理

HDFS 支持文件权限控制，但是目前的支持相对不足。HDFS 采用了 UNIX 权限码的模式来表示权限，每个文件或目录都关联着一个所有者用户和用户组以及对应的权限码 rwx(read、write、execute)。每次文件或目录操作，客户端都要把完整的文件名传给 NameNode，每次都要对这个路径的操作权限进行判断。HDFS 的实现与 POSIX 标准类似，但是 HDFS 没有严格遵守 POSIX 标准。

当用户连接到 HDFS 进行文件操作时，首先要向 HDFS 发送自己的身份信息（User Group Information）。这个用户信息可以是来自客户端的配置，也可以是直接获取的当前操作系统的用户信息，但是会优先考虑前者。运行 NameNode 的用户不需要任何配置，自动成为集群的超级用户。这样的安全策略会导致 Hadoop 集群面临很多安全问题，用户可以以任何身份访问 HDFS，但是在 Hadoop 1.0.0 版本中加入了用 JAAS 技术实现的安全和授权机制，使得 Hadoop 集群更加安全稳定。

### 3. 元数据管理

NameNode 是 HDFS 的元数据计算机，在其内存中保存着整个分布式文件系统的两类元数据：文件系统的命名空间，即系统目录树；数据块副本与 DataNode 的映射，即副本的位置。

对于上述第一类元数据，NameNode 会定期持久化，第二类元数据则靠 DataNode BlockReport 获得。

NameNode 把每次对文件系统的修改作为一条日志添加到操作系统本地文件中。例如，创建文件、修改文件的副本因子都会使得 NameNode 向 edit log 添加相应的操作记录。当 NameNode 启动时，首先从镜像文件 fsImage 中读取 HDFS 所有文件目录元数据加载到内存中，然后把 edit log 文件中的修改日志加载并应用到元数据，这样启动后的元数据是最新版本的。之后，NameNode 再把合并后的元数据写回到 FsImage，新建一个空 edit log 文件以写入修改日志。

由于 NameNode 只在启动时才合并 fsImage 和 edit log 两个文件，这将导致 edit log 日志文件可能会很大，并且运行得越久就越大，下次启动时合并操作所需要的时间就越久。以 FaceBook 的统计为例，规模为 1.5 亿个文件、1.5 亿个数据块、2000 结点的集群，加载名字空间元数据和等待块位置映射信息上报，每个阶段所耗费的时间大概都在 20min 左右。为了解决这一问题，Hadoop 引入 Secondary NameNode 机制，Secondary NameNode 可以随时替换为 NameNode，让集群继续工作。

### 4. 单点故障问题

HDFS 的主从式结构极大地简化了系统体系结构，降低了设计的复杂度，用户的数据也不会经过 NameNode。但是问题也是显而易见的，单一的 NameNode 结点容易导致单点故障问题，一旦 NameNode 失效，将导致整个 HDFS 集群无法正常工作。此外，由于 Hadoop 平台的其他框架如 MapReduce、HBase、Hive 等，都是依赖于 HDFS 的基础服务，因此 HDFS 失效将对整个上层分布式应用造成严重影响。前面讨论的 Secondary NameNode 可以部分解决这个问题，但是需要切换 IP，手动执行相关切换命令，而且 checkpoint 的数据不一定是最新的，存在一致性问题，不适合做 NameNode 的备用机。除了 Secondary NameNode，其他相对成熟的解决方案还有 Backup Node 方案、DRDB 方案、AvatarNode 方案。

### 5. 数据副本

HDFS 是用来为大数据提供可靠存储的，这些应用所处理的数据一般保存在大文件中。HDFS 存储文件时，会将文件分成若干个块，每个块又会按照文件的副本因子进行备份。

同副本因子一样，块的大小也是可以配置的，并且在创建后也能修改。习惯上会设置成 64MB、128MB 或 256MB(默认是 64MB)，但是块大小既不能太小也不能太大。

(1) 块之所以不能太小，主要是因为以下两个方面：一是 HDFS 大多数操作是在读取大文件，如果块太小，磁盘将会更多地移动磁头，可能使得磁盘寻道时间长，会降低数据的吞吐率。二是每个块对应 NameNode 内存中的一段元数据，块越小，需要维护的数据块的信息就越多，NameNode所消耗的内存就越多。

(2) 块之所以不能太大，主要是从上层MapReduce来考虑的。一个是每个结点处理的数据量不能太大；另一个原因是JobTracker会根据块大小预估TaskTracker的处理时间，超过预估时间的结点会被当成故障结点(Dead Node)。所以如果块太大，处理时间比较大，而且不好预估。假设某个结点出现故障，系统转交给其他结点的计算任务量也与块大小相关。

### 6. 通信协议

HDFS是应用层的分布式文件系统，结点之间的通信协议都是建立在TCP/IP协议之上的。HDFS有三个重要的通信协议：Client Protocol、Client DataNode Protocol和DataNode Protocol。

(1) Client Protocol定义了客户端和NameNode之间的通信交互，其中定义了常见的文件操作、权限操作和文件的副本操作等。这个协议是基于RPC调用的，一般是由客户端发起RPC请求，NameNode处理后返回给客户端。

(2) Client DataNode Protocol是客户端和DataNode之间的协议，用于恢复块。

(3) DataNode Protocol是DataNode用来和NameNode通信的协议，主要用来发送结点的块信息和负载信息。这个协议也是基于RPC的，NameNode不会主动发起RPC，而是响应DataNode的RPC请求。如果NameNode希望DataNode执行某个命令，也是通过RPC的返回值传给DataNode。该协议的主要方法有结点注册、发送心跳、报告块位置、报告块异常、获得时间戳等。

### 7. 容错

HDFS的设计目标之一是具有高容错性。集群中的故障主要有三类，即Node Server故障、网络故障和脏数据问题。

(1) Node Server故障又包括NameNode故障和DataNode故障，前面已经提到了NameNode故障的处理，这里就只考虑DataNode故障。一般情况下，DataNode每隔3s就向NameNode发送(通过RPC方式)一次心跳信息，NameNode会定期检查DataNode的心跳信息，如果某个DataNode超过一定时间(Stale Interval，一般是10min)没有发送心跳信息，就认为这个DataNode已经发生故障。

(2) 对于网络故障，HDFS采用了与TCP协议类似的处理方式——ACK报文，即每次接收方收到数据后都会向发送方返回一个ACK报文，如果没收到ACK报文就认为接收方发生故障或者网络出现故障。

(3) 由于HDFS的硬件配置都是比较廉价的，数据容易出错。为了防止脏数据问题，HDFS的数据都配有校验数据，一般采用CRC32校验，每512字节作为一个chunk(数据块)，生成4字节的checksum(校验和)。每隔一定时间，DataNode会向NameNode发送BlockReport以报告自己的块信息。每次DataNode在BlockReport操作之前会先验证数据块的正确性，报告时也只报告正确的数据块。

NameNode收到BlockReport后，如果发现某个DataNode没有上报被认为是存储在该DataNode的块信息，就认为该DataNode的这个块是脏数据。

#### 8. Hadoop Metrics 插件

Hadoop Metrics 插件是基于 JMX(Java Management Extensions,Java 管理扩展)实现的一个统计集群运行数据的工具,能让用户在不重启集群的情况下重新进行配置。从 Hadoop 0.20 开始 Metrics 功能就默认启用了,目前使用的都是 Hadoop Metrics 2。DataNode 和 NameNode 启动后都会向 Metrics 系统注册 Metrics 源,并在运行时把相关数据提供给该系统。集群中所有的 Metrics 数据都可以通过标准的 JMX MBean 接口查询,也可以使用 jconsole 查看。

### 6.1.6 HDFS 源代码结构

下面来了解 HDFS 实现的源代码结构。HDFS 源代码都在 org.apache.hadoop.hdfs 包中。

HDFS 的源代码分布在 16 个目录下,可以分成如下 4 类。

#### 1. 基础包

基础包包括工具包和安全包。其中,hdfs.util 包含了一些 HDFS 实现需要的辅助数据结构;hdfs.security.token.block 和 hdfs.security.token.delegation 结合 Hadoop 的安全框架,提供了安全访问 HDFS 的机制。

#### 2. HDFS 实体实现包

HDFS 实体实现包是代码分析的重点,包含以下 8 个包:

hdfs.server.common 包含了一些 NameNode 和 DataNode 共享的功能,如系统升级、存储空间信息等。

hdfs.protocol 和 hdfs.server.protocol 提供了 HDFS 各个实体间通过 IPC 交互的接口的定义和实现。

hdfs.server.namenode、hdfs.server.datanode 和 hdfs 分别包含了 NameNode、DataNode 和 Client 的实现,是 HDFS 代码分析的重点。

hdfs.server.namenode.metrics 和 hdfs.server.datanode.metrics 实现了 NameNode 和 DataNode 上度量数据的收集功能。度量数据包括 NameNode 进程和 DataNode 进程上事件的计数,如 DataNode 上就可以收集到写入字节数、被复制的块的数量等信息。

#### 3. 应用包

应用包包括 hdfs.tools 和 hdfs.server.balancer。

hdfs.tools 查询 HDFS 状态信息工具 dfsadmin、文件系统检查工具 fsck 的实现。hdfs.server.balancer 是 HDFS 均衡器 balancer 的实现。

#### 4. WebHDFS 相关包

WebHDFS 相关包包括 hdfs.web.resources、hdfs.server.namenode.metrics.web.resources、hdfs.server.datanode.web.resources 和 hdfs.web 共 4 个包。

WebHDFS是HDFS 1.0中引入的新功能，提供了一个完整的、通过HTTP访问HDFS的机制。对比只读的文件系统，WebHDFS提供了在HTTP上读写HDFS的能力，并在此基础上实现了访问HDFS的C客户端和用户空间文件系统。

### 6.1.7 HDFS接口

接口是软件系统不同组成部分衔接的约定，一个良好的接口设计可以降低系统各部分的相互依赖，提高组成单元的内聚性，降低组成单元间的耦合程度，从而提高系统的维护性和扩展性。对于HDFS这样一个复杂系统，接口也可以用来观察系统的工作状态。

#### 1. 远程过程调用接口

Hadoop提供了一个统一的远程过程调用(Remote Procedure Call，RPC)机制来处理Client NameNode、NameNode DataNode、Client DataNode之间的通信。RPC是整个Hadoop中通信框架的核心。

如果本地主机的一个进程想调用远程主机上的一个进程的某个功能，其做法如下：

(1) 远程主机运行服务器端，本地主机运行客户端，通常情况下，远程主机的服务端是一直在运行的。

(2) 本地主机的客户端通过网络连接到远程主机的指定端口，然后将要调用的函数名和调用参数传给远程主机的服务端。

(3) 远程主机接收到函数名和调用参数时，根据函数名找到这个函数，然后根据调用参数执行这个函数，最后把结果返回到本地主机的客户端。

RPC的工作机制如图6-5所示。

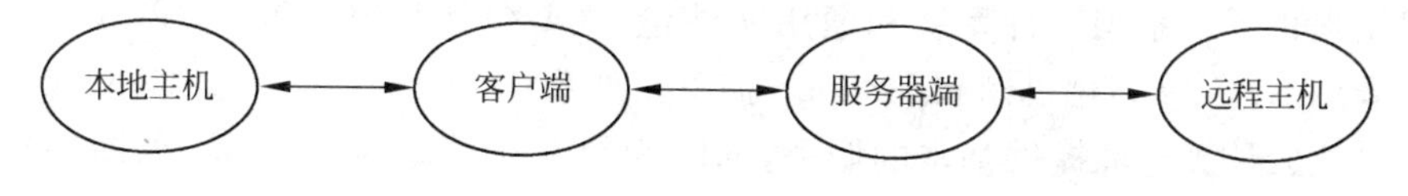


图6-5 RPC的工作机制

最简单的RPC可以通过传递字符串的方式进行，也就是说，客户端把要调用的函数名和调用参数都转换成字符串，然后将字符串传递给服务器端，在服务器端将字符串解析出来，调用相应的函数计算，再将结果以字符串的方式返回给本地主机客户端，客户端解析字符串获取返回值。这种方式适应于简单类型的参数，如int(整型)、float(浮点型)、char(字符型)等。

#### 2. 与客户端相关接口

与客户端相关的接口包括ClientProtocol和ClientDataNodeProtocol。

ClientProtocol：客户端与NameNode之间的接口。它是HDFS客户访问文件系统的入口，客户端通过这个接口访问NameNode，操作文件或目录的元数据信息；读写文件也必须先访问NameNode，接下来再和DataNode进行交互，操作文件数据；另外，从NameNode获取分布式文件系统的一些整体运行状态信息，也是通过这个接口进行的。

ClientDataNodeProtocol：客户端与DataNode间的接口，用于客户端和DataNode进行

交互，这个接口用得比较少，客户端和 DataNode 间的主要交互是通过流接口进行读/写文件数据的操作。错误发生时，客户端需要 DataNode 配合进行恢复，或当客户端进行本地文件读优化时，需要通过 IPC 接口获取一些信息。

### 3. HDFS 各服务器间的接口

HDFS 各服务器间的接口一共有三个，它们是 DataNodeProtocol、InterDataNodeProtocol 和 NameNodeProtocol，这些接口都定义在 org. apache. hadoop. hdfs. server. protocol 包中。

DataNodeProtocol：DataNode 与 NameNode 间的接口。在 HDFS 的主从体系结构中，DataNode 作为从结点，不断通过这个接口向主结点（名称结点）报告一些信息，同步信息到 NameNode；同时，该接口的一些方法、方法的返回值会带回 NameNode 指令，根据这些指令，DataNode 或移动、删除或恢复本地磁盘上的数据块，或者执行其他的操作。

InterDataNodeProtocol：DataNode 与 DataNode 间的接口。DataNode 通过这个接口，和其他 DataNode 进行通信，恢复数据块，保证数据的一致性。

NameNodeProtocol：NameNode 与 Secondary NameNode、HDFS 均衡器之间的接口。Secondary NameNode 会不停地获取 NameNode 上某一个时间点的命名空间镜像和镜像的变化日志，然后会合并得到一个新的镜像，并将该结果发送回 NameNode，在这个过程中，NameNode 会通过这个接口，配合 Secondary NameNode 完成元数据的合并。

## 6.2 Common 概述

从 Hadoop 0.20 版本开始，Hadoop Core 模块更名为 Common。Common 为 Hadoop 的其他模块提供了一系列文件系统和通用文件包，主要包括系统配置工具 Configuration、远程过程调用 RPC、序列化机制和 Hadoop 抽象文件系统 FileSystem 等。Common 为在通用硬件上搭建云计算环境提供基本的服务，同时为软件开发提供了 API。如图 6-6 所示为 Common 在 Hadoop 架构中的位置。

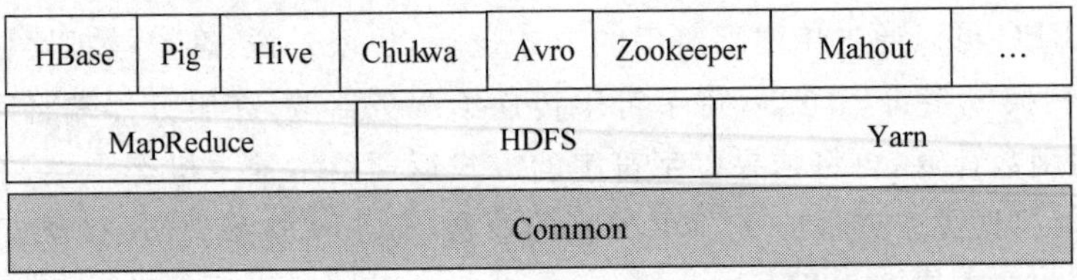

图 6-6 Common 在 Hadoop 架构中位置

Common 模块结构如图 6-7 所示。

下面介绍 Common 模块中的主要程序包。

### 1. org.apache.hadoop.conf

该包的作用是读取集群的配置信息，很多配置数据都需要从 org. apache. hadoop. conf 中读取。Configuration 是 org. apache. hadoop. conf 包中的主类，Configuration 类中包含了 10 个属性。Hadoop 开放了许多的 get/set 方法来获取和设置其中的属性。

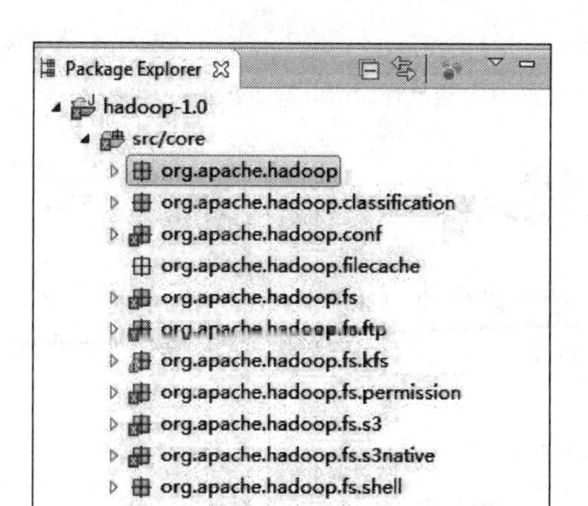


图 6-7 Common 模块结构

### 2. org.apache.hadoop.fs

该包主要包括了对文件系统的维护操作的抽象，包括文件的存储和管理，主要包含以下子包。

(1) org.apache.hadoop.fs.ftp 提供了在 HTTP 协议上对 Hadoop 文件系统的访问。

(2) org.apache.hadoop.fs.kfs 包含了对 kfs 的基本操作。

(3) org.apache.hadoop.fs.permission 可以对访问控制、权限进行设置。

(4) org.apache.hadoop.fs.s3 和 org.apache.hadoop.fs.s3native 包，这两个包中定义了对 as3 文件系统的支持。

### 3. org.apache.hadoop.io

该包实现了一个特有的序列化系统，Hadoop 的序列化机制具有快速、紧凑的特点。Hadoop 在 I/O 中的解压缩设计中通过 JNI 的形式调用第三方的压缩算法，如 Google 的 Snappy 框架。

### 4. org.apache.hadoop.ipc

该包用于 Hadoop 远程过程调用的实现。Java 的 RPC 最直接的体现就是 RMI 的实现，RMI 的实现是一个简陋版本的远程过程调用，但是由于 RMI 的不可定制性，所以 Hadoop 根据自己的系统特点，重新设计了一套独有的 RPC 体系，用了 Java 动态代理的思想，RPC 的服务端和客户端都是通过代理获得方式取得的。

其他包简单描述如下：

(1) org.apache.hadoop.hdfs 是 Hadoop 的分布式文件系统实现。

(2) org.apache.hadoop.mapreduce 是 Hadoop 的 MapReduce 实现。

(3) org.apache.hadoop.log 是 Hadoop 的日志帮助类，实现估值的检测和恢复。

(4) org.apache.hadoop.metrics 用于度量、统计和分析。

(5) org. apache. hadoop. http 和 org. apache. hadoop. net 用于对网络相关的封装。

(6) org. apache. hadoop. util 是 Common 中的公共方法类。

## 本章小结

作为 Hadoop 最重要的组成模块,HDFS 和 Common 在大数据处理过程中作用巨大。简单地说,在 Hadoop 平台下,HDFS 负责存储,Common 负责提供 Hadoop 各个模块常用的工具程序包。

本章重点讲解了 HDFS 的特点、架构、工作原理,介绍了 HDFS 的源代码结构、HDFS 的接口知识,最后简单介绍了 Common 的相关知识。通过本章的学习会了解 HDFS 和 Common 的理论基础。

**【注释】**

1. 海量数据:是指几百 MB、几百 GB 甚至是 TB、PB 级规模的数据文件。

2. 开源(Open Source):开放源码的简称,指那些源码可以被公众使用的软件,并且此软件的使用、修改和发行也不受许可证的限制。

3. API(Application Programming Interface,应用程序编程接口):是一些预先定义的函数,目的是提供应用程序与开发人员基于某软件或硬件得以访问一组例程的能力,而又无须访问源码,或理解内部工作机制的细节。

4. 通用硬件:Hadoop 的一个特点就是降低成本,因此它对硬件的要求不高,不必要运行在价格昂贵的硬件上,它被设计成可以运行在由普通商用硬件组成的集群上。由于硬件的可靠性较差,在一个大的 Hadoop 集群中结点的故障率还是比较高的。这就需要 HDFS 在面对这些故障时被设计成高容错性,在运行时不被用户感觉到明显的中断。

5. 数据集:又称为资料集、数据集合或资料集合,是一种由数据所组成的集合。

6. POSIX(Portable Operating System Interface):即可移植操作系统接口。POSIX 标准定义了操作系统应该为应用程序提供的接口标准,是 IEEE 为要在各种 UNIX 操作系统上运行的软件而定义的一系列 API 标准的总称。POSIX 标准意在期望获得源代码级别的软件可移植性。

7. 结点:在网络拓扑学中,结点是网络任何支路的终端或网络中两个或更多支路的互联公共点。

8. 系统命名空间:系统的命名空间层次与现有的大多数文件系统类似。HDFS 支持传统的层次化文件操作,例如支持文件的创建、文件的删除、文件的移动或者文件重命名。在 HDFS 中文件系统的命名空间是由名字结点来维护的,名字结点会记录任何对文件系统命名空间或者属性的改动。

9. 硬链接:就是一个文件的一个或多个文件名。所谓链接无非是把文件名和计算机文件系统使用的结点号链接起来,因此我们可以用多个文件名与同一个文件进行链接,这些文件名可以在同一目录或不同目录。

10. 软链接:又叫符号链接,这个文件包含了另一个文件的路径名,可以是任意文件或目录,可以链接不同文件系统的文件。

11. JAAS(Java Authentication Authorization Service,Java 验证和授权 API):提供了灵活和可伸缩的机制来保证客户端或服务器端的 Java 程序。JAAS 强调的是通过验证谁在运行代码以及他/她的权限来保护系统免受用户的攻击。

12. 集群:是一组相互独立的、通过高速网络互联的计算机,它们构成了一个组,并以单一系统的模式加以管理。一个客户与集群相互作用时,集群像是一个独立的服务器。集群配置用于提高可用性和可缩放性。

13. 时间戳(timestamp):通常是一个字符序列,唯一地标识某一刻的时间。数字时间戳技术是数字签名技术的一种变形应用。

14. ACK(Acknowledgement)：即确认字符，在数据通信中，接收站发给发送站的一种传输类控制字符，表示发来的数据已确认接收无误。

15. 脏数据：是指源系统中的数据不在给定的范围内或对于实际业务毫无意义，或是数据格式非法，以及在源系统中存在不规范的编码和含糊的业务逻辑。

16. RPC：(Remote Procedure Call Protocol，远程过程调用协议)是一种通过网络从远程计算机程序上请求服务，而不需要了解底层网络技术的协议。

17. IPC(Instruction Per Clock)：即CPU每一时钟周期内所执行的指令多少。IPC代表了一款处理器的设计架构，一旦该处理器设计完成之后，IPC值就不会再改变了。

18. JNI(Java Native Interface)：提供了若干的API实现了Java和其他语言的通信(主要是C和C++)。从Java1.1开始，JNI标准成为Java平台的一部分，它允许Java代码和其他语言的代码进行交互。

CHAPTER 7

# 第 7 章

# MapReduce概论

## 导 学

### 内容与要求

MapReduce是一个最先由Google公司开发的分布式计算框架，它可以支持大数据的分布式处理。MapReduce是Hadoop的核心模块，承担了Hadoop的数据计算功能。

Mapeduce处理大数据的过程，就是将大数据分解为成百上千的小数据，每个或若干个小数据由计算机集群中的一台普通计算机进行处理并生成中间结果，然后这些中间结果又由大量的结点进行合并形成最终结果。

MapReduce简介主要讲解了MapReduce的功能和技术特征。

MapReduce的Map和Reduce任务主要讲解了Map(映射)与Reduce(化简)的原理和流程。

MapReduce架构和工作流程主要讲解了MapReduce的架构组成和10个工作步骤。

MapReduce编程源码范例主要讲解了MapReduce在文本数据处理过程中统计词频方面的应用。

MapReduce接口主要讲解了MapReduce的两个接口，即编程接口层和工具层。

### 重点、难点

本章的重点是Map和Reduce的原理和流程。本章的难点是MapReduce的功能、技术特征、架构和工作流程。

MapReduce 是 Hadoop 的核心模块，也是一个高性能的分布式计算框架，用于对海量数据进行并行分析和处理。与传统数据仓库和分析技术相比，MapReduce 适合处理各种类型的数据，包括结构化、半结构化和非结构化数据。HDFS 在 MapReduce 任务处理过程中提供了对文件操作和存储的支持，MapReduce 在 HDFS 的基础上实现任务的分发、跟踪、执行、计算等工作，并收集结果。

## 7.1 MapReduce 简介

大数据来源非常广泛，其数据格式多样，如多媒体数据、图像数据、文本数据、实时数据、传感器数据等。传统行列结构的数据库结构已经不能满足数据处理的需求，而 MapReduce 可以存放和分析各种原始数据格式。

大数据中蕴含着丰富的、有价值的数据，但是因为大数据存放成本过高使得很多公司放弃了大数据的存储和处理，并且新的数据来源使得数据处理的问题更为严重。MapReduce 使用低成本的常规服务器存储和处理海量的数据。

### 7.1.1 如何理解 MapReduce

MapReduce 是由 Google 的 Jeffrey Dean 和 Sanjay Ghemawat 开发的针对大规模海量数据处理的分布式计算框架。MapReduce 处理数据的两个核心阶段是 Map（映射）和 Reduce（化简）。简单来说，Map 负责将数据打散，Reduce 负责对数据进行聚集。

下面，我们利用 MapReduce 解决一个有趣的扑克牌问题，即“统计 54 张扑克牌中有多少张♠”，如图 7-1 所示。

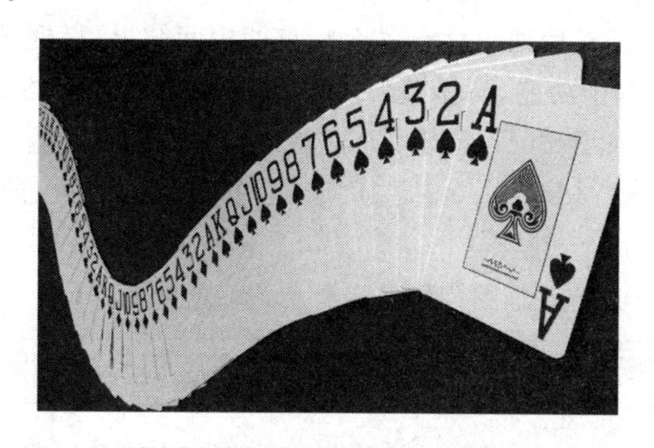

图 7-1 54 张扑克牌中有多少张♠

最直观的做法：自己在 54 张扑克牌中一张一张地检查并数出 13 张♠。

而 MapReduce 的做法及步骤如下：

(1) 给在座的所有牌友（比如 4 个人）尽可能地平均分配这 54 张牌；

(2) 让每个牌友数自己手中的牌有几张是♠，比如老张是 3 张、老李是 5 张、老王是 1 张、老蒋是 4 张，然后每个牌友把♠的数目分别汇报给你；

(3) 你把所有牌友的♠数目加起来，得到最后的结论——一共 13 张♠。

这个例子告诉我们，MapReduce 的两个主要功能是 Map 和 Reduce。

(1) Map：把统计♠数目的任务分配给每个牌友分别计数。

(2) Reduce：每个牌友不需要把♠牌递给你，而是让他们把各自的♠数目告诉你。

我们还可以将问题细化：

(1) 把牌分给多个牌友并且让他们同时各自计数，这就是并行计算。多个牌友在计数♠的过程中并不需要知道其他的牌友在干什么，这就是分布式计算。

(2) MapReduce 假设扑克牌是洗过的(Shuffled)，且扑克牌分配得尽量均匀。如果所有♠都分到了一个玩家手上，那他数牌的过程可能比其他人要慢很多。

(3) 如果牌友足够多的话，MapReduce 还能够解决更有趣的问题，例如“54 张扑克牌的平均值是多少(大、小王分别算 0)”MapReduce 可以提炼成“所有扑克牌牌面的数值的和”及“一共有多少张扑克牌”这两个问题来解决。显然，用牌面的数值的和除以扑克牌的张数就得到了平均值。

MapReduce 的工作机制远比我们举的小例子复杂得多，但是基本思想是类似的，即通过分散计算来分析海量数据。

## 7.1.2 MapReduce 功能和技术特征

MapReduce 通过抽象模型和计算框架把需要做什么(What need to do)与具体怎么做(How to do)分开了，为程序员提供了一个抽象和高层的编程接口和框架，程序员仅需要关心其应用层的具体计算问题，仅需编写少量的处理应用本身计算问题的程序代码。

### 1. MapReduce 功能

MapReduce 是采用分而治之的思想，把对大规模数据集的操作分发给一个主结点管理下的各个分结点共同完成，然后通过整合各个结点的中间结果，得到最终结果。

MapReduce 实现了两个功能，Map 把一个函数应用于集合中的所有成员，然后返回一个基于这个处理的结果集；Reduce 是对多个进程或者独立系统并行执行，将多个 Map 的处理结果集进行分类和归纳。MapReduce 易于实现且扩展性强，可以通过它编写出同时在多台主机上运行的程序。

以图形归类为例，其功能示意图如图 7-2 所示，实现步骤如下。

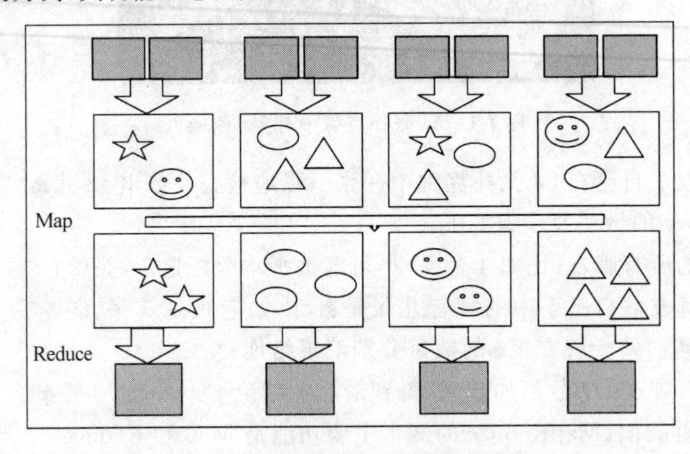


图 7-2 MapReduce 功能示意图

(1) 首先使用 Map 对输入的数据集进行分片，如将一个☆和一个☺分成一个数据片，将一个☆、一个△和一个○分成一个数据片等。

(2) 然后将各种图形进行归纳整理，如把两个☆归成一类、三个○归成一类等进行输出，并将输出结果作为 Reduce 的输入。

(3) 最后由 Reduce 进行聚集并输出各个图形的个数，如☆有 2 个、△有 4 个等。

### 2. MapReduce 技术特征

目前 MapReduce 可以进行数据划分、计算任务调度、系统优化及出错检测和恢复等操作，在设计上具有以下三方面的技术特征。

1) 易于使用

通过 MapReduce 这个分布式处理框架，不仅能处理大规模数据，而且能将很多繁琐的细节隐藏起来。传统编程时程序员需要经过长期培训来熟悉大量编程细节，而 MapReduce 将程序员与系统层细节隔离开来，即使是对于完全没有接触过分布式程序的程序员来说也能很容易地掌握。

2) 良好的伸缩性

MapReduce 的伸缩性非常好，每增加一台服务器，就能将该服务器的计算能力接入到集群中。并且 MapReduce 集群的构建大多选用价格便宜、易于扩展的低端商用服务器，基于大量数据存储需要，低端服务器的集群远比基于高端服务器的集群优越。

3) 大规模数据处理

MapReduce 可以进行大规模数据处理，应用程序可以通过 MapReduce 在超过 1000 个以上结点的大型集群上运行。

### 3. MapReduce 的局限

MapReduce 在最初推出的几年，获得了众多的成功案例，获得业界广泛的支持和肯定，但随着分布式系统集群的规模和其工作负荷的增长，MapReduce 存在的问题逐渐浮出水面，总结如下(其中的术语参见 7.2 节)。

(1) JobTracker 是 MapReduce 的集中处理点，存在单点故障。

(2) JobTracker 完成了太多的任务，造成了过多的资源消耗，当 Job 非常多的时候，会造成很大的内存开销，增加了 JobTracker 失败的风险，旧版本的 MapReduce 只能支持上限为 4000 结点的主机。

(3) 在 TaskTracker 端，以 Map/Reduce Task 的数目作为资源的表示过于简单，没有考虑到 CPU 内存的占用情况，如果两个大内存消耗的 Task 被调度到了一块，很容易出现内存溢出。

(4) 在 TaskTracker 端，把资源强制划分为 Map Task 和 Reduce Task，如果系统中只有 Map Task 或者只有 Reduce Task 的时候，会造成资源的浪费。

(5) 源代码层面分析的时候，会发现代码非常难读，常常因为一个 Class(类)做了太多的事情，代码量达 3000 多行，造成 Class 的任务不清晰，增加 Bug 修复和版本维护的难度。

(6) 从操作的角度来看，MapReduce 在如 Bug 修复、性能提升和特性化等并不重要的系统更新时，都会强制进行系统级别的升级。更糟糕的是，MapReduce 不考虑用户的喜好，强制让分布式集群中的每一个 Client 同时更新。

## 7.2 MapReduce 的 Map 和 Reduce 任务

MapReduce 是大规模数据计算的利器，Map 和 Reduce 是它的主要思想，Map 负责将数据打散，Reduce 负责对数据进行聚集，用户只需要实现 Map 和 Reduce 两个接口，即可完成 TB 级数据的计算。Map 和 Reduce 的工作流程如图 7-3 所示。

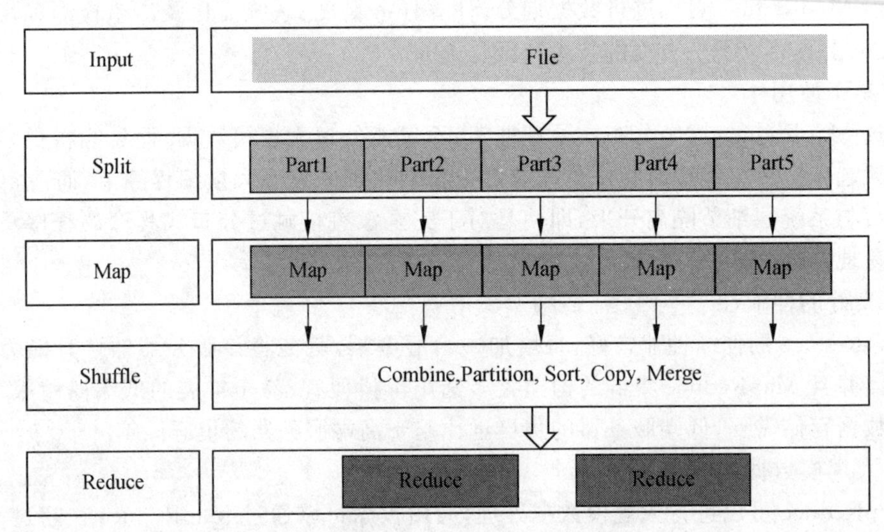


图 7-3 Map 和 Reduce 的工作流程

将 Map 和 Reduce 的工作流程及步骤简单概括如下：

(1) 输入数据通过 Split 的方式，被分发到各个结点上(Split 意为分片，是 Map 任务最小的输入单位。分片是基于文件基础衍生出来的概念，可通俗地理解成一个文件可以切分为多少个片段，每个片段包括文件名、开始位置、长度、位于哪些主机等信息)；

(2) 每个 Map 任务在一个 Split 上面进行处理；

(3) Map 任务输出中间数据；

(4) 在 Shuffle 过程中，结点之间进行数据交换(Shuffle 意为洗牌，一般包含本地化混合、分区、排序、复制及合并等)；

(5) 拥有同样 Key 值的中间数据即键值对(Key-Value Pair)被送到同样的 Reduce 任务中(键值对是指 Key 和 Value 之间的映射关系，一个 Key 值对应一个 Value，其中 Value 的类型和取值范围等都是任意的)；

(6) Reduce 执行任务后输出结果。

提示：前 4 步为 Map 过程，后 2 步为 Reduce 过程。

### 7.2.1 Map 与 Reduce

下面，以求东三省 2016 年 5 月 16 日 14:00 每个省份的平均气温为例(为使问题简化，每个省只列举三个城市)，对 Map 任务和 Reduce 任务进行形象的阐述。

(1) 在 Map 阶段输入< Key,Value >数据,其中 Key 表示城市的名称,Value 表示所属省份、城市的平均气温,如图 7-4 所示。

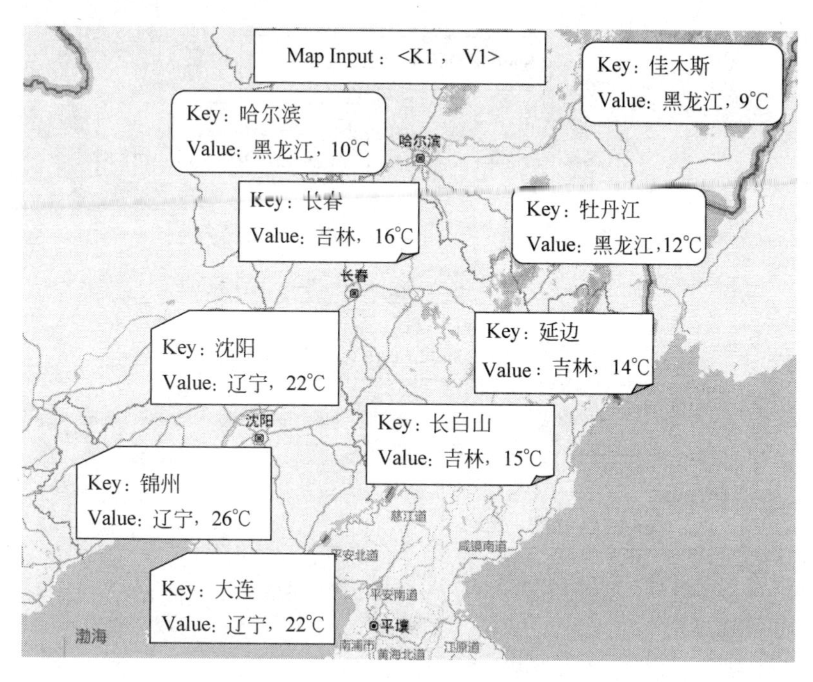


图 7-4　Map 输入

(2) Map 按省份将气温重新分组输出(排除城市名称),那么省份作为 Key 时,气温将作为 Value,如图 7-5 所示。

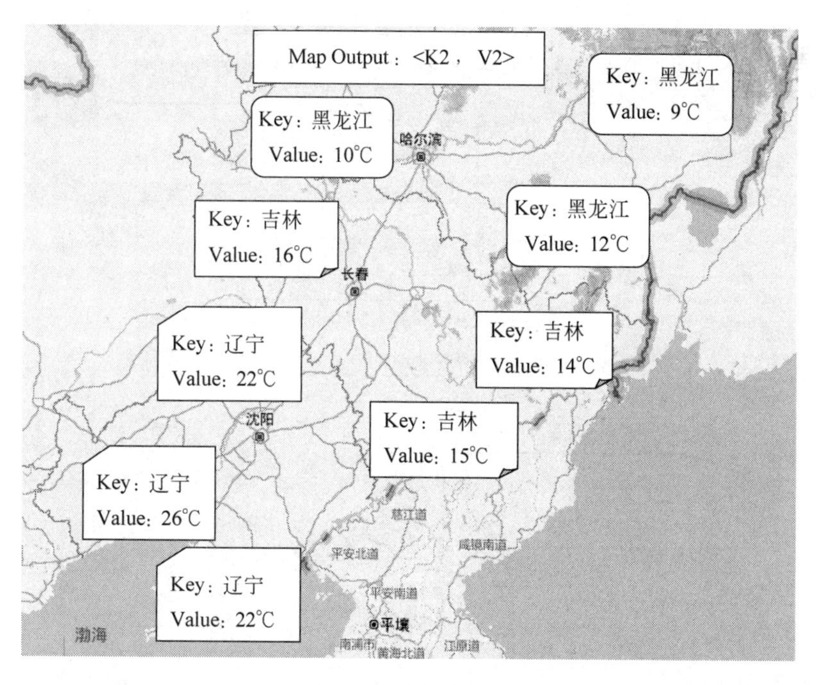


图 7-5　Map 输出

（3）使用 Map 的 Shuffle 功能，分组输出省份 Key，并得到该省的气温列表 List < Value >，如图 7-6 所示。

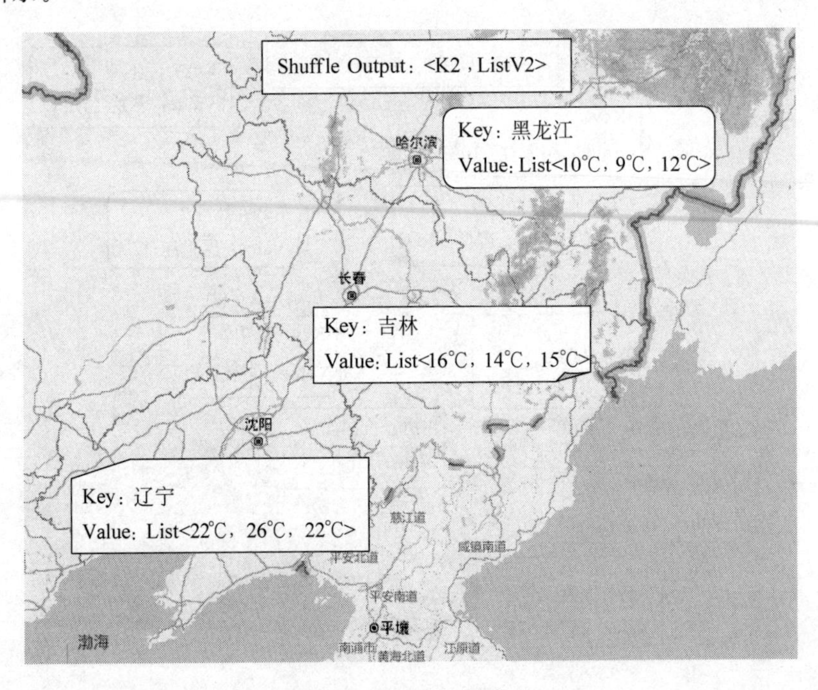


图 7-6　Shuffle 输出

（4）将从 Shuffle 任务中获得的 Key、List < Value >数据作为 Reduce 任务的输入数据，如图 7-7 所示。

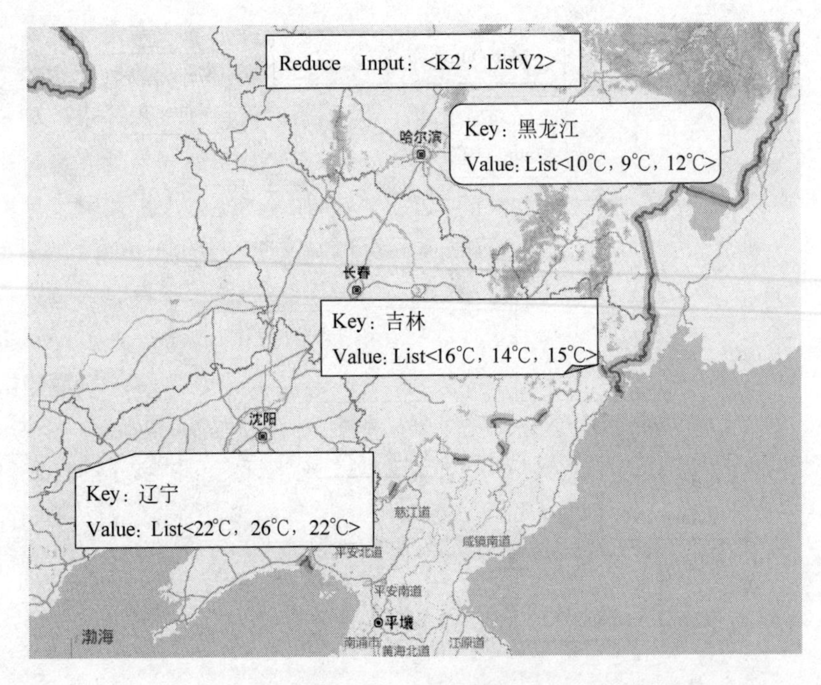


图 7-7　Reduce 输入

(5) Reduce 任务是数据逻辑的完成者，在这里就是计算各省份的平均温度，如图 7-8 所示。

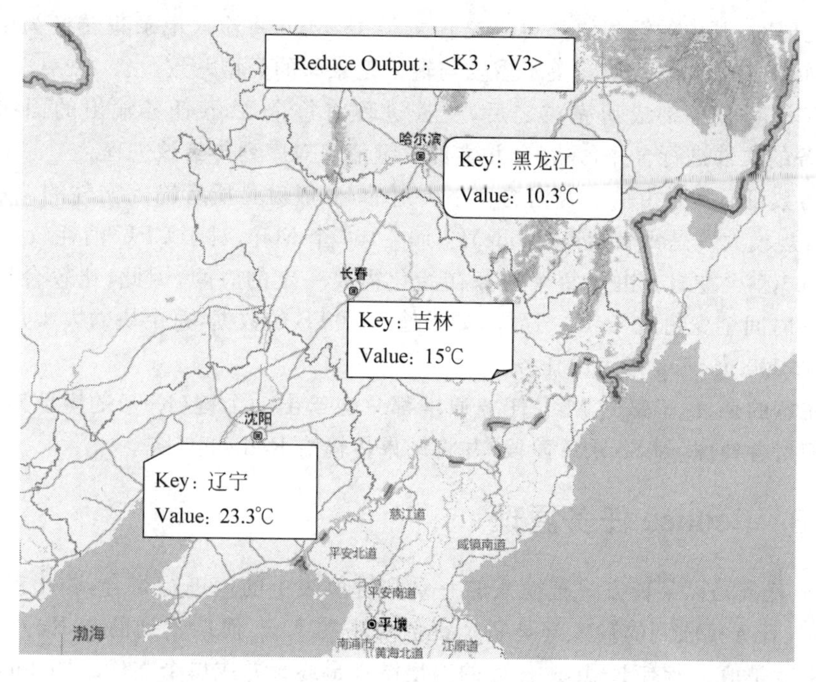


图 7-8　Reduce 输出

总结一下，MapReduce 对数据的重塑过程如下：

(1) Map 输入< K1，V1 >→Map 输出< K2，V2 >；

(2) Shuffle 输出< K2，ListV2 >；

(3) Reduce 输入< K2，List < V2 >>→Reduce 输出< K3，V3 >。

## 7.2.2　Map 任务原理

MapReduce 框架为每一个 Input&Split(Input&Split 是指输入并分片)产生一个 Map 任务。在 Map 任务拿到这些分片后，会知道从哪开始读取数据。

Map 任务原理如图 7-9 所示。

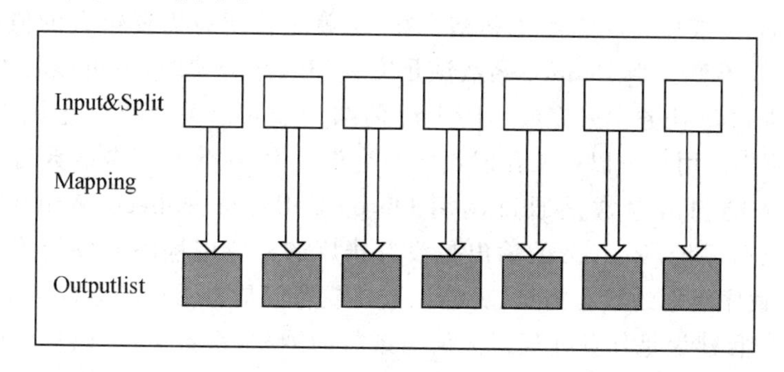


图 7-9　Map 任务原理

Map任务的输入文件可视为多个任意类型的元素组成(如一个元组或一篇文档)。所有Map任务的输入和Reduce任务的输出都是键值对的形式。输入元素在Map函数的作用下转成键值对,其中的键和值都可以是任意类型,Map将输入记录集转换为中间格式记录集,这种转换的中间格式记录集不需要与输入记录集的类型一致。

当所有Map任务都成功完成之后,主控进程将每个Map任务输出的面向某个特定Reduce任务的文件进行合并,并将合并文件以键值表对序列传给该进程。

Map的数目通常是由输入数据的大小决定的,一般就是所有输入文件的总块数。Map正常的并行规模大致是每个结点(Node)约10～100个Map,对于CPU消耗较小的Map任务可以设到300个左右。由于每个任务初始化需要一定的时间,因此,比较合理的情况是Map执行的时间至少超过1min。这样,如果输入10TB的数据,每个块的大小是128MB,将需要大约82 000个Map来完成任务。

需要注意的是,由于每个Map任务通常都只会给出一个键(Key)的键值对,因此必须进行分组和聚合处理(即Shuffle阶段)并将结果传输给Reduce任务。

### 7.2.3 Reduce任务原理

Reduce任务是以某种方式把输入的一系列键值表中的值进行组合,输出键值对序列。其中Reduce任务接收到的输入键是每个键值对中的Key,而接收到的与Key关联的值表的组合结果就是值。所有Reduce任务的输出结果最终合并成单个文件。Reduce任务原理如图7-10所示。

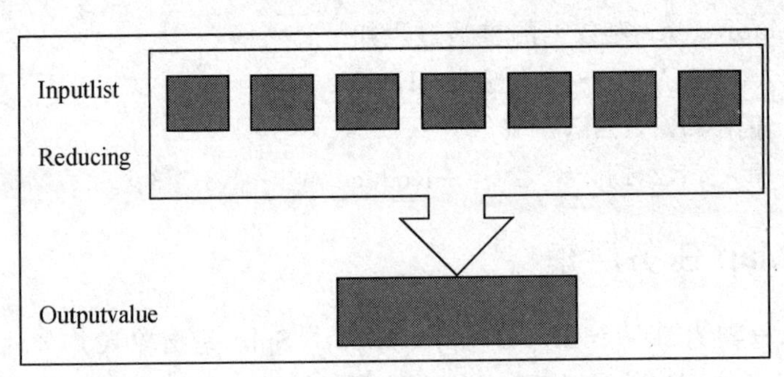


图7-10 Reduce任务原理

通常Reduce函数都满足交换律和结合律,也就是说所有需要组合的值可以按照任务次序组合,其结果不变。当Reduce函数满足交换律和结合律时,就可以将Reduce任务中的部分工作放到Map任务中来完成。Reduce将与一个Key关联的一组中间数值集化简为一个更小的数值集。用户可以在操作时设定一个作业中Reduce任务的数目。

Reduce任务的输出通常是通过调用OutputCollector. collect(WritableComparable、Writable)写入文件系统,Reduce的输出是没有排序的。应用程序可以使用Reporter报告进度、设定应用程序级别的状态消息、更新计数器或者仅是表明自己运行正常。

Reduce的数目建议是任务处理最大值与系数的乘积,系数可以选择0.95或1.75。若使用0.95,所有Reduce可以在Map一完成时就立刻启动,开始传输Map的输出结果;若使用1.75,速度快的结点可以在完成第一轮Reduce任务后就开始第二轮,这样可以得到比较好的负载均衡的效果。虽然增加 Reduce 的数目会增加整个框架的开销，但可以改善负载均衡，降低由于执行失败带来的负面影响。

# 7.3 MapReduce 架构和工作流程

## 7.3.1 MapReduce 的架构

MapReduce 的架构是 MapReduce 整体结构与组件的抽象描述，与 HDFS 类似，MapReduce 采用了 Master/Slave(主/从)架构，其架构如图 7-11 所示。

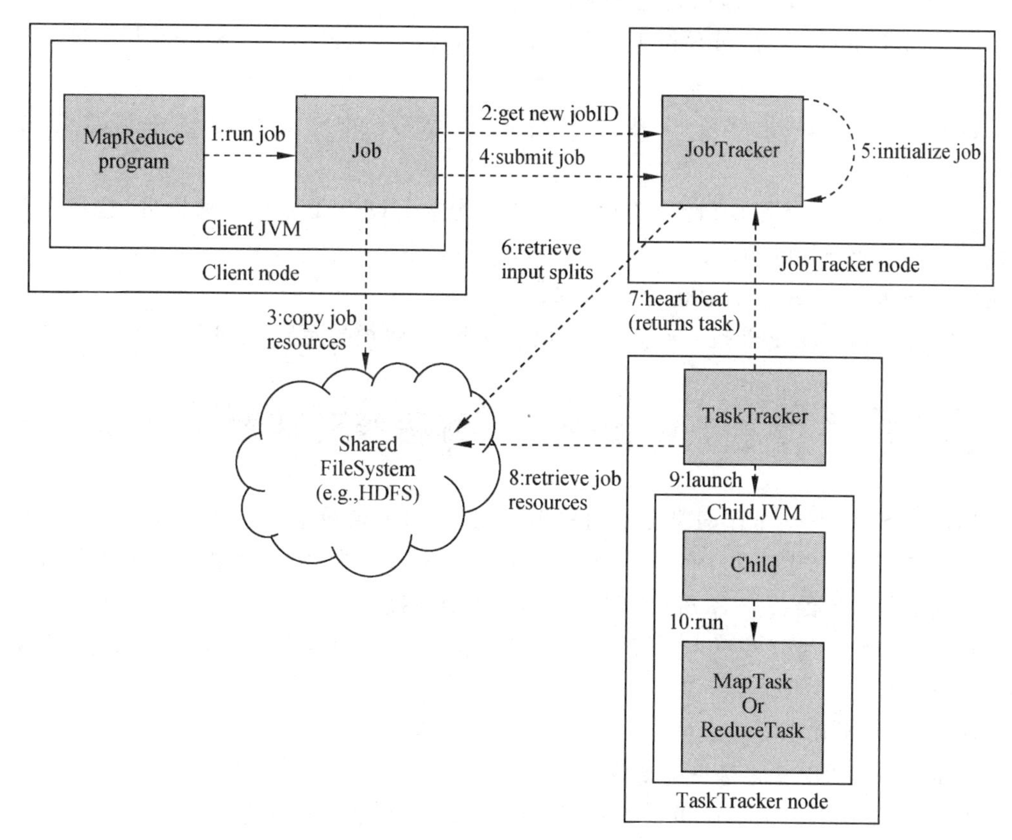


图 7-11 MapReduce 架构图

在图 7-11 中，JobTracker 称为 Master，TaskTracker 称为 Slave。用户提交的需要计算的作业称为 Job(作业)，每一个 Job 会被划分成若干个 Tasks(任务)。JobTracker 负责 Job 和 Tasks 的调度，而 TaskTracker 负责执行 Tasks。

MapReduce 由 4 个独立的结点(node)组成，分别为 Client、JobTracker、TaskTracker 和 HDFS，分别介绍如下。

(1) Client：用来提交 MapReduce 作业；

(2) JobTracker：用来初始化作业、分配作业并与 TaskTracker 通信并协调整个作业；

(3) TaskTracker：将分配过来的数据片段执行 MapReduce 任务，并保持与 JobTracker 通信；

(4) HDFS：用来在其他结点间共享作业文件。

### 7.3.2 MapReduce 工作流程

结合图 7-11，MapReduce 的工作流程可简单概括为以下 10 个工作步骤：

(1) MapReduce 在客户端启动一个作业；

(2) Client 向 JobTracker 请求一个 JobID；

(3) Client 将需要执行的作业资源复制到 HDFS 上；

(4) Client 将作业提交给 JobTracker；

(5) JobTracker 在本地初始化作业；

(6) JobTracker 从 HDFS 作业资源中获取作业输入的分割信息，根据这些信息将作业分割成多个任务；

(7) JobTracker 把多个任务分配给在与 JobTracker 心跳通信中请求任务的 TaskTracker；

(8) TaskTracker 接收到新的任务之后会首先从 HDFS 上获取作业资源，包括作业配置信息和本作业分片的输入；

(9) TaskTracker 在本地登录子 JVM；

(10) TaskTracker 启动一个 JVM 并执行任务，并将结果写回 HDFS。

## 7.4 MapReduce 编程源码范例

Map 函数和 Reduce 函数是交给用户实现的，这两个函数定义了任务本身。Map 函数接受一个键值对，产生一组中间键值对，MapReduce 框架会将 Map 函数产生的中间键值对按键相同的值传递给一个 Reduce 函数。Reduce 函数接收一个键及相关的一组值，将这组值进行合并产生一组规模更小的值(通常只有一个或零个值)。下面以统计词频的实例来理解这两个函数。

例如，用户有如下文本文件：

文本 1. txt："甲状腺是脊椎动物非常重要的腺体，属于内分泌器官。它位于颈部甲状软骨下方，气管两旁。人类的甲状腺形似蝴蝶，犹如盾甲，故以此命名。"

文本 2. txt："甲状腺控制使用能量的速度、制造蛋白质、调节身体对其他荷尔蒙的敏感性，甲状腺依靠制造甲状腺素来调整这些反应。这两者调控代谢、生长速率还有调解其他的身体系统。"

利用 MapReduce 实现关键词"甲状腺"的词频统计。高层结构的 Java 代码如下。

```
Map (filename, file - contents):
    // filename:文件名
    // file - contents: 文件内容
for each "甲状腺"  in file - contents:
    emit ("甲状腺",1)
Reduce (word,values):
    // word:单词
```

```
    // values: 数值列表
    sum = 0
for each value in values:
    sum = sum + value
emit ("甲状腺",sum)
```

以下分别通过 Map 和 Reduce 来分析统计词频。

在实际操作时,首先要考虑停词的存储问题。因为停词比较少,所以选择将它们全部存储到内存中。

### 1. Map 任务说明

对于 Map 传进来的每一行文本,首先将标点符号全部替换成空格,然后再循环分析每一个单词,如果这个单词不包括在停词集合中,则将其 Key 设为单词本身,值设置为 1。

Map 函数接收的键是文件名,值是文件的内容,Map 逐个遍历单词,每遇到一个单词“甲状腺”,就产生一个中间键值对<“甲状腺”,1>,这表示又找到了一个单词“甲状腺”。MapReduce 把键相同(都是单词“甲状腺”)的键值对传给 Reduce 函数。

### 2. Reduce 任务说明

Reduce 函数接收的键就是单词“甲状腺”,数值列表中的值都是 1,个数等于键为“甲状腺”的键值对的个数,然后将这些 1 累加就得到单词“甲状腺”的出现次数,结果为 5。最后这些单词的出现次数“5”会被写到用户定义的位置,存储到底层的分布式存储系统。

## 7.5 MapReduce 接口

MapReduce 提供了一个简单强大的接口,通过这个接口,可以实现海量数据的并发和分布式计算。

MapReduce 接口模型位于应用程序层和 MapReduce 执行器之间,可以将其分为编程接口层和工具层两层,如图 7-12 所示。

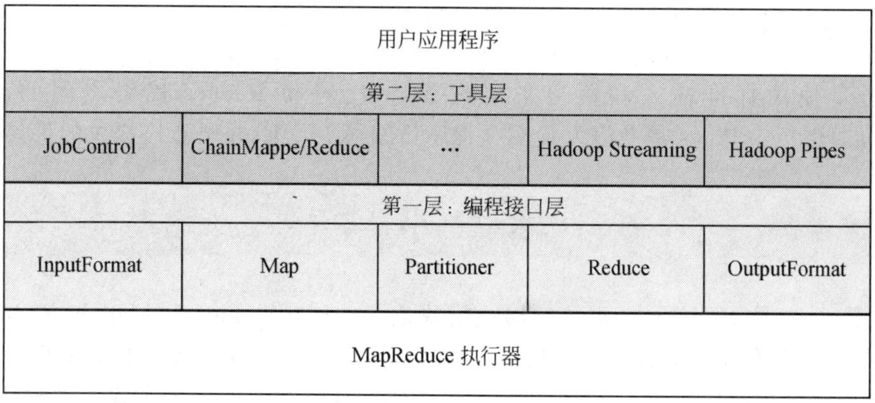

| 用户应用程序 | | | | |
|---|---|---|---|---|
| 第二层:工具层 | | | | |
| JobControl | ChainMappe/Reduce | … | Hadoop Streaming | Hadoop Pipes |
| 第一层:编程接口层 | | | | |
| InputFormat | Map | Partitioner | Reduce | OutputFormat |
| MapReduce 执行器 | | | | |

图 7-12 MapReduce 接口体系结构

第一层是最基本的编程接口层，主要有5个可编程组件，分别是InputFormat、Map、Partitioner、Reduce和OutputFormat。Hadoop自带了很多直接可用的InputFormat、Partitioner和OutputFormat，通常用户只需编写Map和Reduce即可。

实现Map和Reduce方法有4个参数，分别为Key、Value、OuputCollector和Reporter。其中Key控制输入；Value是输入的迭代器，可以遍历所有的Value，相当于一个列表；OuputCollector用于收集输出，每次收集都是Key-Value的形式；Reporter用来报告运行状态及调试时使用。

第二层是工具层，位于编程接口层之上，主要是为了方便用户编写复杂的MapReduce程序。在该层中，主要提供了4个编程工具包，分别为JobControl、ChainMap/Reduce、Hadoop Streaming和Hadoop Pipes。

#### 1. JobControl

MapReduce中经常需要用到多个Job，而且多个Job之间需要设置一些依赖关系，多个Job除了用于维护子任务的配置信息，还维护子任务的依赖关系，JobControl能方便用户编写有依赖关系的作业，把所有的子任务作业加入到JobControl中，控制整个作业流程。

#### 2. ChainMap/Reduce

能将具有复杂依赖关系的多个MapReduce Job串联起来，方便用户编写链式作业。有许多的数据处理工作包括针对一条记录的预处理和后处理，如进行医学关键词检索的时候，首先要去除掉a、the等定冠词，然后再转换成单词格式(Vaginitis、the Vaginitis、Vagina's等不同格式统一转换为Vaginitis)，最后进行检索处理。

#### 3. Hadoop Streaming

允许使用任何编程语言实现的程序在MapReduce中使用，方便用户采用非Java语言编写作业。其开发效率高，方便已有程序向Hadoop平台移植，但Hadoop Streaming默认只能处理文本数据，Streaming中的Map和Reduce默认也只能向标准输出写数据，不能方便地处理多路输出。

#### 4. Hadoop Pipes

不同于使用标准输入和输出来实现Map代码和Reduce代码之间的Hadoop Streaming，Hadoop Pipes是专门为C/C++程序员编写MapReduce程序提供的工具包。

## 本章小结

MapReduce是Hadoop最重要的组成模块之一。MapReduce由Map和Reduce两部分用户程序组成，利用框架在计算机集群上根据需求运行多个程序实例来处理各个子任务，然后再对结果进行归并输出。在实际的工作环境中，MapReduce的分布式处理框架常用于分布式Grep、分布式排序、Web访问日志分析、反向索引构建、文档聚类、机器学习、数据分析、基于统计的机器翻译和生成整个搜索引擎的索引等大规模数据处理工作，并且已经在很多国内知名的互联网公司得到广泛的应用。

本章重点讲解了 MapReduce 的功能、技术特征、原理、架构和工作流程等方面的知识。通过本章的学习，读者将会了解并掌握 MapReduce 的理论知识，为大数据方向的深入学习打下初步的基础。

**【注释】**

1. 集群：一组相互独立的、通过高速网络互联的计算机，它们构成了一个组，并以单一系统的模式加以管理。

2. 结点：在网络拓扑学中，结点是网络任何支路的终端或网络中两个或更多支路的互联公共点。

3. 进程：计算机中的程序关于某数据集合上的一次运行活动，是系统进行资源分配和调度的基本单位，是操作系统结构的基础。

4. 线程：线程是程序中一个单一的顺序控制流程。进程内一个相对独立的、可调度的执行单元，是系统独立调度和分派 CPU 的基本单位。在单个程序中同时运行多个线程完成不同的工作，称为多线程。

5. 心跳机制：定时发送一个自定义的结构体(心跳包)，让对方知道自己"在线"，以确保连接的有效性的机制。

6. JVM(Java Virtual Machine)：即 Java 虚拟机，一个虚构出来的计算机，通过在实际的计算机上仿真模拟各种计算机功能。

7. 容错：在故障存在的情况下计算机系统不失效，仍然能够正常工作的特性。

8. 停词：在信息检索中，为节省存储空间和提高搜索效率，在处理自然语言数据(或文本)之前或之后会自动过滤掉某些字或词，这些字或词即被称为 Stop Words(停词)。与其他词相比，停词没有什么实际含义，如 a、the、is、at、which、on 等。

9. 迭代器：是程序设计的软件设计模式，可在容器(如链表或阵列等)上遍历的接口，设计人员无须关心容器的内容。

10. HTTP：是一个客户端和服务器端请求和应答的标准，所有的 WWW 文件都必须遵守这个标准。设计 HTTP 最初的目的是为了提供一种发布和接收 HTML 页面的方法。

11. 内存溢出：是指应用系统中存在无法回收的内存或使用的内存过多，最终使得程序运行要用到的内存大于虚拟机能提供的最大内存。

CHAPTER 8

# 第 8 章

# NoSQL技术介绍

## 导学

### 内容与要求

本章介绍了 NoSQL 的相关基础知识和 4 种类型数据管理方法(包括键值存储、列存储、面向文档存储和图形存储)的特点、实现数据管理的基本原理及典型工具。

在 NoSQL 基础知识中介绍了 NoSQL 的产生和特点,并介绍了一些 NoSQL 的基本知识,包括一致性策略、分区与放置策略、复制与容错技术和缓存技术等。

在 NoSQL 的种类中介绍了 NoSQL 的 4 种主要分类。

在典型的 NoSQL 工具中针对 4 种类型的数据存储方式,分别介绍了其典型工具。

### 重点、难点

本章的重点是掌握 NoSQL 的基本知识以及分类。本章的难点是 4 种不同类型的典型工具的工作原理。

NoSQL 越来越多地被认为是关系型数据库的可行替代品,特别适用于大数据的存储。传统的关系型数据库因其对数据模式的约束程度高和对分布式存储的支持度差等因素,已经无法满足复杂、海量的数据存储。针对目前数据表现出的数量大、结构复杂、格式多样、存储要求不一致等特点,许多新兴的打破关系模型的数据存储方案应运而生,人们将其称为 NoSQL。通常情况下,人们把 NoSQL 解释为非结构化或非关系型数据管理方法,其实更加准确的解释应该是 NoSQL——Not Only SQL,即不仅仅是关系型数据。

如果说 Hadoop 是一个产品,那么 NoSQL 就是一项技术。实际上,和处理常规数据一样，任何为处理大数据而服务的产品也都要选择符合实际情况的数据管理方式。由于网络上数据量激增，传统关系型数据库不能满足生活、生产需要，越来越多的人开始放弃严整、规矩的关系模型，另辟蹊径地去拓展研发新型的数据存储方式，如键值存储、列存储、面向文档存储和图形存储等，这些都属于 NoSQL 的范畴。

HDFS 在 Hadoop 中扮演数据存储的角色，它只能对非结构化文件存储，而 NoSQL 可以应用于结构化、半结构化和非结构化数据存储。从 Hadoop 存储层的搭建来说，关系型数据库、NoSQL 数据库和 HDFS 分布式文件系统三种存储方式都是需要的。具体的业务应用要根据实际的情况选择不同的存储模式，但是为了业务的存储和读取的方便，我们可以对存储层进一步地封装，形成一个统一的共享存储服务层，简化操作。

举一个例子，Hadoop 中的 HBase 正是采用 NoSQL 中的列存储方式对数据进行管理的。在 Hadoop 的架构中，Hbase 利用 HDFS 文件系统中存放的数据来解决特定的数据处理问题。这期间，HDFS 为 HBase 提供了高可靠性的底层存储支持，MapReduce 为 HBase 提供了高性能的计算能力。

NoSQL 拥有很多的家族成员，NoSQL 的中文网站如图 8-1 所示，在这里我们可以看到 NoSQL 的多个种类及各自的典型产品。

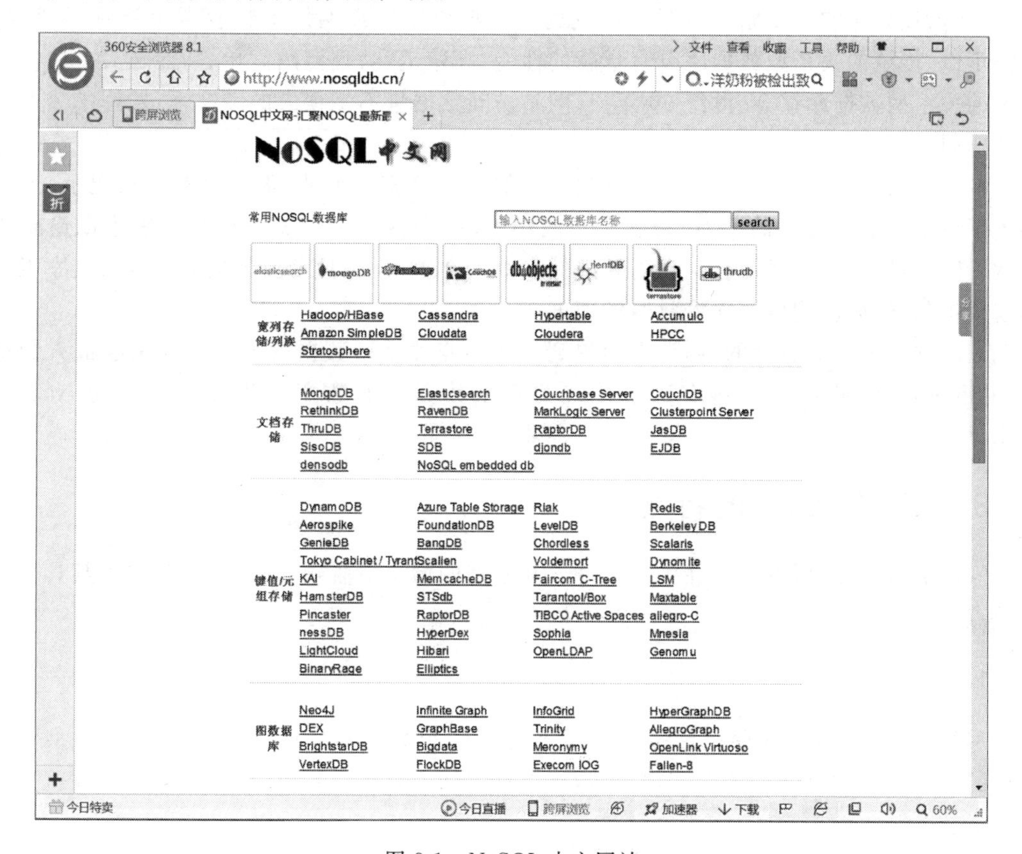


图 8-1 NoSQL 中文网站

# 8.1 NoSQL 基础知识

## 8.1.1 NoSQL 的产生

NoSQL 泛指非关系型的数据管理技术。随着大数据时代的到来及互联网 Web 2.0 网站的兴起，传统的关系型数据库在应付海量数据存储和读取，以及超大规模、高并发的 Web 2.0 纯动态网站的数据处理方面已经显得力不从心，同时也暴露出很多难以克服的问题。而非关系型的数据管理方法则由于其本身的特点得到了非常迅速的发展。NoSQL 技术的产生就是为了应对这一挑战，在大数据应用难题方面更是显得尤为突出。

随着 Web 2.0 的快速发展，非关系型、分布式数据存储得到了快速的发展，NoSQL 的概念随即在 2009 年被提出，相对于广泛应用的关系型数据库来说，这一概念无疑是一种全新的思维方式，对传统的数据管理方式是一次颠覆性的改变。

NoSQL 有很多种存储方式，包括 Key-Value 存储、面向文档存储、列存储、图存储和 XML 数据存储等。其实在 NoSQL 的概念被提出之前，这些数据存储方式就已经被用于各种系统当中，只是很少被用于 Web 互联网应用中。

NoSQL 兴起的主要原因主要是传统的关系型数据库在网络数据存取上遇到了瓶颈。不得不说，传统的关系型数据库具有卓越的性能、高稳定性，且使用简单、功能强大。这使得传统的关系型数据库在 20 世纪 90 年代，网站访问数据量不是很大的情况下，发挥了令人瞩目的作用。

在互联网应用中，大部分的关系型数据库都是 I/O 密集型的，而在大数据情况下，无疑加大了系统在 I/O 方面的压力，表结构更改困难、扩展性差成了关系型数据库难以逾越的鸿沟。同时，网站上也经常会出现需要存储一些大文本字段的情况，这就会导致数据库表的大规模扩张，进而影响数据库恢复时的速度。

面临这些大数据管理的困扰，上面提到的几种非关系型数据管理方式越来越被人们重视，并迅速发展，我们把这些有别于传统关系型数据库的数据管理技术统称为 NoSQL 技术。

## 8.1.2 NoSQL 的特点

NoSQL 技术之所以能够在大数据冲击互联网的情况下脱颖而出，主要是因为其具有以下特点。

### 1. 易扩展性

尽管 NoSQL 数据库种类繁多，但是它们都有一个共同的特点，就是没有了关系型数据库中的数据与数据之间的关系。很显然，当数据之间不存在关系时，数据的可扩展性就变得可行了。

### 2. 数据量大，性能高

NoSQL 数据库都具有非常高的读写性能，尤其在大数据量下同样表现优秀。这得益于它的无关系性，数据之间的结构简单。一般情况下，关系型数据库使用的是 Cache 在“表”这一层面的更新，是一种大粒度的 Cache 更新，当网络上的数据发生频繁交互时，就表现出了明显劣势。而 NoSQL 使用的是 Cache 在“记录”层面的更新，是一种细粒度的 Cache 更新，所以 NoSQL 在这个方面上也显示了较高的性能特点。

#### 3. 灵活的数据模型

由于 NoSQL 无须事先为要存储的数据建立字段，所以在应用中随时可以存储自定义的数据格式。而在关系数据库里，增删字段是一件非常麻烦的事情，尤其对数据量非常大的表而言，随时更改表结构几乎是无法实现的。而这一点在大数据量的 Web 2.0 时代尤为重要。

#### 4. 高可用性

NoSQL 在不太影响性能的情况，就可以方便地实现高可用的架构，如 Cassandra、HBase 模型等。

### 8.1.3 NoSQL 的技术基础

那么，NoSQL 技术对大数据的管理是怎么实现的呢？其中又要遵循哪些基本原则呢？在这里，我们为读者在大数据的一致性策略、大数据的分区与放置策略、大数据的复制与容错技术及大数据的缓存技术等方面进行介绍。

#### 1. 大数据的一致性策略

在大数据管理的众多方面，数据的一致性理论是实现对海量数据进行管理的最基本的理论。学习这部分内容有利于读者对本章内容的阅读和深化理解。

分布式系统的 CAP 理论是构建 NoSQL 数据管理的基石。CAP，即一致性(Consistency)、可用性(Availability)和分区容错性(Partition Tolerance)，如图 8-2 所示。

1) 一致性

一致性是指在分布式系统中的所有数据备份，在同一时刻均为同样的值。也就是当数据执行更新操作时，要保证系统内的所有用户读取到的数据是相同的。

2) 可用性

可用性是指在系统中任何用户的每一个操作均能在一定的时间内返回结果，即便当集群中的部分结点发生故障时，集群整体仍能响应客户端的读写请求。这里要强调“在一定时间内”，而不是让用户遥遥无期地等待。

3) 分区容错性

以实际效果而言，分区相当于对通信的时限要求。系统如果不能在时限内达成数据一致性，就意味着发生了分区的情况，必须就当前操作在一致性和可用性之间做出选择。

从上面的解释不难看出，系统不能同时满足一致性、可用性和分区容错性这三个特性，在同一时间只能满足其中的两个，如图 8-3 所示。因此系统设计者必须在这三个特性中做出抉择。

图 8-2　CAP 理论三个特性

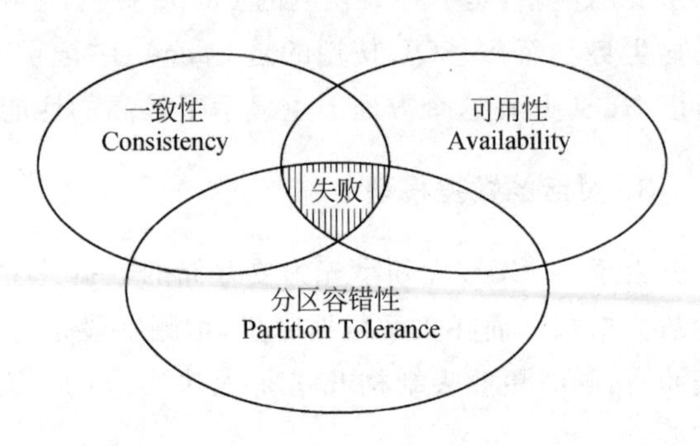


图 8-3　CAP 理论三个特性之间的关系

**2. 大数据的分区与放置策略**

在大数据时代,如何有效地存储和处理海量的数据显得尤为重要。如果使用传统方法处理这些数据,所消耗的时间代价将十分巨大,这是人们无法接受的,所以必须打破传统的将所有数据都存放在一处,每次查找、修改数据都必须遍历整个数据集合的方法。数据分区技术与放置策略的出现正是为了解决数据存储空间不足及如何提高数据库性能等方面问题的。

1）大数据分区技术

通俗地讲,数据分区其实就是"化整为零",通过一定的规则将超大型的数据表分割成若干小块来分别处理。表进行分区时需要使用分区键来标志每一行属于哪一个分区,分区键以列的形式保存在表中。

数据分区可以提高数据的可管理性,改善数据库性能和数据可用性,缩小了每次数据查询的范围,并且在对数据进行维护时,可以只针对某一特定分区,大幅提高数据维护的效率。

下面介绍几种常见的数据分区算法。

(1) 范围分区

范围分区是最早出现的数据分区算法,也是最为经典的一个。所谓范围分区,就是将数据表内的记录按照某个属性的取值范围进行分区。

(2) 列表分区

列表分区主要应用于各记录的某一属性上的取值为一组离散数值的情况,且数据集合中该属性在这些离散数值上的取值重复率很高。采用列表分区时,可以通过所要操作的数据直接查找到其所在分区。

(3) 哈希分区

哈希分区需要借助哈希函数,首先把分区进行编号,然后通过哈希函数来计算确定分区内存储的数据。这种方法要求数据在分区上的分布是均匀的。

以上三种分区算法的特点和适用范围各异,在选择使用时应充分考虑实际需求和数据表的特点,这样才能真正发挥数据分区在提高系统性能上的作用。

2）大数据放置策略

为解决海量数据的放置问题,涌现了很多数据放置的算法,大体上可以分为两大类：顺序放置策略和随机放置策略。采用顺序放置策略是将各个存储结点看成是逻辑有序的，在对数据副本进行分配时先将同一数据的所有副本编号，然后采用一定的映射方式将各个副本放置到对应序号的结点上；随机放置策略通常是基于某一哈希函数来实现对数据的放置的，所以这里所谓的随机其实也是有规律的，很多时候称其为伪随机放置策略。

### 3. 大数据的复制与容错技术

在大数据时代，每天都产生需要处理的大量数据，在处理数据的过程中，难免会有差错，这可能会导致数据的改变和丢失。为了避免这些数据错误的出现，必须对数据进行及时的备份，这就是数据复制的重要性。同时，一旦出现数据错误，系统还要具备故障发现及处理故障的能力。

数据复制技术在处理海量数据过程中虽然是必不可少的，但是，对数据进行备份也要付出相应的代价。首先，数据的备份带来了大量的时间代价和空间代价；其次，为了减少时间和空间上的代价，研究人员投入大量的时间、人力和物力来研发提升新的数据复制策略；另外，在数据备份的过程中往往会出现意想不到的差错，此时就需要数据容错技术和相应的故障处理方案进行辅助。

构成分布式系统的计算机五花八门，每台计算机又是由各式各样的软硬件组成的，所以在整个系统中可能随时会出现故障或错误。这些故障和错误往往是随机产生的，用户无法做到提前预知，甚至是当问题发生时都无法及时察觉。如果一个系统能够对无法预期的软硬件故障做出适当的对策和应变措施，那么就可以说这个系统具备一定的容错能力。

系统故障主要可以分为以下几类，如表8-1所示。

**表8-1 分布式环境下的系统故障类型**

| 故障类型 | 故障子类 | 故障语义 |
|---|---|---|
| 崩溃故障 | 失忆型崩溃 | 服务器崩溃(停机)，但停机前工作正常 |
| | | 服务器只能从初始状态，遗忘了崩溃前的状态 |
| | 中顿型崩溃 | 服务器可以从崩溃前的状态启动 |
| | 停机型崩溃 | 服务器完全停机 |
| 失职故障 | 接收型失职 | 服务器对输入的请求没有响应 |
| | | 服务器无法接收信件 |
| | 发送型失职 | 服务器无法发送信件 |
| 应答故障 | 返回值故障 | 服务器对服务请求做出错误反应 |
| | | 返回值出现错误 |
| | 状态变迁故障 | 服务器偏离正确的运行轨迹 |
| 时序故障 | | 服务器反应迟缓，超出规定的时间间隔 |
| 随意故障 | | 服务器在任意时间产生的随意错误 |

容错是建立在冗余的基础之上的，冗余主要包括以下4类。

(1) 硬件冗余：指附加额外的处理器、I/O设备等。

(2) 软件冗余：指附加软件模块的额外版本等。

(3) 信息冗余：如使用了额外位数的错误检测代码等。

(4) 时间冗余：如用来完成系统功能的额外时间等。

处理故障的基本方法有主动复制、被动复制和半主动复制。所谓主动复制指的是所有的复制模块协同进行，并且状态紧密同步。被动复制是指只有一个模块为动态模块，其他模块的交互状态由这一模块的检查单定期更新。半主动复制是前两种的混合方法，所需的恢复开销相对较低。

### 4. 大数据的缓存技术

单机的数据库系统引入缓存技术是为了在用户和数据库之间建立一层缓存机制，把经常访问的数据常驻于内存缓冲区，利用内存高速读取的特点来提高用户对数据查询的效率。在分布式环境下，由于组成系统的各个结点配置和使用的数据库系统及文件系统不尽相同，要想在这样复杂的环境下提高对海量数据的查询效率，仅仅依靠单机的缓存技术就行不通了。

与单机的缓存技术目的相同，分布式缓存技术的出现也是为了提高系统的数据查询性能。另外，为整个系统建立一层缓冲，也便于在不同结点之间进行数据交换。分布式缓存可以横跨多个服务器，所以可以灵活地进行扩展。

从图 8-4 中不难看出，如果各种.NET 应用、Web 服务和网格计算等应用程序在短时间内集中频繁地访问数据库服务器，很有可能会导致其瘫痪而无法工作。如果在应用程序和数据库之间加上一道缓冲屏障则可以解决这一问题。

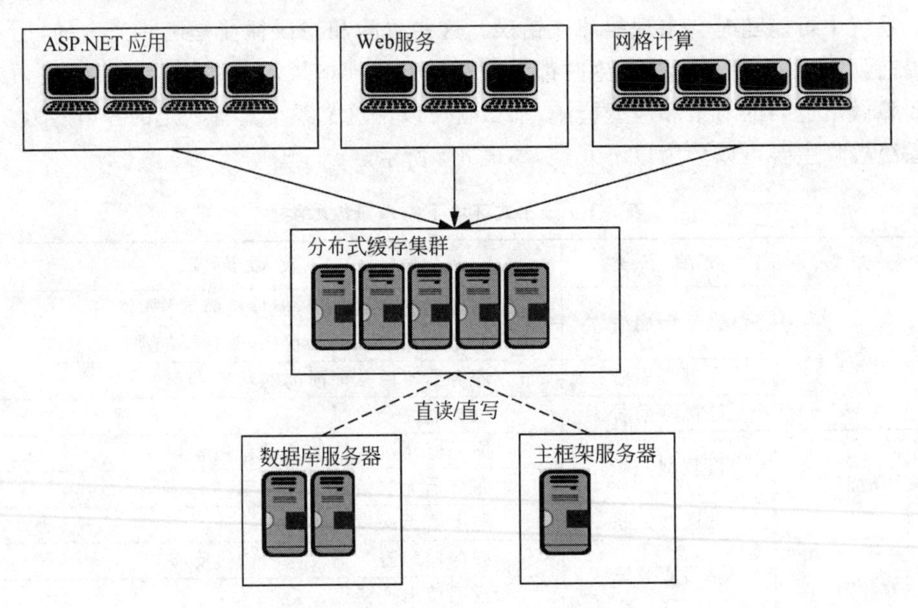


图 8-4 分布式系统数据读取示意图

分布式环境下的数据缓存技术具有如下特点。

1）高性能

当传统数据库面临大规模数据访问时，磁盘 I/O 往往成为性能瓶颈，从而导致过高的响应延迟。分布式缓存将高速内存作为数据对象的存储介质，数据以 Key-Value 形式存储，理想情况下可以获得 DRAM 级的读写性能。

2）动态扩展性

分布式缓存支持弹性扩展，通过动态增加或减少结点应对变化的数据访问负载，提供可预测的性能与扩展性，同时最大限度地提高资源利用率。

3）高可用性

可用性包含数据可用性与服务可用性两方面。分布式缓存基于冗余机制实现高可用性，无单点失效(Single Point of Failure)，支持故障的自动发现，透明地实施故障切换，不会因服务器故障而导致缓存服务中断或数据丢失。动态扩展时自动均衡数据分区，同时保障缓存服务持续可用。

4）易用性

分布式缓存提供单一的数据与管理视图、动态扩展或失效恢复时无需人工配置、自动选取备份结点且多数缓存系统提供了图形化的管理控制台，便于统一维护。

## 8.2 NoSQL的种类

为了解决传统关系型数据库无法满足大数据需求的问题，目前涌现出了很多种类型的NoSQL数据库技术。NoSQL数据库种类之所以如此众多，其部分原因可以归结于CAP理论。

根据上一节介绍过的CAP理论，在一致性、可用性和分区容错性这三者中通常只能同时实现两者。不同的数据集及不同的运行时间规则迫使我们采取不同的解决方案。各类数据库技术针对的具体问题也有所区别。数据自身的复杂性及系统的可扩展能力都是需要认真考虑的重要因素。NoSQL数据库通常分成4类：键值(Key-Value)存储、列存储(Column-Oriented)、文档(Document-Oriented)存储和图形存储(Graph-Oriented)。表8-2列举出了4种类型NoSQL的特点及典型产品。

**表8-2 4种类型NoSQL的特点及典型产品**

| 存储类型 | 特性 | 典型工具 |
| --- | --- | --- |
| 键值存储 | 可以通过键快速查询到值，值无需符合特定格式 | Redis |
| 列存储 | 可存储结构化和半结构化数据，对某些列的高频查询有很好的I/O优势 | Bigtable、Hbase |
| 文档存储 | 数据以文档形式存储，没有固定格式 | CouchDB、MongoDB |
| 图形存储 | 以图形的形式存储数据及数据之间的关系 | Neo4j |

在下面的部分里，将对这4种不同类型的数据处理方法就原理、特点和使用方面分别做出比较详细的介绍。

### 8.2.1 键值存储

Key-Value键值数据模型是NoSQL中最基本的、最重要的数据存储模型。Key-Value的基本原理是在Key和Value之间建立一个映射关系，类似于哈希函数。Key-Value数据模型和传统关系数据模型相比有一个根本的区别，就是在Key-Value数据模型中没有模式的概念。在传统关系数据模型中，数据的属性在设计之初就被确定下来了，包括数据类型、取值范围等。而在Key-Value模型中，只要制定好Key与Value之间的映射，当遇到一个Key值时，就可以根据映射关系找到与之对应的Value，其中Value的类型和取值范围等属性都是任意的，这一特点决定了其在处理海量数据时具有很大的优势。

### 8.2.2 列存储

列存储是按列对数据进行存储的，在对数据进行查询（Select）的过程中非常有利，与传统的关系型数据库相比，可以在查询效率上有很大的提升。

列存储可以将数据存储在列族中。存储在一个列族中的数据通常是经常被一起查询的相关数据。例如，如果有一个“住院患者”类，人们通常会同时查询患者的住院号、姓名和性别，而不是他们的过敏史和主治医生。这种情况下，住院号、姓名和性别就会被放入一个列族中，而过敏史和主治医生信息则不应该包含在这个列族中。

在传统的 RDBMS 中也有基于列的存储方式，与之相比，列存储的数据模型具有支持不完整的关系数据模型、适合规模巨大的海量数据、支持分布式并发数据处理等特点。总的来讲，列存储数据库具有模式灵活、修改方便、可用性高、可扩展性强的特点。

### 8.2.3 面向文档存储

面向文档存储是 IBM 最早提出的，它是一种专门用来存储管理文档的数据库模型。面向文档数据库是由一系列自包含的文档组成的，这意味着相关文档的所有数据都存储在该文档中，而不是关系数据库的关系表中。事实上，面向文档的数据库中根本不存在表、行、列或关系，这意味着它们是与模式无关的，不需要在实际使用数据库之前定义严格的模式。它与传统的关系型数据库和 20 世纪 50 年代的文件系统管理数据的方式相比，都有很大的区别。下面就具体介绍它们的区别。

在古老的文件管理系统中，数据不具备共享性，每个文档只对应一个应用程序，也就是即使是多个不同应用程序都需要相同的数据，也必须各自建立属于自己的文件。而面向文档数据库虽然是以文档为基本单位，但是仍然属于数据库范畴，因此它支持数据的共享。这就大大减少了系统内的数据冗余，节省了存储空间，也便于数据的管理和维护。

在传统关系型数据库中，数据被分割成离散的数据段，而在面向文档数据库中，文档被看作是数据处理的基本单位。所以，文档可以很长也可以很短，复杂或是简单都可以，不必受到像在关系型数据库中结构的约束。但是，这两者之间并不是相互排斥的，它们之间可以相互交换数据，从而实现相互补充和扩展。

例如，如果某个文档需要添加一个新字段，那么在文档中仅需包含该字段即可，而不需要对数据库中的结构做出任何改变。所以，这样的操作丝毫不会影响到数据库中其他任何文档。因此，文档不必为没有值的字段存储空数据值。

假如在关系数据库中，需要 4 张表来储存数据：一个 Person 表、一个 Company 表、一个 Contact Details 表和一个用于存储名片本身的表。这些表都有严格定义的列和键，并且使用一系列的连接（Join）组装数据。虽然这样做的优势是每段数据都有一个唯一真实的版本，但这为以后的修改带来不便。此外，也不能修改其中的记录以用于不同的情况。例如，一个人可能有手机号码，也有可能没有。当某个人没有手机号码时，那么在名片上不应该显示“手机：没有”，而是忽略任何关于手机的细节。这就是面向文档存储和传统关系型数据库在处理数据上的不同。很显然，由于没有固定模式，面向文档存储显得更加灵活。

在面向文档的数据库中，每个名片都存储在各自的文档中，并且每个文档都可以定义它需要使用的字段。因此，对于没有手机号码的人而言，就不需要给这个属性定义具体值，而对于有手机号码的人，则根据他们的意愿定义该值。

面向文档数据库和关系数据库的另一个重要区别就是面向文档数据库不支持连接。因此，如在典型工具 CouchDB 中就没有主键和外键，没有基于连接的键。这并不意味着不能从 CouchDB 数据库获取一组关系数据。CouchDB 中的视图允许用户为未在数据库中定义的文档创建一种任意关系。这意味着用户能够获得典型的 SQL 联合查询的所有好处，但又不需要在数据库层预定义它们的关系。

一定要注意，虽然面向文档数据库的操作方式在处理大数据方面优于关系数据库，但这并不意味着面向文档数据库就可以完全替代关系数据库，而是为更适合这种方式的项目提供一种更佳的选择，如 wikis、博客和文档管理系统。

### 8.2.4 图形存储

图形存储是将数据以图形的方式进行存储。在构造的图形中，实体被表示为结点，实体与实体之间的关系则被表示为边。其中最简单的图形就是一个结点，也就是一个拥有属性的实体。关系可以将结点连接成任意结构，那么，对数据的查询就转化成了对图的遍历。图形存储最卓越的特点就是研究实体与实体间的关系，所以图形存储中有丰富的关系表示，这在 NoSQL 成员中是独一无二的。

在具体的情况下，可以根据算法从某个结点开始，按照结点之间的关系找到与之相关联的结点。例如，想要在住院患者的数据库中查找"负责外科 15 床患者的主治医生和主管护士是谁"，这样的问题在图形数据库中就很容易得到解决。

下面，我们利用一个实例来说明在关系复杂的情况下，图存储较关系型存储的优势。在一部电影中，演员常常有主、配角之分，还要有投资人、导演、特效等人员的参与。在关系模型中，这些都被抽象为 Person 类型，存放在同一个数据表中。但是，现实的情况是，一位导演可能是其他电影或者电视剧的演员，更可能是歌手，甚至是某些影视公司的投资者。在这个实例中，实体和实体间存在多个不同的关系，如图 8-5 所示。

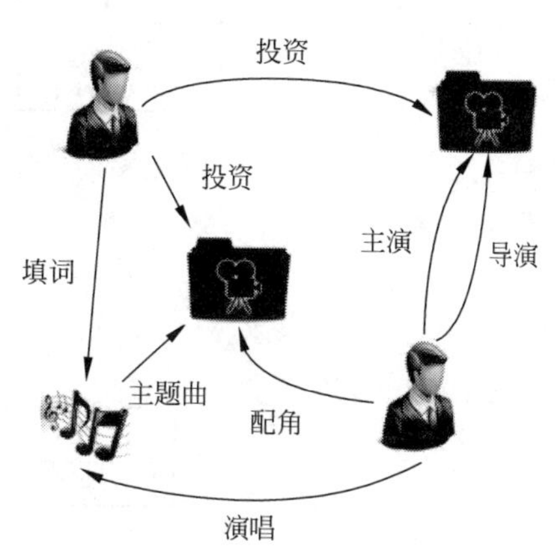


图 8-5 实体及实体间关系

在关系型数据库中，要想表达这些实体及实体间的联系，我们首先需要建立一些表，如表示人的表、表示电影的表、表示电视剧的表、表示影视公司的表等。要想研究实体与实体之间的关系，就要对表建立各种联系，如图 8-6 所示。由于数据库需要通过关联表来间接地实现实体间的关系，这就导致数据库的执行效能下降，同时数据库中的数量也会急剧上升。

除了性能之外，表的数量也是一个非常让人头疼的问题。刚刚我们仅仅是举了一个具有 4 个实体的例子：人，电影，电视剧，影视公司。现实生活中的例子可不是这么简单。不难看出，当需要描述大量关系时，传统的关系型数据库显得不堪重负，它更擅长的是实体较多但关系简单的情况。而对于一些实体间关系比较复杂的情况，高度支持关系的图形存储才是正确的选择。它不仅仅可以为我们带来运行性能的提升，更可以大大提高系统开发效率、减少维护成本。

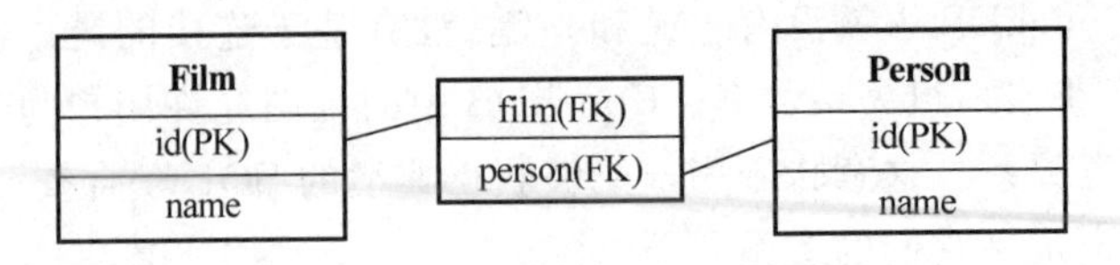


图 8-6　关系模型中的表及表间联系

在需要表示多对多关系时，我们常常需要创建一个关联表来记录不同实体的多对多关系，而且这些关联表常常不用来记录信息。如果两个实体之间拥有多种关系，那么我们就需要在它们之间创建多个关联表。而在一个图形数据库中，我们只需要标明两者之间存在着不同的关系，例如用 DirectBy 关系指向电影的导演，或用 ActBy 关系来指定参与电影拍摄的各个演员。同时在 ActBy 关系中，我们更可以通过关系中的属性来表示其是否是该电影的主演。而且从上面所展示的关系的名称上可以看出，关系是有向的。如果希望在两个结点集间建立双向关系，我们就需要为每个方向定义一个关系。这两者的比较如图 8-7 所示。

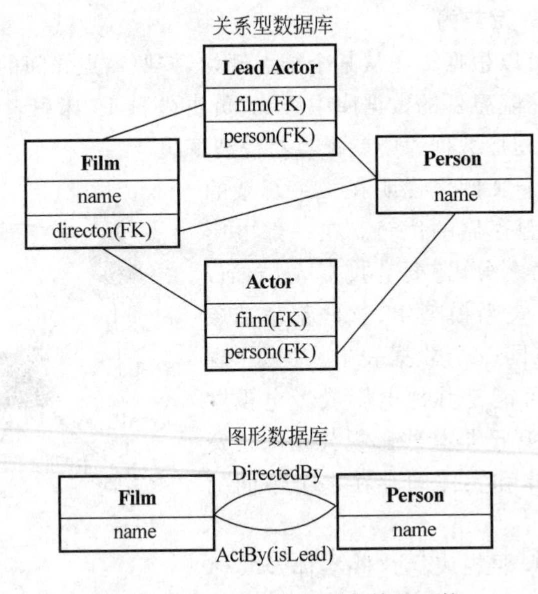


图 8-7　关系模型与图形存储的比较

## 8.3　典型的 NoSQL 工具

由于大数据时代刚刚到来，基于各类数据模型开发的数据库系统层出不穷，各个公司机构之间的竞争十分激烈。这一节将介绍目前实际应用中比较典型的几个 NoSQL 工具。

## 8.3.1 Redis

Redis 是一个开源的典型 Key-Value 数据库。它支持存储的 Value 类型比传统的关系型数据库更多,包括 String(字符串)、Hash(哈希)、List(链表)、Set(集合)和 Zset(有序集合)。这些数据类型都支持 push/pop、add/remove 及取交集、并集和差集等很多更丰富的操作,而且这些操作都是原子性的。在此基础上,Redis 支持各种不同方式的排序。

为了保证效率,Redis 将数据缓存在内存中,并周期性地把更新的数据写入磁盘或者把修改操作写入追加的记录文件中,并且在此基础上实现了主从同步。

Redis 的外围由一个键、值映射的字典构成。与其他非关系型数据库主要不同在于:Redis 中值的类型不仅限于字符串,还支持字符串列表、无序不重复的字符串集合、有序不重复的字符串集合及键和值都为字符串的哈希表。

值的类型决定了值本身支持的操作。Redis 支持不同无序、有序的列表,无序、有序的集合间的交集、并集等高级服务器端原子操作。总的来讲,Redis 具有 Value 类型丰富、数据操作方法众多、内存数据持久化的特点。

目前 Redis 的最新版本为 3.2.0,用户可以在 Redis 官网 http://redis.io/download 上获取最新的版本代码。Redis 可以在 Linux 和 Mac OS X 等操作系统下运行使用,其中 Linux 为主要推荐的操作系统。虽然官方没有提供支持 Windows 的版本,但是微软开发并维护一个 Win-64 的 Redis 端口。Redis 的使用界面如图 8-8 所示。

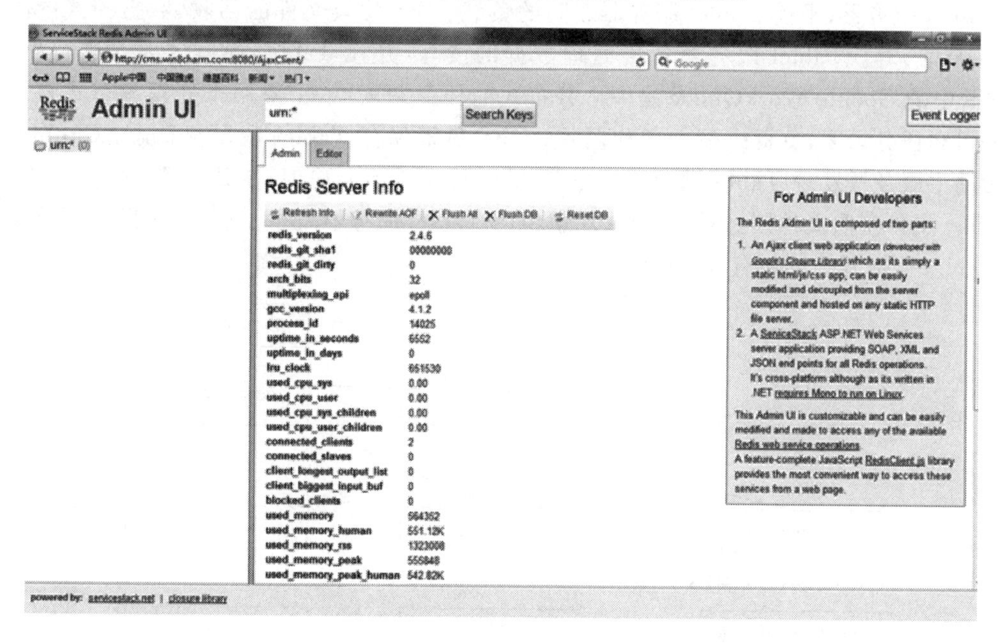


图 8-8 Redis 使用界面

## 8.3.2 Bigtable

Bigtable 是 Google 在 2004 年开始研发的一个分布式结构化数据存储系统,运用按列存储数据的方法,是一个未开源的系统。目前,已经有超过百余个项目或服务是由 Bigtable

来提供技术支持的，如 Google Analytics、Google Finance、Writely、Personalized Search 和 Google Earth 等。尽管这些项目在需求上千差万别，但是 Bigtable 在性能上还是比较好地满足了它们的要求。Bigtable 的许多设计思想还被应用在很多其他的 NoSQL 数据库中。BigTable 制定了一种有趣的数据模型，其基本思想是将各列数据进行排序存储。数据按值的范围分布在多台机器上，数据更新操作有严格的一致性保证。

Bigtable 不支持完整的关系数据模型，相反，Bigtable 为客户提供了简单的数据模型，利用这个模型，客户可以动态控制数据的分布和格式，即对 BigTable 而言，数据是没有格式的，用户可以自己去定义。数据的下标是行和列的名称，可以是任意的字符串。在读取数据的时候，为了提高读取效率，可以把具有相同前缀的数据一次性读取出来，这些前缀相同的数据表示它们存放的位置比较接近，即位置相关性。

Bigtable 将存储的数据都视为字符串，但是 Bigtable 本身不去解析这些字符串，客户程序通常会在把各种结构化或者半结构化的数据串行到这些字符串里。通过仔细选择数据的模式，客户可以控制数据的位置相关性。最后，可以通过 BigTable 的模式参数来控制数据是存放在内存中还是硬盘上。

Bigtable 数据库的架构由主服务器和分服务器构成，如图 8-4 所示。如果把数据库看成是一张大表，那么可将其划分为许多基本的小表，这些小表就称为 Tablet，是 Bigtable 中最小的处理单位。Bigtable 主要包括三个主要部分：一个主服务器、多个 Tablet 服务器和链接到客户端的程序库。主服务器负责将 Tablet 分配到 Tablet 服务器，检测新增和过期的 Tablet 服务器，平衡 Tablet 服务器之间的负载、GFS 垃圾文件的回收、数据模式的改变(如创建表)等。Tablet 服务器负责处理数据的读写，并在 Tablet 规模过大时进行拆分。图 8-9 中的 Google WorkQueue 是一个分布式的任务调度器，主要用来处理分布式系统队列分组和任务调度，负责故障处理和监控；GFS 负责保存 Tablet 数据及日志；Chubby 负责帮助主服务器发现 Tablet 服务器，当 Tablet 服务器不响应时，主服务器就会通过扫描 Chubby 文件获取文件锁，如果获取成功就说明 Tablet 服务器发生了故障，主服务器就会重做 Tablet 服务器上的所有 Tablet。

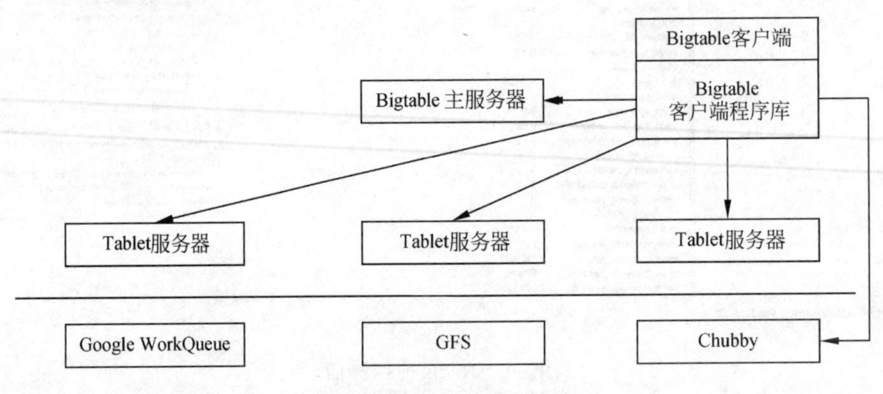


图 8-9　Bigtable 的系统架构

Bigtable 数据库主要具有以下特点：

(1) 适合大规模海量数据，PB 级数据。

(2) 分布式、并发数据处理，效率极高。

(3) 易于扩展,支持动态伸缩。

(4) 适用于廉价设备。

(5) 适合于读操作,不适合写操作。

(6) 不适用于传统关系型数据库。

### 8.3.3 CouchDB

CouchDB 是一个开源的面向文档的数据管理系统。Couch 即 Cluster Of Unreliable Commodity Hardware,反映了 CouchDB 的目标具有高度可伸缩性,提供了高可用性和高可靠性,即使运行在容易出现故障的硬件上也是如此。CouchDB 最初是用 C++ 编写的,在 2008 年 4 月,这个项目转移到 Erlang/OTP 平台进行容错测试。Erlang 语言是一种并发性的函数式编程语言,可以说它是因并发而生,因大数据云计算而热,OTP 是 Erlang 的编程框架,是一个 Erlang 开发的中间件。

CouchDB 是用 Erlang 开发的面向文档的数据库系统,是完全面向 Web 的,截至 2014 年 10 月最新版本为 CouchDB 1.6.1。CouchDB 可以安装在大部分操作系统上,包括 Linux 和 Mac OS X。尽管目前还不正式支持 Windows,但现在已经开始着手编写 Windows 平台的非官方二进制安装程序。CouchDB 可以从源文件安装,也可以使用包管理器安装,是一个顶级的 Apache Software Foundation 开源项目,并允许用户根据需求使用、修改和分发该软件。

传统的关系数据库管理系统有时使用并发锁来管理并发性,从而防止其他客户机访问某个客户机正在更新的数据。这就防止了多个客户机同时更改相同的数据,但对于多个客户机同时使用一个系统的情况,数据库在确定哪个客户机应该接收锁并维护锁队列的次序时会遇到困难。

CouchDB 的文档更新模型是无锁的。客户端应用程序加载文档,应用变更,再将修改后的数据保存到服务器主机上,这样就完成了文档编辑。如果一个客户端试图对文档进行修改,而此时其他客户端也在编辑相同的文档,并优先保存了修改,那么该客户端在保存时将会返回编辑冲突(Edit Conflict)错误。为了解决更新冲突,可以获取到最新的文档版本,重新修改后再尝试更新。文档更新操作,包括对文档的添加、编辑和删除具有原子性,要么全部成功,要么全部失败。数据库永远不会出现部分保存或者部分编辑的文档。

作为一个面向文档的数据管理工具,CouchDB 主要具有如下特点。

(1) CouchDB 是分布式的数据库,可以把存储系统分布到 $n$ 台物理的结点上,并且能很好地协调和同步结点之间的数据读写一致性。这当然也得靠 Erlang 的并发特性才能做到。对于基于 Web 的大规模文档应用,分布式可以让它不必像传统的关系数据库那样分库拆表,而是在应用代码层进行大量的改动。

(2) CouchDB 是面向文档的数据库,存储半结构化的数据,特别适合存储文档,因此很适合 CMS、电话本、地址本等应用,在这些应用场合,文档数据库要比关系数据库更加方便、性能更好。

(3) CouchDB 支持 RESTful API。REST(Representational State Transfer)指的是一组架构约束条件和原则,描述了一个架构样式的网络系统,如 Web 应用程序。满足这些约束条件和原则的应用程序或设计就是 RESTful。它可以让用户使用 JavaScript 来操作

CouchDB 数据库,也可以用 JavaScript 编写查询语句。

与传统的 SQL 相比,CouchDB 在对数据的要求和查询操作等方面都存在很大的不同,表 8-3 从这几个方面对二者进行了比较。

**表 8-3 传统的 SQL 和 CouchDB 的对比**

| 传统 SQL 数据库 | CouchDB |
| --- | --- |
| 结构需要预定义,并遵循一定的模式 | 结构无须预定义,没有固定模式 |
| 是结构统一的表的集合 | 是任意结构的文档的集合 |
| 数据需要满足一定的范式,数据无冗余 | 数据不必满足任何范式,存在数据冗余 |
| 用户需要事前清楚表结构 | 用户无须了解文档结构,甚至是文档名 |
| 属于静态模式下的动态查询 | 属于动态模式下的静态查询 |

### 8.3.4 Neo4j

Neo4j 是一个高性能的 NoSQL 图形数据库,将结构化数据存储在网络上而不是表中,从数学的角度表达,这种存储可以称为图。Neo4j 是一个高度可伸缩的本地图形数据库,其主旨在于利用和研究数据本身的同时,注重数据与数据之间的关系。由 Neo4j 的本地图存储和数据处理所提供的持续、实时等性能,可以有效地帮助企业构建智能应用以满足当今不断变化的大数据挑战。

Neo4j 具有嵌入式、高性能、轻量级等优势,得到了人们越来越多的关注。Neo4j 也可以被看作是一个高性能的图引擎,该引擎具有成熟数据库的所有特性。程序员的工作是面向对象的,是在灵活的网络结构下进行的而不是面对严格、静态的表。图形存储是一个灵活的数据结构,可以应用更加敏捷和快速的开发模式。

Neo4j 提供了大规模可扩展性,既可以在一台机器上处理多达数十亿结点、关系和属性的图,也可以扩展到多台机器上并行运行。相对于关系数据库来说,图形数据库善于处理大量复杂、相互连接、低结构化的数据,这些数据变化迅速,需要频繁的查询,而在关系数据库中,这样频繁的查询会导致大量的表连接,计算量巨大,产生性能上的问题。Neo4j 重点解决了拥有大量连接的传统的关系型数据库在查询时出现的性能衰退问题。通过围绕图进行数据建模,Neo4j 会以相同的速度遍历结点与边,其遍历速度与构成图的数据量没有任何关系。此外,Neo4j 还提供了非常快的图算法、推荐系统和 OLAP(On-Line Analytical Processing,联机分析处理)风格的分析,而这一切在目前传统的关系型数据库系统中都是无法实现的。

虽然 Neo4j 是一个比较新的开源项目,但它已经在具有 1 亿多个结点、关系和属性的产品中得到了应用,并且能满足企业的健壮性和性能的需求。

## 本章小结

在 20 世纪,各网站的访问量一般都不大,用单个数据库完全可以轻松应付。在那个时候,更多的都是静态网页,动态交互类型的网站不多。近 10 年,各类型网站快速发展,受到网友广泛热捧的论坛、博客、微博等逐渐开始引领 Web 领域的潮流。NoSQL 数据库的出现弥补了关系数据在某些方面的不足，在某些方面能极大地节省开发和维护成本。

大大小小的 Web 站点在追求高效、高性能、高可靠性方面，不由自主都选择了 NoSQL 技术。随着 Web 2.0 的快速发展，非关系型、分布式数据存储得到了快速的发展。NoSQL 通常被分为键值存储、列存储、面向文档存储和图形存储（Graph-Oriented）四大类。在 NoSQL 概念提出之前，这些数据库就被用于各种系统当中，但是却很少用于互联网应用。

本章首先介绍了 NoSQL 中涉及的数据库基础知识，并从和传统数据库比较的角度指导读者理解，其次介绍了 4 种主流 NoSQL 数据库的基本工作方式，最后介绍了各种类型 NoSQL 数据库的典型产品。

**【注释】**

1. Web 2.0：Web 2.0 是相对于 Web 1.0 的概念而来的。为了区别于传统的由网站雇员主导生成内容的 Web 1.0 时代，将由用户主导而生成内容的新互联网产品模式定义为第二代互联网，即 Web 2.0。

2. Cache：即高速缓冲存储器。

3. 哈希（Hash）函数：一般译为"散列"，也有直接音译为"哈希"的，就是把任意长度的输入（又称为预映射，pre-image）通过散列算法，变换成固定长度的输出，该输出就是散列值。这种转换是一种压缩映射，即散列值的空间通常远小于输入的空间，不同的输入可能会散列成相同的输出，所以不可能从散列值来唯一地确定输入值。简单地说就是一种将任意长度的消息压缩到某一固定长度的消息摘要的函数。

4. DRAM（Dynamic Random Access Memory，动态随机存取存储器）：是最为常见的系统内存。DRAM 只能将数据保持很短的时间。为了保持数据，DRAM 使用电容存储，所以必须隔一段时间刷新一次，如果存储单元没有被刷新，存储的信息就会丢失，关机时将会释放所有数据。

5. 时间戳（Time Stamp）：通常是一个字符序列，唯一地标志某一刻的时间。数字时间戳技术是数字签名技术的一种变形应用。时间戳是一个经加密后形成的凭证文档，由文件的摘要 Digest、收到文件的日期和时间及数字签名三部分组成。

6. 原子性：指一个操作或是一个程序在执行的过程中是不可中断的。

7. B-树：B-树是一种多路搜索树，是一种适用于外查找的树，因其是个平衡的多叉树而得名。

8. 并发锁：锁是一项用于多用户同时访问数据库的技术，是实现并发控制的一项重要手段，能够防止当多用户改写数据库时造成数据丢失和损坏。当有一个用户对数据库内的数据进行操作时，在读取数据前先锁住数据，这样其他用户就无法访问和修改该数据，直到这一数据修改并写回数据库解除封锁为止。

9. 分区键（Partition Key）：是一个或多个表列的有序集合。分区键以列中的值来确定每个表行所属的数据分区。选择有效的分区键对于充分利用分区技术来说十分关键。

CHAPTER 9

# 第 9 章

# Spark概论

## 导 学

### 内容与要求

Spark 是一个围绕速度、易用性和复杂分析构建的大数据处理框架，并在近两年内发展成为大数据处理领域最炙手可热的开源项目。

Spark 概述介绍了 Spark 的概念、国内外研究现状与 Spark 框架的开发语言 Scala。

Spark 与 Hadoop 介绍了 Hadoop 的局限与不足以及 Spark 的优点。

Spark 大数据处理架构及其生态系统介绍了 Spark 生态系统的组成与各个模块的组成与应用。

Spark 的应用介绍了 Spark 的应用场景与成功案例。

### 重点、难点

本章的重点是 Hadoop 和 Spark 的关系、Spark 的优点、Spark 生态系统的组成。本章的难点是 Spark 生态系统中各个模块的组成与应用。

在大数据领域，Apache Spark（以下简称 Spark）通用并行分布式计算框架越来越受人瞩目。Spark 适合各种迭代算法和交互式数据分析，能够提升大数据处理的实时性和准确性，能够更快速地进行数据分析。

# 9.1 Spark 概述

Spark 和 Hadoop 两者都是大数据框架，而 Spark 是 Hadoop 的后继产品。由于 Hadoop 设计上只适合离线数据的计算以及在实时查询和迭代计算上的不足，已经不能满足日益增长的大数据业务需求，因而 Spark 应运而生。Spark 具有可伸缩、基于内存计算等特点，解决了 Hadoop 存在的不足，并可以直接读写 Hadoop 上任何格式的数据，未来的大数据领域一定是 Spark 的天下。

## 9.1.1 Spark 简介

Spark 是一个开源的通用并行分布式计算框架，2009 年由加州大学伯克利分校的 AMP 实验室开发，是当前大数据领域最活跃的开源项目之一。Spark 是基于 MapReduce 算法实现的分布式计算，拥有 MapReduce 所具有的优点；但不同于 MapReduce 的是 Spark 将操作过程中的中间结果保存在内存中，从而不再需要读写 HDFS，因此 Spark 能更好地适用于数据挖掘与机器学习等需要迭代的 MapReduce 算法。

Spark 也称为快数据，与 Hadoop 的传统计算方式 MapReduce 相比，效率至少提高 100 倍。例如逻辑回归算法在 Hadoop 和 Spark 上的运行时间对比，可以看出 Spark 的效率有很大的提升，如图 9-1 所示。

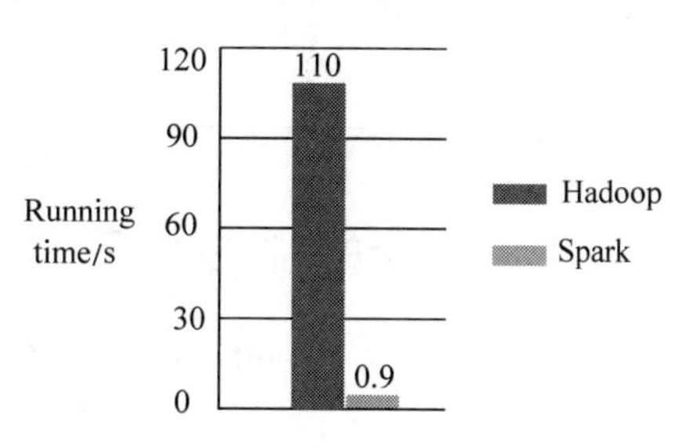


图 9-1 逻辑回归算法在 Hadoop 和 Spark 上的运行时间对比

Spark 框架还提供多语言支持，它不仅仅支持编写其源码的 Scala 语言，而且对现在非常流行的 Java 和 Python 语言也有着良好的支持。现在 Spark R 项目也在紧锣密鼓的开发中，不久之后的 Spark 版本也将对 R 语言进行很好的支持。

## 9.1.2 Spark 发展

Spark 的发展速度非常迅速。2009 年，Spark 诞生；2010 年，Spark 正式开源；2013 年，Spark 成为了 Apache 基金项目；2014 年，Spark 成为 Apache 基金的顶级项目，整个过程不到 5 年时间。

在 2013 年来，Spark 进入了一个高速发展期，代码库提交与社区活跃度都有显著增长。相较于其他大数据平台或框架而言，Spark 的代码库最为活跃，如图 9-2 所示。

从 2013 年 6 月到 2014 年 6 月，Spark 的开发人员从原来的 68 位增长到 255 位，参与开发的公司也从 17 家上升到 50 家。在这 50 家公司中，有来自中国的阿里巴巴、百度、网易、腾讯、搜狐等公司。当然，代码库的代码行也从原来的 63 000 行增加到 75 000 行。图 9-3 为截至 2014 年 Spark 的开发人员数量每个月的增长曲线。

Spark 广泛应用在国内外各大公司，例如国外的谷歌、亚马逊、雅虎、微软和国内的百度、腾讯、爱奇艺、阿里等公司。阿里巴巴将 Spark 应用在双十一购物节中，处理当天产生的大量的实时数据；爱奇艺应用Spark对其业务量日益增长的视频服务提供数据分析和存储的支持；百度利用Spark进行大数据量网页搜索的优化的实践。随着各行业数据量的与日俱增，相信Spark会应用到越来越多的生产场景中去。

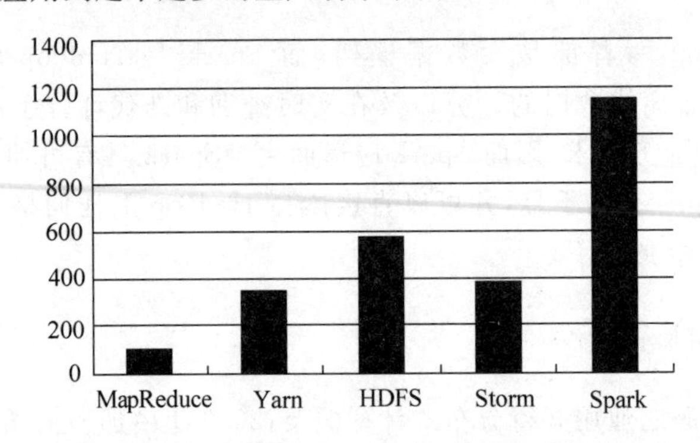


图 9-2　Spark代码库活跃度与其他大数据框架的比较

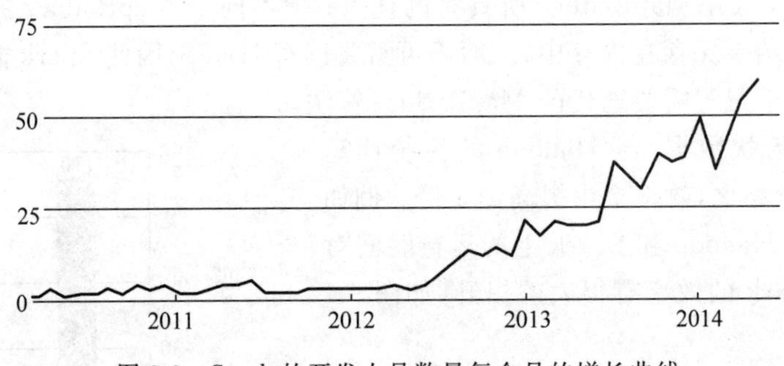


图 9-3　Spark的开发人员数量每个月的增长曲线

### 9.1.3　Scala语言

Scala语言是Spark框架的开发语言，是一种类似Java的编程语言，其设计初衷是实现可伸缩的语言，并集成面向对象编程和函数式编程的各种特性。Spark能成为一个高效的大数据处理平台，与其使用Scala语言编写是分不开的。尽管Spark支持使用Scala、Java和Python三种开发语言进行分布式应用程序的开发，但是Spark对于Scala的支持却是最好的。因为这样可以和Spark的源代码进行更好的无缝结合，更方便地调用其相关功能。

Scala在序列化、分布式框架、编码效率等多个方面都有着很好的兼容和支持，所以在构建大型软件项目和对复杂数据进行处理方面有着很大的优势。Scala语言基于JVM，因此Scala可以很好地支持所有Java代码和类库，并且可以在编写过程中随时调用和编写Java语句。它不仅具有面向对象的特点，而且还具有函数式编程语言的特性。

## 9.2　Spark与Hadoop

Spark是当前流行的分布式并行大数据处理框架，具有快速、通用、简单等特点。Spark的提出很大程度上是为了解决Hadoop在处理迭代算法上的缺陷。Spark可以与Hadoop

联合使用，增强 Hadoop 的性能。同时，Spark 还增加了内存缓存、流数据处理、图数据处理等更为高级的数据处理能力。

### 9.2.1 Hadoop 的局限与不足

Hadoop 框架中的 MapReduce 为海量数据提供了计算方法，但是 MapReduce 存在以下局限，使用起来比较困难。

(1) 抽象层次低，需要手工编写代码来完成，用户难以上手使用。

(2) 只提供 Map 和 Reduce 两个操作，表达力欠缺。

(3) 处理逻辑隐藏在代码细节中，没有整体逻辑。

(4) 中间结果也放在 HDFS 文件系统中，中间结果不可见、不可分享。

(5) ReduceTask 需要等待所有 MapTask 都完成后才可以开始。

(6) 延时长，响应时间完全没有保证，只适用于批量数据处理，不适用于交互式数据处理和实时数据处理。

(7) 对于图处理和迭代式数据处理性能比较差。

例如用 MapReduce 实现两个表的连接工作都是一个很复杂的过程，如图 9-4 所示。

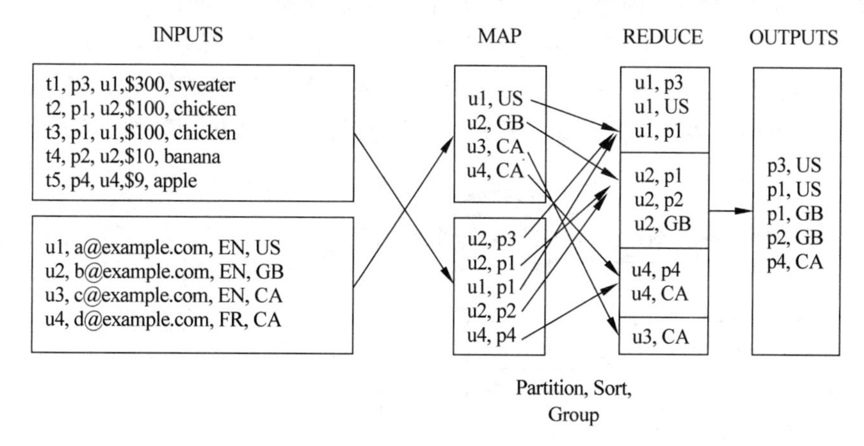


图 9-4 用 MapReduce 实现两个表的连接

### 9.2.2 Spark 的优点

与 Hadoop 相比，Spark 真正的优势在于速度，除了速度之外，Spark 还有很多的优点，如表 9-1 所示。

**表 9-1 与 Hadoop 相比，Spark 的优点**

| 项 目 | Hadoop | Spark |
|---|---|---|
| 工作方式 | 非在线、静态 | 在线、动态 |
| 处理速度 | 高延迟 | 比 Hadoop 快数十倍至上百倍 |
| 兼容性 | 开发语言：Java 语言<br>最好在 Linux 系统下搭建，对 Windows 的兼容性不好 | 开发语言：以 Scala 为主的多语言<br>对 Linux 和 Windows 等操作系统的兼容性都非常好 |

续表

| 项　目 | Hadoop | Spark |
|---|---|---|
| 存储方式 | 磁盘 | 既可以仅用内存存储,也可以在磁盘上存储 |
| 操作类型 | 只提供 Map 和 Reduce 两个操作,表达力欠缺 | 提供很多转换和动作,很多基本操作如 Join、GroupBy 已经在 RDD 转换和动作中实现。 |
| 数据处理 | 只适用于数据的批处理,实时处理非常差 | 除了能够提供交互式实时查询外,还可以进行图处理、流式计算和反复迭代的机器学习等 |
| 逻辑性 | 处理逻辑隐藏在代码细节中,没有整体逻辑 | 代码不包含具体操作的实现细节,逻辑更清晰 |
| 抽象层次 | 抽象层次低,需要手工编写代码来完成 | Spark 的 API 更强大,抽象层次更高 |
| 可测试性 | 不容易 | 容易 |

## 9.2.3　Spark 速度比 Hadoop 快的原因分解

### 1. Hadoop 数据抽取运算模型

使用 Hadoop 处理一些问题诸如迭代式计算,每次对磁盘和网络的开销相当大。尤其每一次迭代计算都要将结果写到磁盘再读回来,另外计算的中间结果还需要三个备份。Hadoop 中的数据传送与共享、串行方式、复制以及磁盘 I/O 等因素使得 Hadoop 集群在低延迟、实时计算方面的表现有待改进。Hadoop 的数据抽取运算模型如图 9-5 所示。

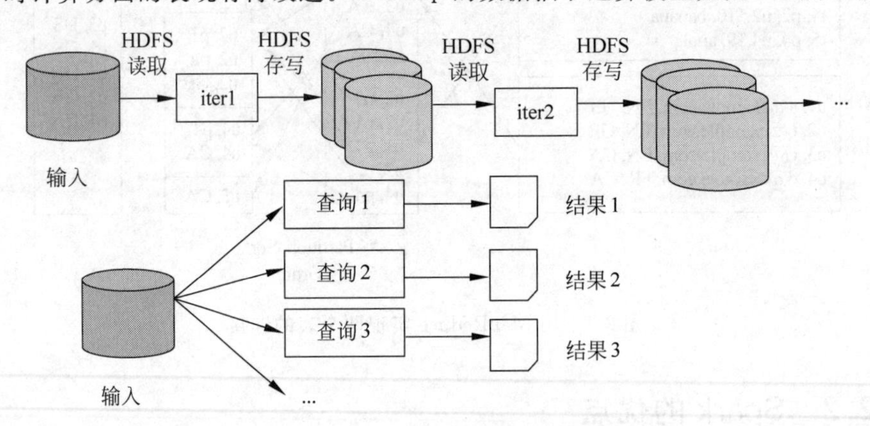


图 9-5　Hadoop 数据抽取运算模型

从图 9-5 中可以看出,Hadoop 中数据的抽取运算是基于磁盘的,中间结果也存储在磁盘上,所以,MapReduce 运算伴随着大量磁盘的 I/O 操作,运算速度严重受到了限制。

### 2. Spark 数据抽取运算模型

Spark 使用内存(RAM)代替传统 HDFS 存储中间结果,其数据抽取运算模型如图 9-6 所示。

从图 9-6 中可以看出,Spark 这种内存型计算框架比较适合各种迭代算法和交互式数据分析。每次将操作过程中的中间结果存入内存中,下次操作直接从内存中读取,省去了大量的磁盘 I/O 操作,效率也随之大幅提升。

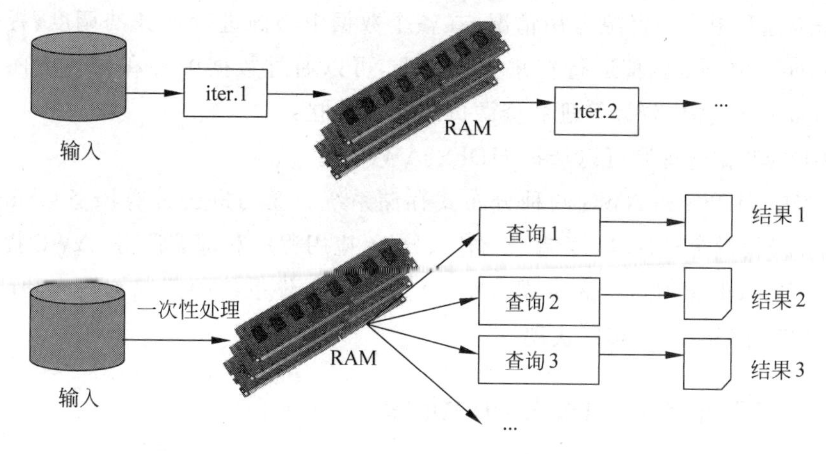


图 9-6 Spark 数据抽取运算模型

## 9.3 Spark 大数据处理架构及其生态系统

Spark 生态系统分为三层,如图 9-7 所示。

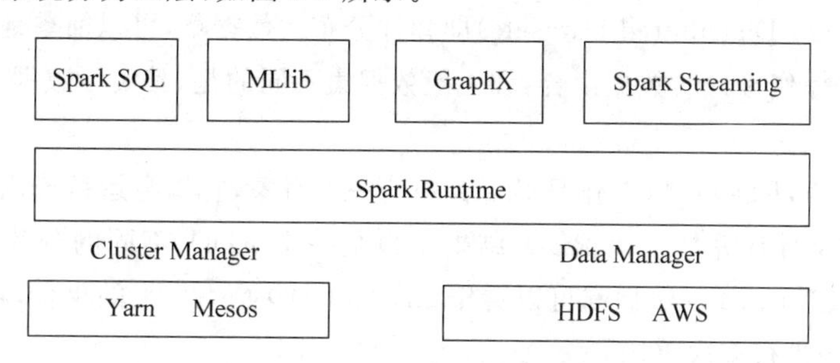


图 9-7 Spark 生态系统组成

从底向上分别为:

(1) 底层的 Cluster Manager 和 Data Manager。Cluster Manager 负责集群的资源管理,Data Manager 负责集群的数据管理。

(2) 中间层的 Spark Runtime,即 Spark 内核。它包括 Spark 的最基本、最核心的功能和基本分布式算子。

(3) 最上层为 4 个专门用于处理特定场景的 Spark 高层模块 Spark SQL、MLlib、GraphX 和 Spark Streaming,这 4 个模块基于 Spark RDD 进行了专门的封装和定制,可以无缝结合、互相配合。

### 9.3.1 底层的 Cluster Manager 和 Data Manager

Cluster Manager 负责集群的资源管理,Data Manager 负责集群的分布式存储(数据管理)。

(1) 集群的资源管理可以选择 Yarn、Mesos 等。

Mesos 是 Apache 下的开源分布式资源管理框架,它被称为是分布式系统的内核。

Mesos 根据资源利用率和资源占用情况，在整个数据中心内进行任务的调度，提供类似于 YARN 的功能。Mesos 内核运行在每个机器上，可以通过数据中心和云环境向应用程序(Hadoop、Spark 等)提供资源管理和资源负载的 API 接口。

(2) 集群的数据管理则可以选择 HDFS、AWS 等。

Spark 支持 HDFS 和 AWS 两种分布式存储系统。亚马逊云计算服务(Amazon Web Services，AWS)提供全球计算、存储、数据库、分析、应用程序和部署服务，AWS 提供的云服务中支持使用 Spark 集群进行大数据分析。Spark 对文件系统的读取和写入功能是 Spark 自己提供的，借助 Mesos 分布式实现。

## 9.3.2 中间层的 Spark Runtime

Spark Runtime 包含 Spark 的基本功能，这些功能主要包括任务调度、内存管理、故障恢复以及和存储系统的交互等。Spark 的一切操作都是基于 RDD 实现的，RDD 是 Spark 中最核心的模块和类，也是 Spark 设计的精华所在。

### 1. RDD

RDD(Resilient Distributed Datasets)即弹性分布式数据集，可以简单地把 RDD 理解成一个提供了许多操作接口的数据集合，和一般数据集不同的是，其实际数据分布存储在磁盘和内存中。

对开发者而言，RDD 可以看作是 Spark 中的一个对象，它本身运行于内存中，如读文件是一个 RDD，对文件计算是一个 RDD，结果集也是一个 RDD，不同的分片、数据之间的依赖、Key-Value 类型的 Map 数据都可以看作 RDD。RDD 是一个大的集合，将所有数据都加载到内存中，方便进行多次重用。

例如经典的 WordCount 程序，其在 Spark 编程模型下的操作方式如图 9-8 所示。

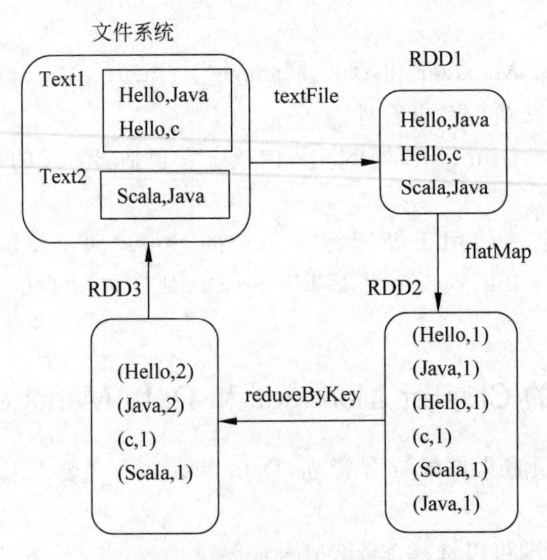


图 9-8 WordCount 程序在 Spark 编程模型下的 RDD 转换

操作步骤如下：

(1) 使用 textFile 函数读取文件系统中的文本文件，创建 RDD1；

(2) RDD1 经过 flatMap(类似于 Map)函数转换得到 RDD2；

(3) RDD2 再经过 reduceByKey 函数转换得到 RDD3；

(4) RDD3 中的数据重新写回文件系统。

可以看到 Spark 的一切操作都是基于 RDD 实现的。

使用 RDD 的好处如下：

(1) RDD 是分布式的，可以分布在多台机器上进行计算；

(2) RDD 是弹性的，在计算处理过程中，当机器的内存不够时，它会和硬盘进行数据交换。

(3) RDD 计算的中间结果会被保存。出于可靠性考虑，同一个计算结果也会在集群中的多个结点进行保存备份。

(4) 如果其中的某一数据子集在计算过程中出现了问题，针对该数据子集的处理会被重新调度，进而完成容错机制。

### 2. RDD 的操作类型与 DAG 图

RDD 提供了丰富的编程接口来操作数据集合，一种是 Transformation 操作，另一种是 Action 操作。

(1) Transformation 的返回值是一个 RDD，如 Map、Filter、Union 等操作。它可以理解为一个领取任务的过程。如果只提交 Transformation 是不会触发任务执行的，任务只有在 Action 提交时才会被触发。

(2) Action 返回的结果把 RDD 持久化起来，是一个真正触发执行的过程。它将规划以任务(Job)的形式提交给计算引擎，由计算引擎将其转换为多个 Task，然后分发到相应的计算结点，开始真正的处理过程。

Spark 的计算发生在 RDD 的 Action 操作，而对 Action 之前的所有 Transformation，Spark 只是记录下 RDD 生成的轨迹，而不会触发真正的计算。

Spark 内核会在需要计算发生的时刻绘制一张关于计算路径的有向无环图(Directed Acyclic Graph，DAG)。举个例子，在图 9-9 中，从输入中逻辑上生成 A 和 C 两个 RDD，经过一系列 Transformation 操作，逻辑上生成了 F，注意，这时候计算没有发生，Spark 内核只是记录了 RDD 的生成和依赖关系。当 F 要进行输出(进行了 Action 操作)时，Spark 会根据 RDD 的依赖生成 DAG，并从起点开始真正的计算。

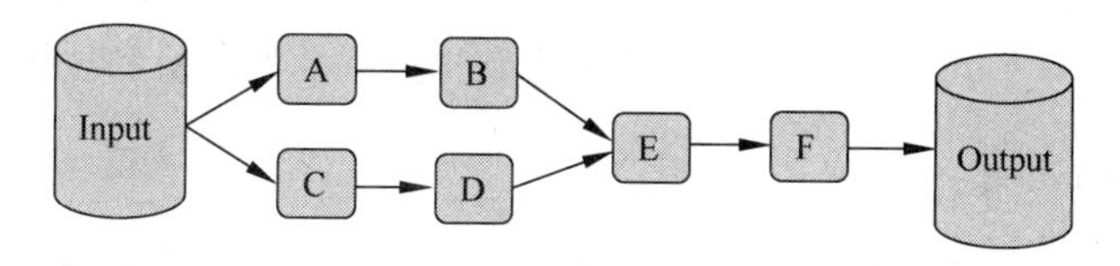


图 9-9　有向无环图 DAG 的生成

### 9.3.3 高层的应用模块

#### 1. Spark SQL

Spark SQL 作为 Spark 大数据框架的一部分，主要用于结构化数据处理和对 Spark 数据执行类 SQL 的查询，并且与 Spark 生态的其他模块无缝结合。Spark SQL 兼容 SQL、Hive、JSON、JDBC 和 ODBC 等操作。Spark SQL 的前身是 Shark，而 Shark 的前身是 Hive。Shark 比 Hive 在性能上要高出一到两个数量级，而 Spark SQL 比 Shark 在性能上又要高出一到两个数量级。

#### 2. MLlib

MLlib 是一个分布式机器学习库，即在 Spark 平台上对一些常用的机器学习算法进行了分布式实现，随着版本的更新，它也在不断扩充新的算法。MLlib 支持多种分布式机器学习算法，如分类、回归、聚类等。MLlib 已经实现的算法如表 9-2 所示。

**表 9-2 MLlib 已经实现的算法**

| 算　　法 | 功　　能 |
|---|---|
| Classification/Clustenng/Regression | 分类算法、回归算法、决策树、聚类算法 |
| Optimization | 核心算法的优化方法实现 |
| Stat | 基础统计 |
| Feature | 预处理 |
| Evaluation | 算法效果衡量 |
| Linalg | 基础线性代数运算支持 |
| Recommendation | 推荐算法 |

#### 3. GraphX

GraphX 是构建于 Spark 上的图计算模型，GraphX 利用 Spark 框架提供的内存缓存 RDD、DAG 和基于数据依赖的容错等特性，实现高效健壮的图计算框架。GraphX 的出现使得 Spark 生态系统在大图处理和计算领域得到了更加的完善和丰富。同时 GraphX 能与 Spark 生态系统其他组件进行很好的融合，以及其强大的图数据处理能力，使其广泛地应用在多种大图处理的场景中。

GraphX 实现了很多能够在分布式集群上运行的并行图计算算法，而且还拥有丰富的 API 接口。因为图的规模大到一定的程度之后，需要将算法并行化，以方便其在分布式集群上进行大规模处理。GraphX 的优势就是提升了数据处理的吞吐量和规模。

#### 4. Spark Streaming

Spark Streaming 是 Spark 系统中用于处理流数据的分布式流处理框架，扩展了 Spark 流式大数据处理能力。Spark Streaming 将数据流以时间片为单位进行分割形成 RDD，能够以相对较小的时间间隔对流数据进行处理。Spark Streaming 还能够和其余 Spark 生态的模块如 Spark SQL、GraphX、MLlib 等 Spark 生态的其余模块进行无缝的集成，以便联合完成基于实时流数据处理的复杂任务。

如果要用一句话来概括 Spark Streaming 的处理思路的话，那就是“将连续的数据持久化、离散化，然后进行批量处理”。

（1）数据持久化。

将从网络上接收到的数据先暂时存储下来，为事件处理出错时的事件重演提供可能。

（2）数据离散化。

数据源源不断地涌进，永远没有尽头。既然不能穷尽，那么就将其按时间分片。例如采用一分钟为时间间隔，那么在连续的一分钟内收集到的数据就集中存储在一起。

（3）批量处理。

将持久化下来的数据分批进行处理，处理机制套用之前的 RDD 模式。

Spark Streaming 的计算流程如图 9-10 所示。

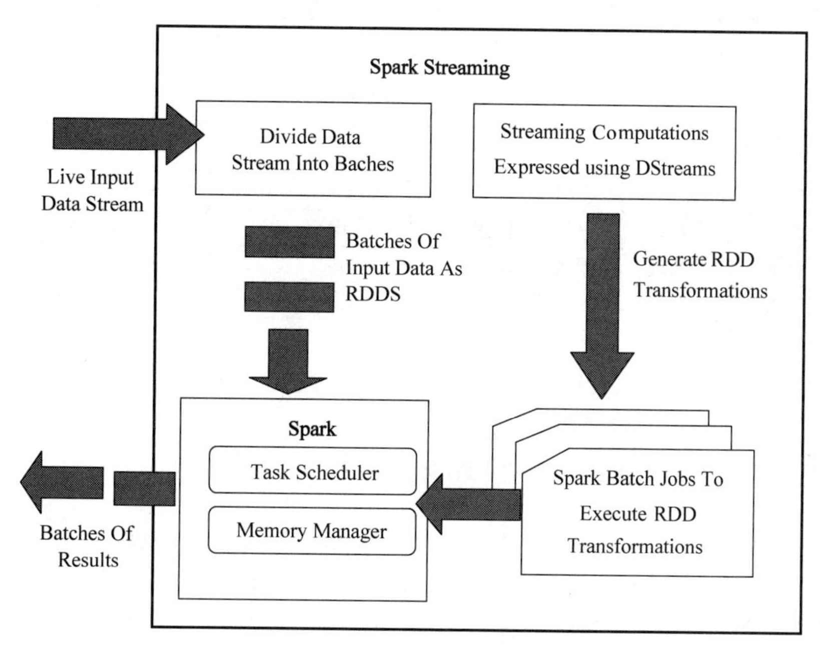


图 9-10 Spark Streaming 的计算流程

（1）Spark Streaming 将实时输入的数据流（Data Stream）分解成一系列短小的批处理作业（Batches）。也就是把 Spark Streaming 的输入数据按照 Batch Size（如 1s）分成一段一段的数据（Discretized Stream，DStream）。

（2）将每一段数据（DStream）都转换成 Spark 中的 RDD 保存到 Spark 的内存中，由内存管理器（Memory Manager）进行管理，记录下 RDD 生成的轨迹。

（3）将 Spark Streaming 中对 DStream 的 Transformation 操作变为针对 Spark 中对 RDD 的 Transformation 操作，交给 Spark 中的任务调度程序（Task Scheduler）。

（4）执行 RDD 的 Action 操作，将任务提交给计算引擎，将批处理的计算结果（Batches Of Results）输出。

# 9.4 Spark的应用

目前大数据在互联网公司主要应用在广告、报表、推荐系统等业务上，这些业务都需要大数据做应用分析、效果分析、定向优化等。这些应用场景的普遍特点是计算量大、反复操作的次数多、效率要求高，Spark恰恰满足了这些要求。

## 9.4.1 Spark的应用场景

Spark可以解决大数据计算中的批处理、交互查询及流式计算等核心问题。Spark可以从多数据源读取数据，并且拥有不断发展的机器学习库和图计算库供开发者使用。数据和计算在Spark内核及Spark的子模块中是无缝结合、互相配合的。Spark的各个子模块以Spark内核为基础，进一步支持更多的计算场景，例如使用Spark SQL读入的数据可以作为机器学习库MLlib的输入。表9-3列举了Spark的应用场景。

**表9-3 Spark的应用场景举例**

| 应用场景 | 时间对比 | 成熟的框架 | Spark |
|---|---|---|---|
| 复杂的批量数据处理 | 小时级，分钟级 | MapReduce(Hive) | Spark Runtime |
| 基于历史数据的交互式查询 | 分钟级，秒级 | MapReduce | Spark SQL |
| 基于实时数据流的数据处理 | 秒级，秒级 | Storm | Spark Streaming |
| 基于历史数据的数据挖掘 | 分钟级，秒级 | Mahout | Spark MLlib |
| 基于增量数据的机器学习 | 分钟级 | 无 | Spark Streaming+ MLlib |
| 基于图计算的数据处理 | 分钟级 | 无 | Spark GraphX |

## 9.4.2 应用Spark的成功案例

Spark的优势不仅体现在性能的提升上，Spark框架还为批处理(Spark Core)、SQL查询(Spark SQL)、流式计算(Spark Streaming)、机器学习(MLlib)、图计算(GraphX)提供了一个统一的数据处理平台，这相较于使用Hadoop有很大优势。已经成功应用Spark的典型案例如下。

### 1. 腾讯

为了满足挖掘分析与交互式实时查询的计算需求，腾讯大数据使用了Spark平台来支持挖掘分析类计算、交互式实时查询计算以及允许误差范围的快速查询计算，目前腾讯大数据拥有超过200台的Spark集群。

腾讯大数据精准推荐借助Spark快速迭代的优势，围绕“数据＋算法＋系统”这套技术方案，实现了在“数据实时采集、算法实时训练、系统实时预测”的全流程实时并行高维算法，最终成功应用于广点通上，支持每天上百亿的请求量。

### 2. Yahoo

在Spark技术的研究与应用方面，Yahoo始终处于领先地位，它将Spark应用于公司的各种产品之中。移动 App、网站、广告服务、图片服务等服务的后端实时处理框架均采用了 Spark 的架构。

Yahoo 选择 Spark 是基于以下几点进行考虑的：

(1) 进行交互式 SQL 分析的应用需求；

(2) RAM 和 SSD 价格不断下降，数据分析实时性的需求越来越多，大数据急需一个内存计算框架进行处理；

(3) 程序员熟悉 Scala 开发，学习 Spark 速度快；

(4) Spark 的社区活跃度高，开源系统的 Bug 能够更快地解决；

(5) 可以无缝将 Spark 集成进现有的 Hadoop 处理架构。

### 3. 淘宝

淘宝技术团队使用了 Spark 来解决多次迭代的机器学习算法、高计算复杂度的算法等。他们将 Spark 运用于淘宝的推荐相关算法上，同时还利用 Graphx 解决了许多生产问题。

(1) Spark Streaming：淘宝在云梯构建基于 Spark Streaming 的实时流处理框架。Spark Streaming 适合处理历史数据和实时数据混合的应用需求，能够显著提高流数据处理的吞吐量。其对交易数据、用户浏览数据等流数据进行处理和分析，能够更加精准、快速地发现问题和进行预测。

(2) GraphX：淘宝将交易记录中的物品和人组成大规模图，使用 GraphX 对这个大图进行处理(上亿个结点，几十亿条边)。GraphX 能够和现有的 Spark 平台无缝集成，减少多平台的开发代价。

### 4. 优酷土豆

优酷土豆作为国内最大的视频网站，和国内其他互联网巨头一样，率先看到大数据对公司业务的价值，早在 2009 年就开始使用 Hadoop 集群，随着这些年业务的迅猛发展，优酷土豆又率先尝试了仍处于大数据前沿领域的 Spark 内存计算框架，很好地解决了机器学习和图计算多次迭代的瓶颈问题，使得公司的大数据分析更加完善。

据了解，优酷土豆采用 Spark 大数据计算框架得到了英特尔公司的帮助，起初优酷土豆并不熟悉 Spark 以及 Scala 语言，英特尔帮助优酷土豆设计出具体符合业务需求的解决方案，并协助优酷土豆实现了该方案。此外，英特尔还给优酷土豆的大数据团队进行了 Scala 语言、Spark 的培训等。

## 本章小结

本章介绍了 Spark 大数据处理框架。通过本章的学习了解 Spark 的概念与国内外研究现状，掌握 Spark 有哪些优点(对比 Hadoop)，掌握 Spark 速度比 Hadoop 快的原因，掌握 Spark 生态系统的组成，了解 Spark 生态系统中的 Runtime、Spark SQL、MLlib、GraphX、Spark Streaming 的概念与应用，了解 Spark 的应用场景与成功应用 Spark 的典型案例。

**【注释】**

1. 迭代：是重复反馈过程的活动，其目的通常是为了逼近所需目标或结果。每一次对过程的重复称为一次"迭代",而每一次迭代得到的结果会作为下一次迭代的初始值。

2. 流数据：流数据是一组顺序、大量、快速、连续到达的数据序列。一般情况下,数据流可被视为一个随时间延续而无限增长的动态数据集合,应用于网络监控、传感器网络、航空航天、气象测控和金融服务等领域。

3. R语言：用于统计分析、绘图的语言和操作环境。R语言是一个自由、免费、源代码开放的软件,它是一个用于统计计算和统计制图的优秀工具。

4. 机器学习：是一门多领域交叉学科,涉及概率论、统计学、逼近论、凸分析、算法复杂度理论等多门学科。专门研究计算机怎样模拟或实现人类的学习行为,以获取新的知识或技能,重新组织已有的知识结构使之不断改善自身的性能。

5. 序列化：序列化(Serialization)将对象的状态信息转换为可以存储或传输的形式的过程。在序列化期间,对象将其当前状态写入到临时或持久性存储区。以后,可以通过从存储区中读取或反序列化对象的状态,重新创建该对象。

6. 逻辑回归：是一种广义的线性回归分析模型,常用于数据挖掘、疾病自动诊断、经济预测等领域,例如探讨引发疾病的危险因素,并根据危险因素预测疾病发生的概率等。

7. Python语言：是一种面向对象、解释型计算机程序设计语言。Python具有丰富和强大的库,它常被称为胶水语言,能够把用其他语言制作的各种模块(尤其是C/C++)很轻松地联结在一起。

8. JVM(Java Virtual Machine,Java虚拟机)：是一种用于计算设备的规范,它是一个虚构出来的计算机,是通过在实际的计算机上仿真模拟各种计算机功能来实现的。

9. sc.textFile：默认是从HDFS读取文件,也可以指定sc.textFile("路径"),在路径前面加上HDFS://表示从HDFS文件系统上读取。

10. flatMap：类似于Map。Map是对RDD中的每个元素都执行一个指定的函数来产生一个新的RDD,任何原RDD中的元素在新RDD中都有且只有一个元素与之对应,而flatMap是原RDD中的元素经处理后可生成多个元素来构建新RDD。

11. reduceByKey：就是对元素为K-V对的RDD中Key相同的元素的Value进行Reduce,因此,Key相同的多个元素的值被Reduce为一个值,然后与原RDD中的Key组成一个新的K-V对。

12. API(Application Programming Interface,应用程序编程接口)：是一些预先定义的函数,目的是提供应用程序与开发人员基于某软件或硬件得以访问一组例程的能力,而又无须访问源码或理解内部工作机制的细节。

13. JSON(JavaScript Object Notation)：是一种轻量级的数据交换格式。JSON采用完全独立于语言的文本格式,但是也使用了类似于C语言家族的习惯(包括C、C++、C#、Java、JavaScript、Perl、Python等),这些特性使JSON成为理想的数据交换语言。

14. JDBC(Java Data Base Connectivity,Java数据库连接)：是一种用于执行SQL语句的Java API,可以为多种关系数据库提供统一访问,它由一组用Java语言编写的类和接口组成。

15. ODBC(Open Database Connectivity,开放数据库连接)：是微软公司开放服务结构中有关数据库的一个组成部分,它建立了一组规范,并提供了一组对数据库访问的标准API。这些API利用SQL来完成其大部分任务。ODBC本身也提供了对SQL语言的支持,用户可以直接将SQL语句送给ODBC。

16. 持久化：把数据(如内存中的对象)保存到可永久保存的存储设备中(如磁盘)。持久化的主要应用是将内存中的对象存储在数据库中,或者存储在磁盘文件、XML数据文件中等。

17. iter：迭代器(iterator),又称游标(cursor),是程序设计的软件设计模式,可在容器(container,例如链表或阵列)上遍访的接口,设计人员无须关心容器的内容。

18. 广点通：是一个依托优质流量资源,可提供给广告主多种广告形式投放,并利用专业数据处理算法实现成本可控、效益可观、智能定位的效果广告投放系统。

19. Bug：漏洞,是在硬件、软件、协议的具体实现或系统安全策略上存在的缺陷,从而可以使攻击者能够在未授权的情况下访问或破坏系统。

CHAPTER 10

# 第10章 云计算与大数据

## 导学

### 内容与要求

云计算与大数据是目前IT界最为热门的两个概念。云计算以各种软硬件资源新的交付与消费模式为核心理念，被普遍认为是未来社会最为深远的革新。云计算的核心是数据，具体讲就是能实现海量、多类型、高负载、高性能、低成本需求的数据管理技术。云计算是大数据的核心技术支撑，两者密不可分。

云计算概论：了解云计算定义，熟悉云计算基本特征，掌握云计算服务模式相关知识。

云计算核心技术：熟悉虚拟化技术，了解常见的虚拟化软件及其应用，熟悉资源池化技术与云计算资源池的应用原理，掌握云计算部署模式及相关知识。

云计算仿真：了解云计算仿真的概念与常用工具CloudSim、GreenCloud与MDCSim。

云计算安全：了解云计算安全现状，熟悉云计算安全服务体系。

云计算应用案例：熟悉并掌握常用的云服务应用与虚拟仿真软件VMware Workstation的使用方法。

### 重点、难点

本章的重点是云计算的基本特征、服务模式、部署模式与常见云应用。本章的难点是云计算的虚拟化与资源池化技术。

通过观察 Hadoop、NoSQL、改进型 RDBMS 等与大数据相关的新技术，发现它们具有的共同特征是采用分布、并行的策略来解决复杂问题：数据量大，将其分割后分散存放在不同的网络存储结点上；计算量大，将其分散在网络集群结点上执行。由此可知，大数据技术需要通过云计算方法来实现。

## 10.1 云计算概论

从广义上来说，云计算是通过网络提供可伸缩的、廉价的分布式计算能力，代表了以虚拟化技术为核心，以低成本为目标的动态可扩展网络应用基础设施，是最具代表性的网络计算技术与模式。

### 10.1.1 云计算定义

云计算的定义以美国国家标准与技术研究所（National Institute of Standards and Technology，NIST）的定义为代表：云计算是一种用于对可配置共享资源池（网络、服务器、存储、应用和服务），通过网络方便的、按需获取的模型，以最少的管理代价或以最少的服务商参与，快速地部署与发布。NIST 定义的云计算架构具有 3 种服务模式、4 种部署模式与 5 个关键功能，如图 10-1 所示。

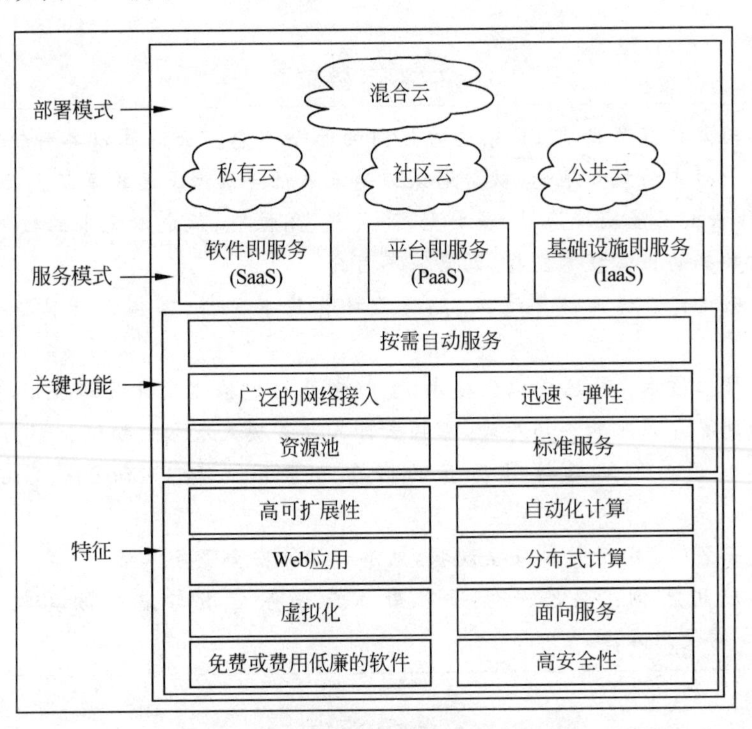


图 10-1 NIST 的云计算基本架构

从技术角度来看，云计算可以分为两种不同的技术方法。第一种是分布式计算与存储的技术，以 MapReduce 为代表；第二种是将集中的资源分割后分散使用的技术，即实现资源集约与分配的技术，主要有两类，一类是虚拟化技术，包括对计算资源、网络资源、存储资源等的虚拟化，另一类是各种资源的精细化管理技术。

对于云计算的进一步理解，可以认为云计算技术是未来数字社会中IT的主要运营方式。未来IT世界只有两种角色：云的提供者与云的消费者，前者像发电厂，后者像用电者，人们简单地打开开关，就可以方便地使用IT，并且按需使用、按量计费。

### 10.1.2 云计算与大数据的关系

云计算是大数据分析与处理的一种重要方法，云计算强调的是计算，而大数据则是计算的对象。如果数据是财富，那么大数据就是宝藏，云计算就是挖掘和利用宝藏的利器。

云计算以数据为中心，以虚拟化技术为手段来整合服务器、存储、网络、应用等在内的各种资源，形成资源池并实现对物理设备集中管理、动态调配和按需使用。借助云计算的力量，可以实现对大数据的统一管理、高效流通和实时分析，挖掘大数据的价值，发挥大数据的意义。

云计算为大数据提供了有力的工具和途径，大数据为云计算提供了有价值的用武之地。将云计算和大数据结合，人们就可以利用高效、低成本的计算资源分析海量数据的相关性，快速找到共性规律，加速人们对客观世界有关规律的认识。

### 10.1.3 云计算基本特征

云计算是计算机技术和网络技术发展融合的产物，是将动态的、易扩展且被虚拟化的计算资源通过互联网提供的一种服务。云计算的核心思想是将大量用网络连接的计算资源进行统一管理和调度，构成一个计算资源池，根据用户需求提供服务。云计算具有以下特征。

#### 1. 强大的虚拟化能力

在云计算基础设施中，各种计算资源被连接在一起，形成统一的资源池，动态地部署并分配给不同的应用和服务，满足它们在不同时刻的需求。云计算支持用户在任意位置、使用各种终端获取应用服务。用户无须了解也不用担心应用运行的具体位置，只需一个能连接网络的终端，就可以通过网络服务来实现所需要的一切。

#### 2. 高可扩展性

“云”的规模可以动态伸缩，以满足应用和用户规模不断增长的需要。随着用户对云计算需求的不断变化，系统可以自动进行扩展。

#### 3. 按需服务

“云”是一个庞大的资源池，可以根据用户的需求进行定制，并且可以像自来水、电、煤气那样提供计量服务。

#### 4. 网络化的资源接入

基于云计算的应用服务是通过网络来提供的，在“云”的支撑下，可以构造出千变万化的应用,并通过网络提供给最终用户,网络技术的发展是推动云计算技术的首要动力。

### 5. 高可靠性

"云"通过使用数据多副本容错、计算结点可互换等方法来保障服务的高可靠性。

## 10.1.4 云计算服务模式

目前,云计算仍处于初级发展阶段,各类厂商正在开发不同的云计算服务,包括成熟的应用程序、存储服务和垃圾邮件过滤等。云计算以其基于面向服务的体系结构理念和技术,将计算资源和应用变成各种服务,可以说云服务即一切皆服务。

基础设施即服务(Infrastructure as a Service,IaaS)、平台即服务(Platform as a Service,PaaS)、软件即服务(Software as a Service,SaaS)是云计算的3种应用服务模式。云计算服务体系如图10-2所示。

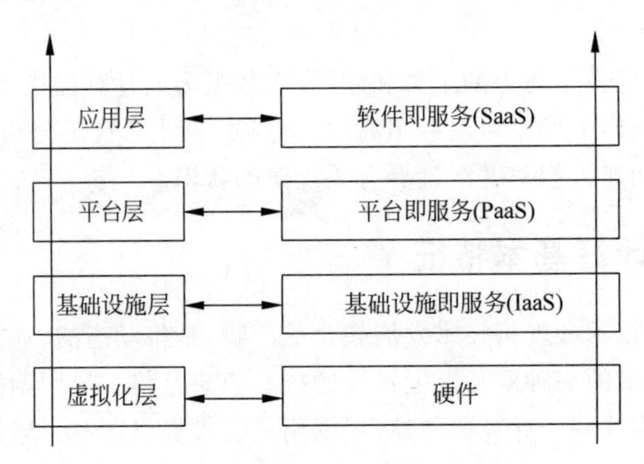


图10-2 云计算服务模式

### 1. 软件即服务

SaaS针对的是终端用户,是通过互联网提供软件的服务模式,即服务提供商将应用软件统一部署在其服务器上,客户可以根据自己的实际需求,通过互联网向服务提供商订购所需要的应用软件服务,按照订购服务数量的多少和时间的长短支付费用。

SaaS的典型应用包括在线邮件服务、网络会议、网络传真、在线杀毒等各种工具型服务,在线客户关系管理系统、在线人力资源系统、在线项目管理等各种管理型服务及网络搜索、网络游戏、在线视频等娱乐性应用。SaaS是未来软件业的发展趋势,目前已吸引了众多厂商的参与,包括Microsoft在内的国外各大软件巨头都推出了自己的SaaS应用,用友、金蝶等国内软件巨头也推出了自己的SaaS应用。

### 2. 平台即服务

PaaS针对开发者,把开发环境作为一种服务来提供。PaaS可为企业或个人提供研发平台,并提供应用程序开发、数据库、应用服务器、试验、托管及应用服务。客户不需要管理或者控制底层的云基础设施(网络、服务器、操作系统、存储等),但能够部署应用程序及配置应用程序的托管环境。

PaaS服务模式可以归类为应用服务器、业务能力接入、业务引擎和业务开放平台。PaaS服务模式向下根据业务需要测算基础服务能力,调用硬件资源;向上提供业务调度中心服务,实时监控平台的各种资源,并将这些资源通过应用程序编程接口(Application Programming Interface,API)开放给SaaS用户。目前PaaS的典型实例有Microsoft公司的WindowsAzure平台、Facebook的开发平台等。

#### 3. 基础设施即服务

IaaS针对的是开发者,厂商把由多台服务器组成的“云端”基础设施作为计量服务提供给客户。IaaS将内存、I/O设备、存储和计算能力整合成一个虚拟资源池,为客户提供存储资源和虚拟化服务器等各种服务。这种形式的云计算把开发环境作为一种服务来提供,厂商可以使用中间商的设备来开发自己的程序,并通过互联网和服务器传递给用户。

IaaS的优点是客户只需要具备低成本的硬件,按需租用相应的计算能力和存储能力,从而大大降低了客户在硬件方面的支出。目前Microsoft、Amazon、世纪互联和其他一些提供存储服务和虚拟服务器的提供商可以提供这种基于硬件基础的IaaS服务,他们通过云计算的相关技术,把内存、I/O设备、存储和计算能力集中起来形成一个虚拟的资源池,从而为最终用户和SaaS、PaaS提供商提供服务。

## 10.2 云计算核心技术

随着云计算与大数据的兴起,虚拟化与资源池化技术已经成为云计算中的核心,是可以将各种计算及存储资源充分整合和高效利用的关键技术。它们通过虚拟化手段将系统中各种异构的硬件资源转换成灵活统一的虚拟资源池,进而形成云计算基础设施,为上层云计算平台和云服务提供相应的支撑。

### 10.2.1 虚拟化技术

虚拟化是指计算在虚拟的基础上运行。虚拟化技术是指把有限的、固定的资源根据不同需求进行重新规划以达到最大利用率的技术。

云计算基础架构广泛采用包括计算虚拟化、存储虚拟化、网络虚拟化等虚拟化技术,并通过虚拟化层,屏蔽硬件层自身的差异和复杂度,向上呈现为标准化、可灵活扩展和收缩、弹性的虚拟化资源池,如图10-3所示。

相对于传统IT基础架构,云计算通过虚拟化整合与自动化,应用系统共享基础架构资源池,实现高利用率、高可用性、低成本与低能耗。并通过云平台层的自动化管理,构建易于扩展、智能管理的云服务模式。云计算的虚拟化技术按应用可分为以下几类。

#### 1. 服务器虚拟化

服务器虚拟化是指将虚拟化技术应用于服务器上,将一台或多台服务器虚拟化为若干服务器使用。通常,一台服务器只能执行一个任务,导致服务器利用率低下。采用服务器虚拟化技术后，可以在一台服务器上虚拟出多个虚拟服务器，每个虚拟服务器运行不同的服务，这样便可提高服务器的利用率，节省物理存储空间及电能。

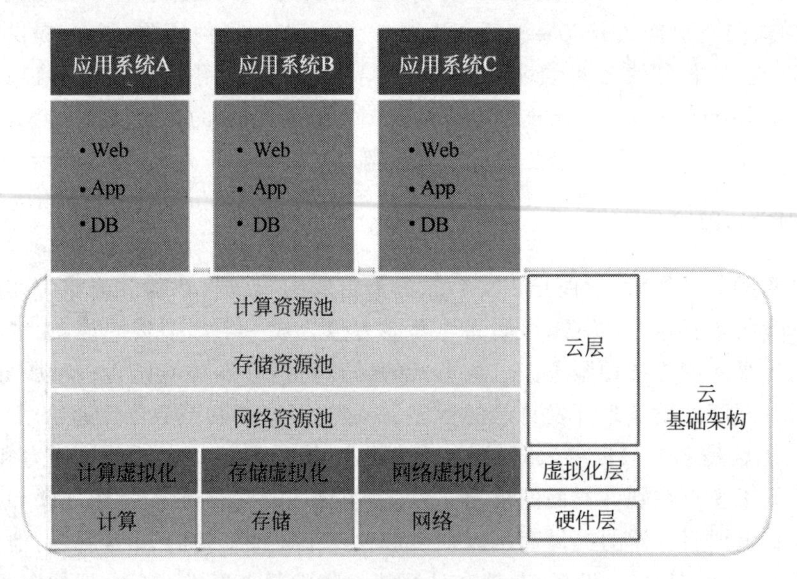


图 10-3　云计算虚拟化部署架构图

### 2. 桌面虚拟化

桌面虚拟化是指将计算机的终端系统（也称为桌面）进行虚拟化，以达到桌面使用的安全性和灵活性。桌面虚拟化可以使用户运用任何设备，在任何地点、任何时间通过网络访问属于个人的桌面系统，获得与传统 PC 一致的用户体验。

### 3. 应用虚拟化

应用虚拟化是指将各种应用发布在服务器上，客户通过授权之后就可以通过网络直接使用，获得如同在本地运行应用程序一样的体验。

### 4. 存储虚拟化

存储虚拟化是将整个云系统的存储资源进行统一整合管理，为用户提供一个统一的存储空间。存储虚拟化可以以最高的效率、最低的成本来满足各类不同应用在性能和容量等方面的需求。

### 5. 网络虚拟化

网络虚拟化是指让一个物理网络支持多个逻辑网络，虚拟化保留了网络设计中原有的层次结构、数据通道和所能提供的服务，使得最终用户的体验和独享物理网络一样，同时网络虚拟化技术还可以高效地利用如空间、能源、设备容量等网络资源。

## 10.2.2　虚拟化软件及应用

虚拟化技术是云计算的关键技术，虚拟化平台是进一步完成云计算部署的基础。主流的虚拟化软件包括 EMC 公司的 VMware vSphere、Microsoft 公司的 Virtual PC、Redhat 公司的 Red Hat Enterprise Virtualization 等。

### 1. VMware

VMware 在虚拟化和云计算基础架构领域占据主导地位和最大的市场份额。VMware 虚拟化产品主要有服务器虚拟化产品 vSphere Standard(标准版)、vSphere Enterprise(企业版)、vSphere Enterprise Plus(企业增强版)以及 vSphere with Operations Management,网络虚拟化产品 NSX,存储虚拟化产品 VMware Virtual SAN,桌面虚拟化产品 Horizon、Fusion 和 Mirage。

### 2. Windows Server 2012 Hyper-V

Microsoft 在企业级虚拟化方面起步较晚,目前凭借最新版本 Windows Server 2012 Hyper-V 在整合和虚拟管理方面缩短了与 VMware 的差距。Microsoft 虚拟化产品主要有服务器虚拟化产品 Windows Server 2008(2012)Hyper-V,桌面虚拟化产品 Virtual Desktop Infrastructure、Microsoft Virtual PC、Microsoft Enterprise Desktop Virtualization,应用程序虚拟化产品 Microsoft Application Virtualization (App-V),虚拟化管理产品 Microsoft System Center Virtual Machine Manager。

### 3. Red Hat

Red Hat 使用开源的方法提供可靠和高性能的云、虚拟化、存储、Linux 以及中间件技术。Red Hat 在 2008 年收购 Qumranet 公司,获得内核虚拟机(Kernel-based Virtual Machine,KVM)管理程序,确定虚拟化方向。Red Hat 虚拟化产品主要有服务器和桌面虚拟化 RHEV。

### 4. 三种虚拟化软件的对比

虚拟化软件的功能直接影响云计算平台的部署,以此对虚拟化软件核心功能进行了比较,如表 10-1 所示。

**表 10-1 虚拟化软件功能对比表**

| 软件特点 | VMware vSphere 6.0 | Windows Server 2012 Hyper-V | Red Hat Enterprise Virtualization |
|---|---|---|---|
| 最大虚拟 CPU 数 | 4096 | 2048 | 无限制 |
| 最大虚拟内存/TB | 4 | 1 | 4 |
| 客户机支持的操作系统 | Linux,UNIX x86 和 x64 Windows XP/Vista/7,8 | Windows 2003/2008/2012 (certain SPs only)/XP/Vista/7/8, Red Hat Enterprise Linux 5 +, Red Hat Enterprise Linux 6+ | Windows Server 2003/2008/2010/2012, XP/7/8, Red Hat Enterprise Linux 3/4/5/6/7, Linux Enterprise Server 10/11,其他开源操作系统 |
| 虚拟机实时迁移 | Y | Y | Y |

续表

| 软件特点 | VMware vSphere 6.0 | Windows Server 2012 Hyper-V | Red Hat Enterprise Virtualization |
|---|---|---|---|
| 支持集群系统 | Y | Y | Y |
| 省电模式 | Y | N | Y |
| 负载均衡调度 | Y | Y | Y |
| 共享资源池 | Y | Y | Y |
| 热添加虚拟机网卡、磁盘 | Y | Y | Y |
| 热添加虚拟处理器 vcpu 和 RAM | Y | N | N |

### 10.2.3 资源池化技术

资源池是指云计算数据中心中所涉及到的各种硬件和软件的集合。云计算把所有计算的资源整合成计算资源池,所有存储的资源整合成存储资源池,把全部 IT 资源都变成一个个池子,再基于这些基础架构的资源池去建设应用,以服务的方式交付资源。

例如:广州市通过云平台形成面向民生的公共数据资源池,并通过开通微信“城市服务”功能,将医疗、交管、交通、公安户政、出入境、缴费、教育、公积金等 17 项民生服务汇聚到统一的平台上,市民通过一个入口即可找到所需服务,诸如户口办理等基础服务也无须多次往返办事窗口,在手机上即可一次性完结。由此可见,具有大数据分析能力的平台既可以基于数据开发更多的民生类应用,又可以将进一步采集到的数据开放给公共数据资源池,进而形成积极利用大数据的氛围和良性循环。

#### 1. 云计算资源池的应用原理

云计算资源池是通过虚拟化技术,将 IT 支撑系统的设备组成资源池系统,通过 IT 软硬件厂商提供的管理工具、协议和开放接口,实现对资源池中各种资源及设备的管理,并完成资源部署、配置、调度等操作任务。云计算资源池的结构如图 10-4 所示。

单结点的云计算资源池范围通常为一个物理结点,包含的 IT 资源分布在距离不超过数百米的同一个楼内;跨物理地域的跨域云资源池系统的范围可以是一个物理地区,包含的 IT 资源可分布于跨地域的不同城市,内部可划分为多个逻辑数据中心与逻辑资源池。

#### 2. 云计算资源池的规划原则

云计算资源池的规划原则包括功能分类原则、容量匹配原则和一致化原则。

1) 功能分类原则

功能分类原则是指在进行资源池规划时,根据对管理精细化程度的要求,按照资源能力的不同属性划分或定义不同的资源池。

如在私有云中,通常会定义 IP 地址资源池,以便将可用的 IP 地址分配给特定业务应用,但通常不会将某个服务器虚拟化集群的网络接口带宽定义为带宽资源池,因为在私有云中通常不会限制某个业务应用所占用的网络带宽;而在公有云中,就需要定义带宽资源池,以便将带宽分配给特定的虚拟机使用,从而避免影响其他租户的服务质量。

2）容量匹配原则

容量匹配原则是指在规划资源池时注意不同功能资源池间容量的相互匹配。

如某个由20台物理服务器构成的虚拟化计算资源池,如果按照7∶1的虚拟化整合比进行估算,可支持140台虚拟服务器运行,对应IP地址资源池则需要140个可用IP地址;如果每台服务器的平均存储空间为200GB,则对应的共享存储资源池可用容量应为28TB。过多或过少的匹配资源会造成资源的浪费或短缺。

3）一致化原则

一致化原则是指在规划资源池时,对于构成某个资源池或某类资源池的构成组件应尽量一致化,以减少构成组件管理能力上的差异,降低管理工作的复杂程度。

资源池是数据中心广泛使用虚拟化技术后新出现的管理对象,原有的管理对象不但没有减少,而且由于虚拟化实例构建的便捷性,导致虚拟化实例的数量爆发性增长。应用一致化原则可以减少资源池构成组件的类型,在保证系统整体可用性的前提下,实现运营维护流程的标准化和简单化。降低资源池组件管理接口的复杂程度,有利于资源分配管理和资源池构建管理自动化工具的实现。

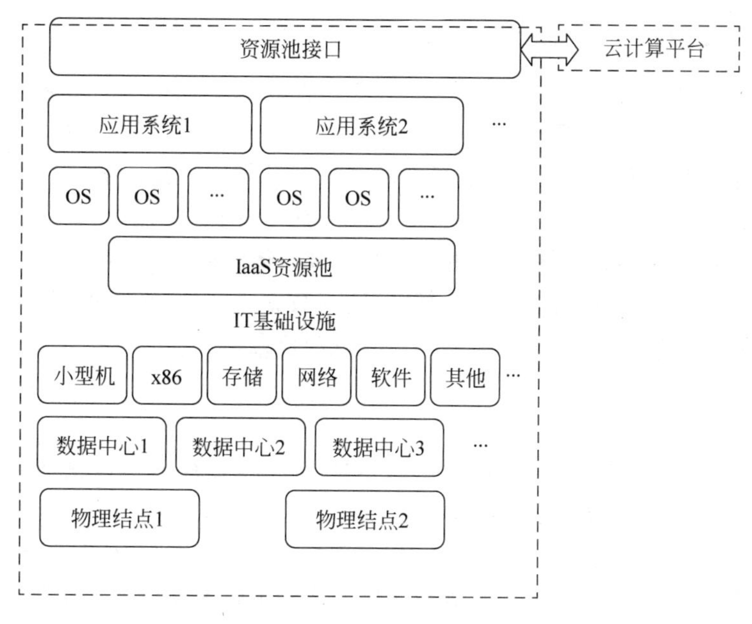


图10-4 云计算资源池结构图

## 10.2.4 云计算部署模式

云计算按照其资源交付的范围,有3种部署模式,即公有云、私有云和混合云,如图10-5所示。

### 1. 公有云

公有云是指为外部客户提供服务的云。它所有的服务是供别人使用的,而不是自己用的。目前，典型的公有云有 Microsoft 的 Windows Azure Platform、Amazon 的 AWS、Salesforce. com，以及国内的阿里云、用友伟库等。

对于使用者而言，公有云的最大优点是其所应用的程序、服务及相关数据都存放在公共云的提供者处，自己无须做相应的投资和建设。目前最大的问题是，由于数据不存储在自己的数据中心，其安全性存在一定风险；同时，公有云的可用性不受使用者控制，这方面也存在一定的不确定性。

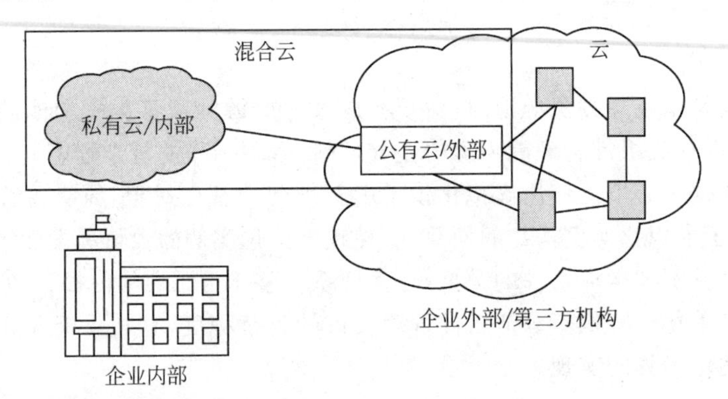


图 10-5　云计算部署模式

### 2. 私有云

私有云是指企业自己使用的云。它所有的服务不是供别人使用的，而是供自己内部人员或分支机构使用的。私有云的部署比较适合于有众多分支机构的大型企业或政府部门。随着这些大型企业数据中心的集中化，私有云将会成为他们部署 IT 系统的主流模式。

相对于公共云，私有云部署在企业内部，因此其数据安全性、系统可用性都可由企业控制。但其缺点是投资较大，尤其是一次性的建设投资较大。

### 3. 混合云

混合云是指供自己和客户共同使用的云。它所提供的服务既可以供别人使用，也可以供自己使用。相比较而言，混合云的部署方式对提供者的要求较高。

云计算代表着未来信息技术的发展方向，在理念和模式上给传统的软硬件行业带来了巨大的变革。随着云计算技术的发展，其应用服务模式也将不断地丰富和发展，将为人们提供更加便捷的服务，进一步满足人们的需要。

## 10.3　云计算仿真

云仿真，即基于云计算的计算机仿真。可具体理解为：由于云计算环境下的各种应用服务都有着不同的配置、部署条件和要求，所以如果要进行重复、可伸缩的试验来对不同应用模式进行量化、评价是非常困难的，因此云计算仿真技术应运而生。云计算仿真的使用不仅降低了研究测试成本和门槛，同时也降低了云实施的风险和成本。本节对当前流行的云计算仿真工具进行简介，并对它们的架构、功能、性能进行分析与比较。

### 1. CloudSim

CloudSim 云计算仿真工具是澳大利亚墨尔本大学 Rajkumar Buyya 教授领导的网格实验室和 Gridbus 项目推出的云计算仿真软件。CloudSim 提供了云计算的特性，支持云计算的资源管理和调度模拟。CloudSim 扩展实现了一系列接口，提供基于数据中心的虚拟化技术、虚拟化云的建模和仿真功能。

CloudSim 是开源的，可以在 Windows 和 Linux 上运行，用户可以根据自己的研究内容自行扩展 CloudSim，加入自己的代码，重新编译并发布平台即可。

### 2. GreenCloud

GreenCloud 是由卢森堡大学、北达科他州立大学、剑桥大学的多位学者共同推出的一个基于网络技术的软件模拟平台开发的云环境仿真器。GreenCloud 主要关注云通信中的能量消耗，如服务器、网络交换机、通信链路的能耗等。GreenCloud 是开源软件，其 80% 的代码是用 C++实现的。

### 3. MDCSim

MDCSim 模拟器是美国宾夕法尼亚大学在 2009 开发的一款针对数据中心的模拟器。它是商业化软件，最大的特点是数据中心允许不同厂商、不同特性的硬件(如服务器、通信链路、交换机)混合建模。

这 3 种主流云计算仿真模拟器的比较如表 10-2 所示。

**表 10-2 云仿真模拟器的比较**

| 参　数 | CloudSim | GreenCloud | MDCSim |
|---|---|---|---|
| 语言/脚本 | Java | C++/OTcl | C++/Java |
| 是否免费 | 开源 | 开源 | 商用 |
| 模拟时间 | 秒级 | 分钟级 | 秒级 |
| 应用模型 | 计算、数据传输 | 计算、数据传输、执行截止时间 | 计算 |
| 通信模型 | 部分支持 | 完全支持 | 部分支持 |
| 支持 TCP/IP | 不支持 | 完全支持 | 不支持 |
| 物理模型 | 不支持 | 支持添加插件模块 | 不支持 |
| 能量模型 | 无 | 支持服务器、网络 | 只支持服务器 |

云计算作为一种新兴的分布式计算模式，虽然得到了全世界知名计算机公司和软件供应商的大力支持，但是在有效处理基础设施和应用水平复杂性上还是缺乏明确的标准、工具和方法。而云计算环境下的优秀的模拟仿真工具，可以更好地在特殊场景和配置环境下进行核心算法、政策和应用标准的研究与测试，这对于云计算的健康、可持续发展至关重要。

## 10.4 云计算的安全

云计算是 IT 领域正在发生的深刻变革，但它在提高使用效率的同时，也为用户信息资产安全与隐私保护带来极大的冲击与挑战。当前，安全成为云计算领域亟待突破的重要问题,同时云计算的普及与应用也是近年来信息安全领域的重大挑战与发展契机,必将引发信息安全领域的又一次重要技术变革。

## 10.4.1 云计算安全现状

当前,随着云计算的不断普及,安全问题的重要性呈现逐步上升趋势,已成为制约其发展的重要因素。近年来,Amazon、Google 等云计算的发起者又不断爆出各种安全事故,更加剧了人们的担忧。例如,2009 年 3 月,Google 发生大批用户文件外泄事件;2009 年 2 月和 7 月,Amazon 的简单存储服务两次中断,导致依赖于网络单一存储服务的网站被迫瘫痪等。因此,要让企业和组织大规模应用云计算技术与平台,放心地将自己的数据交付于云服务提供商管理,就必须全面地分析并着手解决云计算所面临的各种安全问题。

### 1. 各国政府对云计算安全的关注

云计算在美国和欧洲等国得到政府的大力支持和推广,云计算安全和风险问题也得到各国政府的广泛重视。2010 年 11 月,美国政府 CIO 委员会发布关于政府机构采用云计算的政府文件,阐述了云计算带来的挑战及针对云计算的安全防护,要求政府及各机构评估云计算相关的安全风险并与自己的安全需求进行比对分析。在我国,2010 年 5 月,工信部副部长娄勤俭在第 2 届中国云计算大会上表示,我国应加强云计算信息安全研究,解决共性技术问题,保证云计算产业健康、可持续地发展。

### 2. 国内外云计算安全标准组织及其进展

国外已经有越来越多的标准组织开始着手制定云计算安全标准,以求增强互操作性和安全性,如结构化信息标准促进组织与分布式管理任务组等都启动了制定云计算标准工作。此外,云计算安全联盟也在云计算安全标准化方面取得了一定进展。

### 3. 国内外云计算安全技术现状

在 IT 界,各类云计算安全产品与方案不断涌现。例如,Sun 公司发布开源的云计算安全工具可为 Amazon 的 EC2、S3 及虚拟私有云平台提供安全保护。Microsoft 为云计算平台 Azure 开发代号为 Sydney 的安全计划,帮助企业用户在服务器和 Azure 云之间交换数据,以解决虚拟化、多租户环境中的安全性问题。开源云计算平台 Hadoop 也推出安全版本,引入安全认证技术,对共享商业敏感数据的用户加以认证与访问控制。

## 10.4.2 云计算安全服务体系

云计算安全服务体系由一系列云安全服务构成,是实现云用户安全目标的重要技术手段。根据其所属层次的不同,云安全服务可以进一步分为云基础设施服务、云安全基础服务及云安全应用服务 3 类。

### 1. 云安全基础设施服务

云基础设施服务为上层云应用提供安全的数据存储、计算等 IT 资源服务,是整个云计算体系安全的基石。其中，安全性包含两个层面的含义：一方面，云平台应分析传统计算平台面临的安全问题，采取全面严密的安全措施。例如，在物理层考虑厂房安全等；另一方面，云平台应向用户证明自己具备某种程度的数据隐私保护能力，例如，在存储服务中证明用户数据以密态形式保存等。

### 2. 云安全基础服务

云安全基础服务属于云基础软件服务层，为各类云应用提供信息安全服务，其中，比较典型的几类云安全服务如下。

1）云用户身份管理服务

云用户身份管理服务主要涉及身份的供应、注销及身份认证过程。在云环境下，实现身份联合和单点登录可以支持云中的合作企业之间更加方便地共享用户身份信息和认证服务，并减少重复认证带来的运行开销。

2）云访问控制服务

云访问控制服务的实现依赖于如何妥善地将传统的访问控制模型（如基于角色的访问控制等）和各种授权策略语言标准扩展后移植入云环境。

3）云审计服务

由于用户缺乏安全管理与举证能力，要明确安全事故责任就要求服务商提供必要的支持，因此，由第三方实施的审计就显得尤为重要。云审计服务必须提供满足审计事件列表的所有证据及证据的可信度说明。

4）云密码服务

由于云用户中普遍存在数据加、解密运算需求，因此，云密码服务的出现也是十分自然的。除最典型的加、解密算法服务外，密码运算中密钥管理与分发、证书管理及分发等都可以基础类云安全服务的形式存在。云密码服务不仅为用户简化了密码模块的设计与实施，也使得密码技术的使用更集中、规范，也更易于管理。

### 3. 云安全应用服务

云安全应用服务与用户的需求紧密结合，种类繁多。例如，DDOS 攻击防护云服务、Botnet 检测与监控云服务、云网页过滤与杀毒应用、云垃圾邮件过滤及防治等。云计算提供的超大规模计算能力与海量存储能力在安全事件采集、关联分析、病毒防范等方面实现了性能的大幅提升，极大地提高了安全事件搜集与及时进行相应处理的能力。

云计算是当前发展十分迅速的新兴产业，但其所面临的安全技术挑战也是前所未有的，需要 IT 领域与信息安全领域的研究者共同探索解决之道。同时，云计算安全并不仅仅是技术问题，还涉及标准化、监管模式、法律法规等诸多方面，因此需要学术界、产业界及政府相关部门的共同努力才能实现。

## 10.5 云计算应用案例

在云计算技术的驱动下，云计算和云服务的发展及其所提供的社会化服务，为云计算环境下的世界信息化改革提供了强大的技术支撑。本节对常用的云服务模式与虚拟仿真应用案例进行介绍。

1. 云服务模式应用案例

【例 10-1】 申请百度网盘：百度网盘是一项云存储服务，首次注册即有机会获得 15GB 的空间，用户可以轻松把自己的文件上传到网盘上，并可以跨终端随时随地查看和分享。

操作步骤如下：

(1) 输入网址 http://pan.baidu.com/，进入“百度云网盘”网站，如图 10-6 所示。

图 10-6 “百度云 网盘”网站

(2) 进入百度网盘登录界面，用百度、微博或 QQ 账号登录。也可以单击下面的“立即注册百度账号”按钮进行注册，如图 10-7 所示。

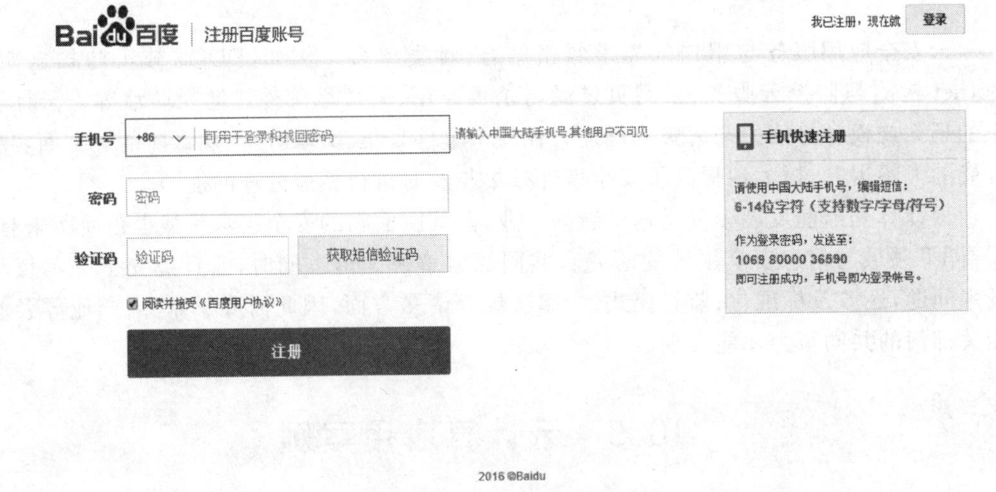

图 10-7 百度账号注册界面

（3）注册后，就获得了免费的15GB的百度网盘，可以开始使用了，如图10-8所示。

图10-8　百度网盘使用界面

【例10-2】 接入网易云信：网易云信是一项基于PaaS的即时通信(Instant Messaging，IM)云服务，开发者通过调用云信软件开发工具包(Software Development Kit，SDK)和云端API的方法可以快速使用IM即时通信功能。

（1）输入网址http:// netease. im，进入“网易云信”网站，输入邮箱地址后可以注册云信账号，申请IM云服务的免费试用，如图10-9所示。

(a)　　(b)

图10-9　注册“网易云信”

（2）注册号可以登录管理后台界面，单击左侧导航条上的“创建应用”，并选择应用类型，如图10-10所示。

（3）创建应用后，可在“IM基础功能下载”中选择SDK类型，进行APP即时通信功能的开发工作，如图10-11所示。

【例10-3】 注册华为企业云：华为企业云提供包括云主机、云托管、云存储等一站式云计算基础设施服务。

（1）输入网址http://www. hwclouds. com，进入“华为企业云”网站，单击界面左上角的“注册”按钮开始用户注册，如图10-12所示。

（2）单击“0元免费体验”图标，在弹出的4种云服务器套餐列表中进行选择，如图10-13所示。

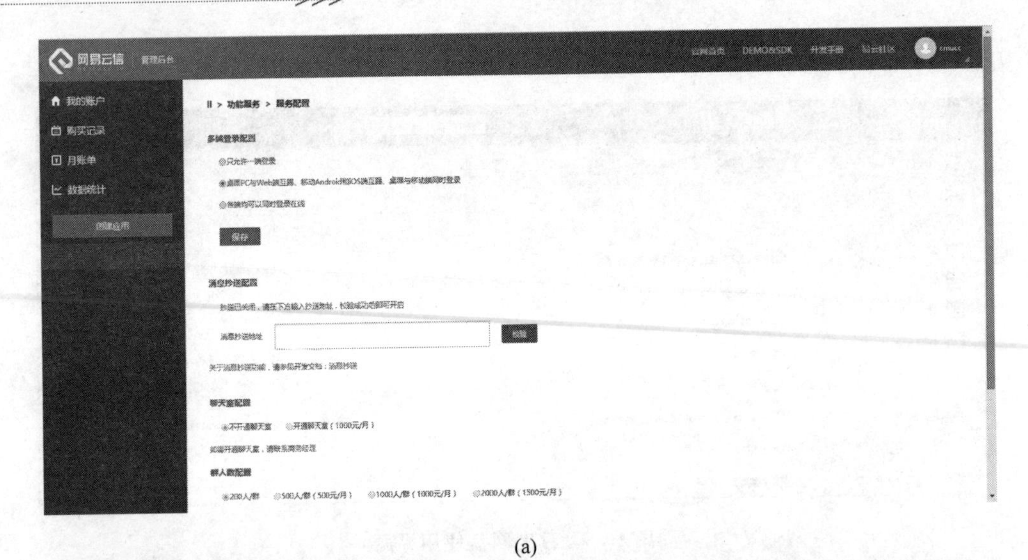


(a)

(b)

图 10-10 “创建应用”窗口

图 10-11 “IM 基础功能下载”窗口

(a)

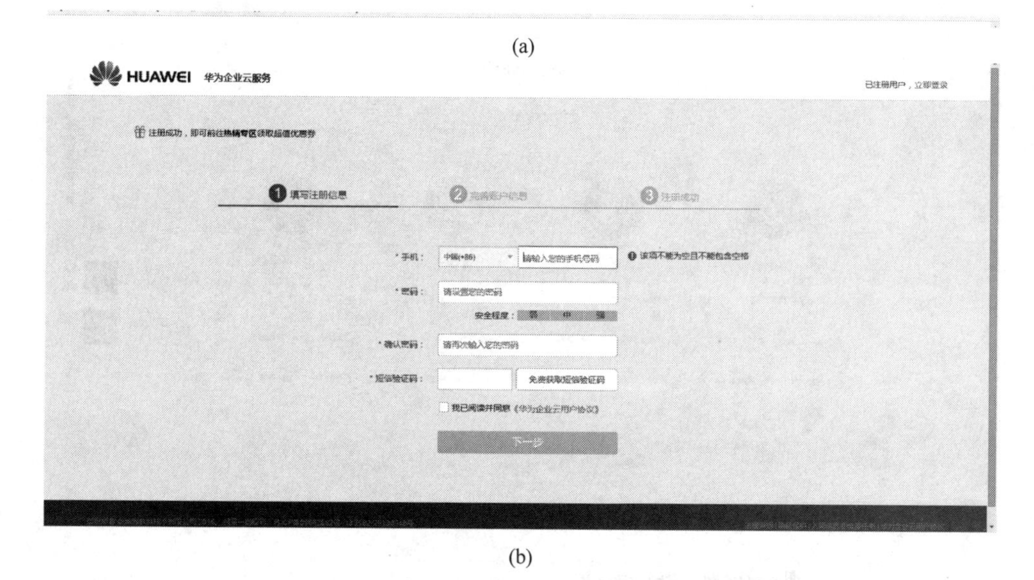


(b)

图 10-12　华为企业云注册

## 2. 虚拟机 VMware Workstation 应用案例

VMware Workstation 是一款功能强大的桌面虚拟化软件，使用该软件可以在单台计算机上同时运行不同的操作系统，也可以进行全新的应用程序的开发、测试与部署，还可在一部实体机器上模拟完整的网络环境。

**【例 10-4】** 下载安装并使用 VMware Workstation 虚拟机软件，在虚拟机环境下安装 Mac OS X 操作系统。

(1) 通过百度检索 VMware Workstation，进行下载与安装，VMware Workstation 的安装十分简便，依次单击“下一步”按钮即可安装成功，如图 10-14 所示。

(2) 启动虚拟机软件，创建新的虚拟机，会弹出新建虚拟机向导窗口，如图 10-15 所示。

(a)

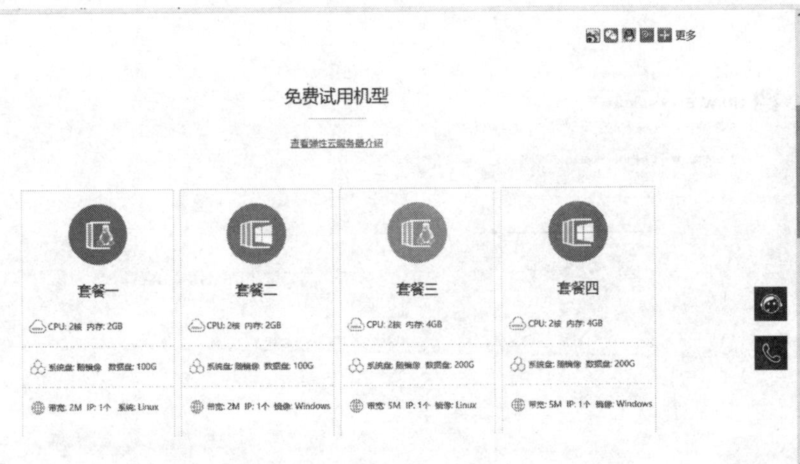


(b)

图 10-13 申请华为云服务器

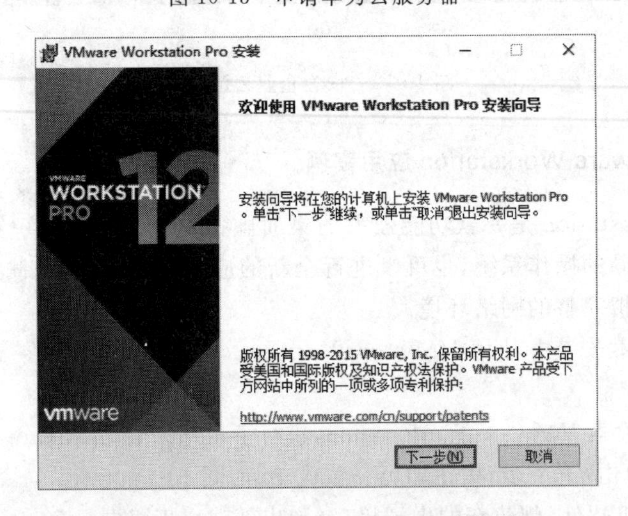


图 10-14 VMware Workstation 安装图

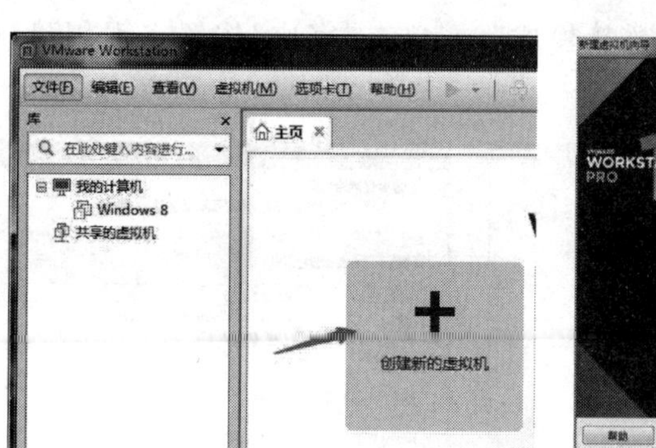


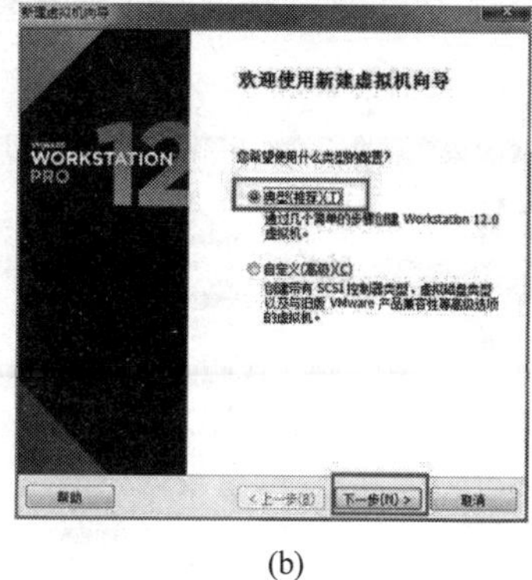


(a) (b)

图 10-15 创建新的虚拟机

(3) 在安装客户机操作系统界面中,选择 Mac OS X 操作系统的 ISO 文件,如图 10-16 所示。

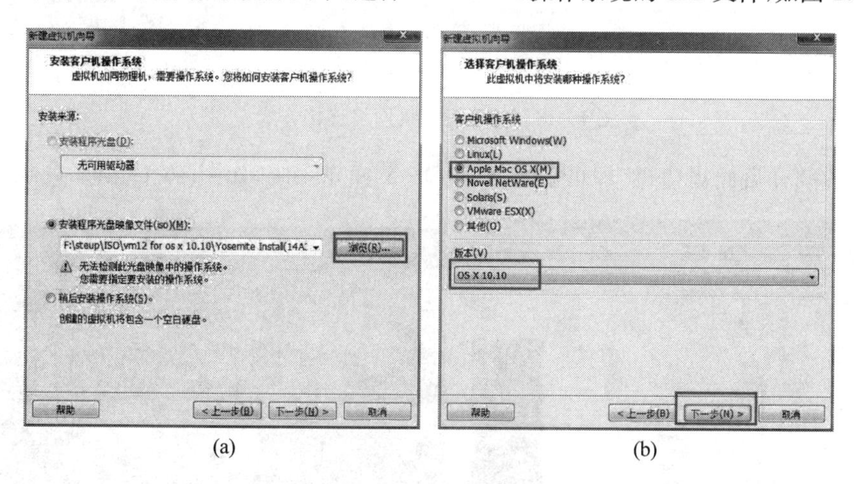


(a) (b)

图 10-16 选择客户机操作系统

(4) 为虚拟机命名并设置其使用的内存和硬盘,如图 10-17 所示。

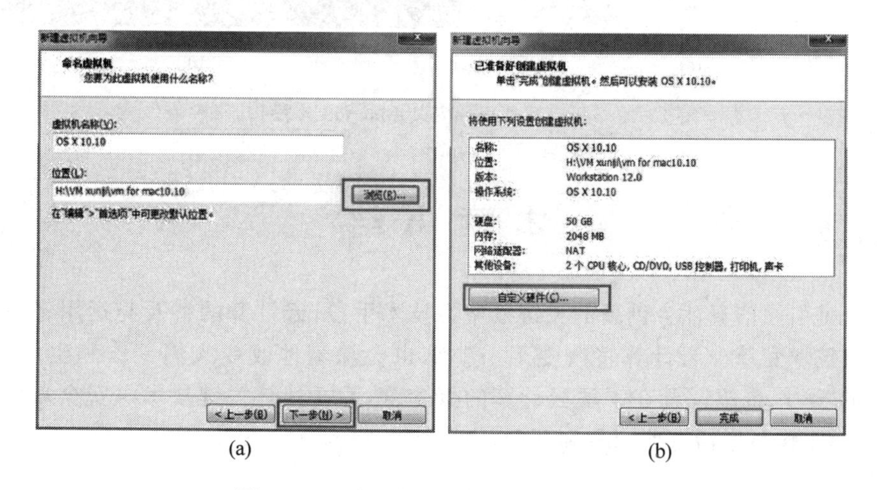


(a) (b)

图 10-17 设置虚拟机使用的内存和硬盘

(5) 设置虚拟机网络连接为“桥接模式”，并单击“完成”按钮实现创建，如图 10-18 所示。

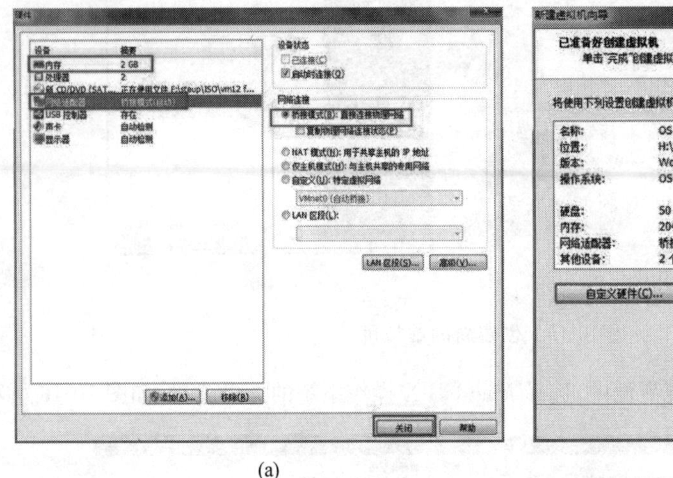

(a)

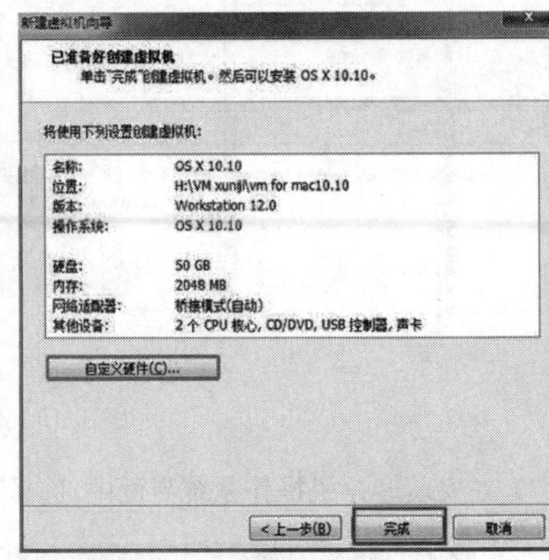


(b)

图 10-18　设置虚拟机网络连接方式

(6) 选择“开启此虚拟机”即可安装 Mac OS X 操作系统，如图 10-19 所示。

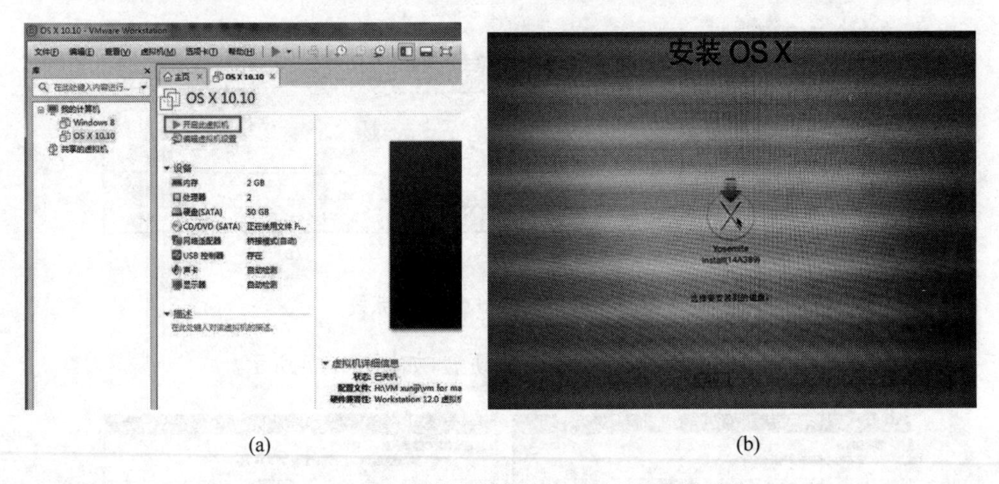


(a)　　(b)

图 10-19　开启虚拟机并安装 Mac OS X 操作系统

## 本章小结

云计算是引领信息社会创新的关键战略性技术手段，云计算的普及与运用将引发未来新一代信息技术变革。云计算将改变 IT 产业，也会深刻地改变人们工作和生活的方式。通过本章的学习，希望读者在了解云计算的概念、熟悉云计算关键技术与安全知识的基础上，对自己的工作与生活有所启发和帮助。

**【注释】**

1. Gmail：Gmail 是 Google 的免费网络邮件服务，它有内置的 Google 搜索技术并提供 15GB 以上的存储空间。

2. Botnet：即僵尸网络，是指采用一种或多种传播手段，将大量主机感染 bot 程序（僵尸程序），从而在控制者和被感染主机之间形成一个可一对多控制的网络。

3. Google App Engine：Google App Engine 允许用户本地使用 Google 基础设施构建 Web 应用，待其完工之后再将其部署到 Google 基础设施之上。

4. 在线 CRM：在线 CRM 是基于互联网模式、专为中小企业量身打造的在线营销管理、销售管理、完整客户生命周期管理工具。

5. 在线 HR：即在线 HR 人力资源服务平台。

6. 虚拟化技术：虚拟化是一个广义术语，在计算机方面是指计算元件在虚拟的基础上而不是真实的基础上运行。虚拟化技术可以扩大硬件的容量，简化软件的重新配置过程。

7. 即时通信（Instant Messaging，IM）：是一种可以让使用者在网络上建立某种私人聊天室（chatroom）的实时通信服务。

8. SDK（Software Development Kit，软件开发工具包）：一般都是一些软件工程师为特定的软件包、软件框架、硬件平台、操作系统等建立应用软件时的开发工具的集合。

9. App：应用程序，Application 的缩写，一般指手机软件。

10. 虚拟机（Virtual Machine）：指通过软件模拟的具有完整硬件系统功能的，运行在一个完全隔离环境中的完整计算机系统。

11. 负载均衡（Load Balance）：其意思就是分摊到多个操作单元上执行，例如 Web 服务器、FTP 服务器、企业关键应用服务器和其他关键任务服务器等，从而共同完成工作任务。

12. 网格计算：即分布式计算，是一门计算机科学。它研究如何把一个需要非常巨大的计算能力才能解决的问题分成许多小的部分，然后把这些部分分配给许多计算机进行处理，最后把这些计算结果综合起来得到最终结果。

13. 松耦合：松耦合系统通常是基于消息的系统，此时客户端和远程服务并不知道对方是如何实现的。客户端和服务之间的通信由消息的架构支配，只要消息符合协商的架构，则客户端或服务的实现就可以根据需要进行更改，而不必担心会破坏对方。

14. Python：是一种面向对象、解释型计算机程序设计语言。

15. DDoS：即分布式拒绝服务攻击（Distributed Denial of Service），是指借助于客户/服务器技术，将多个计算机联合起来作为攻击平台，对一个或多个目标发动 DDoS 攻击，从而成倍地提高拒绝服务攻击的威力。

CHAPTER 11

# 第11章

# 大数据解决方案及相关案例

## 导学

### 内容与要求

随着大数据技术的飞速发展，许许多多的应用案例都显示出这项不可思议的技术已极大程度地改变了人们的日常生活。大数据技术的变革已经让不少行业体验到了更为智能、更为便捷的时尚生活。本章主要对主流大数据解决方案及相关案例进行介绍，使读者更好地了解大数据技术的实际应用。

Intel大数据主要介绍Intel大数据解决方案、Intel Hadoop与开源Hadoop的比较及在Intel大数据解决方案下的典型案例——中国移动广东公司详单、账单查询系统。

百度大数据主要介绍角度作为搜索引擎网站，利用其自身优势的大数据解决方案及百度大数据下提供的多种大数据分析案例。详细介绍百度预测中景点预测、欧洲赛事预测的具体查看方法及相应结果的查看方法。

腾讯大数据主要介绍腾讯大数据解决方案及在此方案下的典型案例——广点通的广告业务。

### 重点、难点

本章的重点是了解各种大数据解决方案及相关案例。本章的难点是掌握已经存在的大数据具体案例的应用方法。

如果数据使用者所面对的数据超出所拥有的数据存储、处理和分析的能力，致使数据不能被有效地利用时，就需要通过大数据解决方案来解决当前的数据问题。身处大数据时代，无论个人、企业还是各种机构都将面临大数据问题。设计适用的大数据解决方案，为个人、企业或机构提供所需的大数据处理和分析的功能，是大数据产业发展的重要方向。因此，大数据解决方案首先以区域智能数据中心和互联网为基础设施，再以互联网服务体系为架构，同时以大数据存储、处理、挖掘和交互式可视化分析等关键技术为支撑，还要通过多种移动智能终端和移动互联网来为大数据提供存储、管理及分析的。

## 11.1 大数据解决方案基础

大数据解决方案的系统架构如图 11-1 所示，自下而上包括的 3 个层次，分别为平台层、功能层和服务层。各层的具体功能如下。

(1) 平台层：其中的大数据存储平台提供大数据存储服务，大数据计算平台提供大数据计算服务，多数据中心调度引擎为多区域智能中心的分析架构提供数据调度服务。

(2) 功能层：包括大数据集成、存储、管理和挖掘部分，各部分为大数据存储和挖掘提供相应功能。

(3) 服务层：基于 Web 技术和 OpenAPI 技术提供大数据最终的展现服务。

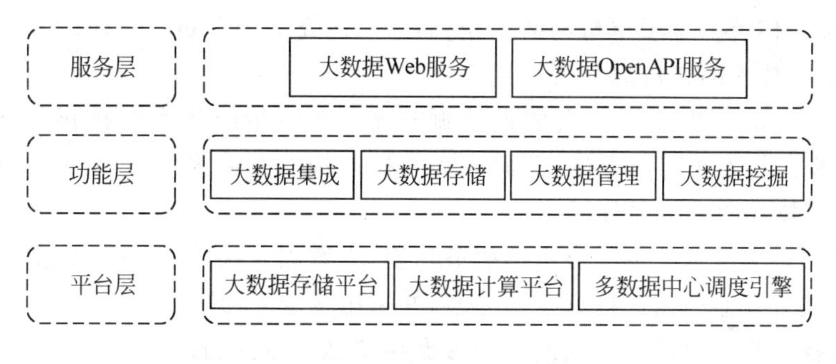


图 11-1 大数据解决方案系统架构

在此基本架构下，实际设计和实现大数据存储与分析时，该架构下的各个层次中需要通过一系列关键技术来实现，这些技术主要包括以下 3 个方面。

### 1. 平台层中包含的关键技术

(1) 大数据分布式存储系统：在面对至少 PB 级数据量的情况下，要满足各种科研、应用的需求，需要研究大规模的、半结构化的及非结构化数据的存储问题，同时需要研究大数据的存储、管理和高效访问的关键技术。

(2) 分布式数据挖掘运行时系统：面对复杂的大数据挖掘算法运行的挑战，需要研究有效的支持层次、递归、迭代及集成机制的海量数据挖掘模型和运行系统，来构建大数据运行系统。

(3) 智能数据中心联合调度技术：面对大数据存储和挖掘的挑战，需要研究多数据中心的负载均衡、智能联合调度技术，整合已有的多个数据中心的存储和计算资源，来构建基于多区域智能中心的大数据平台。

**2. 功能层中包含的关键技术**

(1) 高可扩展性大数据挖掘算法：面对大数据挖掘的挑战，为实现TB级数据的建模能力，需要研究基于云计算的分布式大数据处理与挖掘算法，来构建高度可扩展的大数据处理与挖掘算法库。

(2) 大数据安全与隐私保护技术：面对数据挖掘中"软件即服务"模式的需求，为确保大数据挖掘过程中的数据安全及隐私不被泄露的问题，需要研究数据挖掘在云环境下的数据审计、隐私保护及结点数据挖掘技术。

(3) 分布式工作流引擎：面对大数据挖掘分布式调度的挑战，需要研究基于云计算的分布式负载均衡、工作流调度技术，来构建高效分布式工作流执行引擎。

(4) 交互式可视化分析技术：面对传统分析方法的交互性及可理解性不足的问题，同时为实现大数据挖掘的高度人机交互功能，需要研究基于启发式、人机交互、可视化数据挖掘新技术。

**3. 服务层中包含的关键技术**

(1) 基于Web技术的大数据挖掘技术：为实现易于使用的基于Web技术的大数据挖掘技术，必须突破传统的基于单机的数据挖掘技术，研究基于Web技术的大数据挖掘方法，以构建基于Web技术的大数据分析环境。

(2) 基于Open API技术的大数据挖掘技术：突破传统的数据挖掘技术，研究基于Open API技术的大数据挖掘方法，并研究大数据挖掘的开放式接口、开放式流程，以构建基于Open API技术的大数据分析模式。

为了能够提供大数据处理及分析的服务功能，大数据解决方案必须突破传统方式下的基于软件及高端服务器的数据挖掘技术体系，并采用基于云计算的大数据存储及处理架构，分布式大数据挖掘算法及基于互联网的大数据存储、处理及挖掘模式。

随着大数据技术的发展，大数据的价值已经被认可。在国外，大数据的发展为大型的传统IT公司提出了新的发展课题，包括Microsoft、IBM、Oracle在内的拥有主流数据库技术的公司已经各自发布了明确的大数据解决方案，甚至连Intel这样的主要研发计算机硬件的公司也参与到了大数据技术发展中。在国内，以百度、腾讯、淘宝等为代表的互联网公司已经建立了各自的大数据平台。下面我们将对Intel、百度和腾讯的大数据典型案例进行介绍。

## 11.2 Intel大数据

### 11.2.1 Intel大数据解决方案

虽然Hadoop并不可以作为大数据的代名词，但当提到大数据架构时，人们还是会首先想到Apache Hadoop。在2012年7月，Intel对外发布了自己的Hadoop商业发行版(Apache Hadoop Distribution)，Intel也是大型大数据厂商中唯一拥有自行发行版Hadoop的公司。

1. 解决方案

Intel Hadoop发行版包含有关大数据的所有分析、集成及开发组件，并针对不同组合进行了更加深入的优化。同时，Intel Hadoop发行版还添加了Intel Hadoop管理器（Intel Hadoop Manager）。该管理器从整个系统的安装、部署到配置与监控过程，提供了对平台的全方位管理，如图11-2所示。

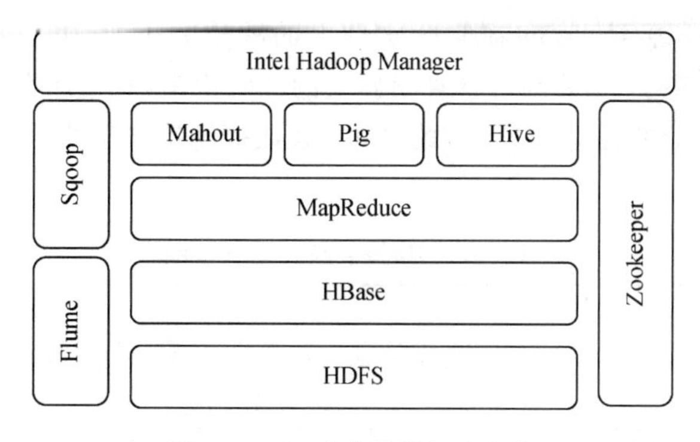


图11-2 Intel大数据解决方案

Intel大数据解决方案中的各部分具体功能如下。

(1) HDFS：HDFS作为Hadoop分布式文件系统，是运行在通用硬件上的分布式文件系统。同时，HDFS提供了一个高吞吐量、高度容错性的海量数据存储解决方案。

(2) HBase：HBase是一个面向列的、实时的、分布式数据库，但不是一个关系型数据库，HBase用来解决关系型数据库在处理海量数据时的理论上和实现上的局限性。HBase是为TB到PB级别的海量数据存储和高速读写而设计的，这些海量数据分布在数千台普通服务器上，并且能够被大量高速并发访问。

(3) MapReduce：MapReduce是一个高性能的批处理分布式计算框架，用来对海量数据进行并行处理和分析。MapReduce适合处理各种类型的数据，包括结构化数据、半结构化数据和非结构化数据。

(4) Hive：Hive是建立在Hadoop之上的数据仓库架构。Hive采用HDFS进行数据存储，并利用MapReduce框架进行数据操作。从本质上来说，Hive就是个编译器，其作用是把实际任务变换成MapReduce任务，再通过MapReduce框架执行这些实际任务来对HDFS上的海量数据进行处理。

(5) Pig：Pig是一个基于Hadoop并运用MapReduce和HDFS实现大规模数据分析的平台，Pig为海量数据的并行处理提供了操作及编程实现的接口。

(6) Mahout：Mahout是一套具有可扩充能力的机器学习类库，Mahout提供了机器学习框架，同时Mahout还实现了一些可扩展的机器学习领域中经典算法，以帮助开发人员方便、快捷地创建智能应用程序。

(7) Sqoop：Sqoop是一个可扩展的机器学习类库，与Hadoop结合后，Sqoop可以提供分布式数据挖掘功能，并且是Hadoop和关系型数据库之间大量传输数据的工具。

(8) Flume：Flume是一个高可用、高可靠性、分布式的海量日志采集、聚合和传输的系统，支持在日志系统中定制各类数据发送方，用于收集数据；同时，提供对数据进行简单处理,并写到各种数据接收方的能力。

(9) Zookeeper:Zookeeper 是 Hadoop 和 Hbase 的重要组件,为分布式应用程序提供协调服务,包括系统配置维护、命名服务和同步服务等。

2. 优势

Intel 的 Hadoop 发行版针对现有实际案例中出现的问题进行了大量改进和优化,这些改进和优化弥补了开源 Hadoop 在实际案例中的缺陷和不足,并且提升了性能,具体如表 11-1 所示。同时,基于 Intel 在云计算研发上的经验积累,对实际案例解决提供了从项目规划到实施各阶段专业的咨询服务,因此,Intel 大数据解决方案更易于构建高可扩展及高性能的分布式系统。

表 11-1 Intel Hadoop 与开源 Hadoop 比较

| Intel Hadoop | 开源 Hadoop |
|---|---|
| 针对 HDFS 的 DataNode 读取选取提供高级均衡算法 | 简单均衡算法,容易在慢速服务器或热点服务器上产生读写瓶颈 |
| 根据读请求并发程度动态增加热点数据的复制倍数,提高 MapReduce 任务扩展性 | 无法自动扩充倍数功能,在集中读取时扩展性不强,存在性能瓶颈 |
| 为 HDFS 的 NameNode 提供双机热备方案,提高可靠性 | NameNode 是系统的单点破损点,一旦失败系统将无法读写 |
| 实现跨区域数据中心超级大表,用户应用可实现位置透明的数据读写访问和全局汇总统计 | 无此功能,无法进行跨数据中心部署 |
| 可将 HBase 表复制到异地集群,并提供单向、双向复制功能,实现异地容灾 | 没有成熟的复制方案 |
| 基于 HBase 的分布式聚合函数,效率比传统方式提高 10 倍以上 | 无成熟方案 |
| 实现对 HBase 的不同表的复制份数进行精细控制 | 无此功能 |

## 11.2.2 Intel 大数据相关案例——中国移动广东公司详单、账单查询系统

与许多国家一样,随着移动设备、快速 3G 和 4G 连接、自助服务或账户相关信息查询服务日益受到消费者的青睐,中国通信服务运营商已经经历了爆炸性的增长。中国移动广东公司始终重视通过提供客户切实需要的服务来增加用户体验,公司将运营支撑系统和客户服务总体上作为提供差异化服务的一个关键资产。在这个系统中,详单查询系统组件为结算支持人员提供了一个最重要的客户接触点。原有解决方案存在以下问题:

(1) 现有计费系统维护成本高,因而侵蚀了计费业务单位的盈利能力。

(2) 当前高科技个性化的客户支持模式不可扩展,无法应对爆炸性的需求增长,可能会导致不满的顾客流向竞争对手。

(3) 原有数据库解决方案无法满足存储规模和实时查询要求,进而无法为用户提供满意的服务。

针对以上问题,Intel 提供了 Hadoop 和至强 5600 处理器解决方案,如图 11-3 所示。

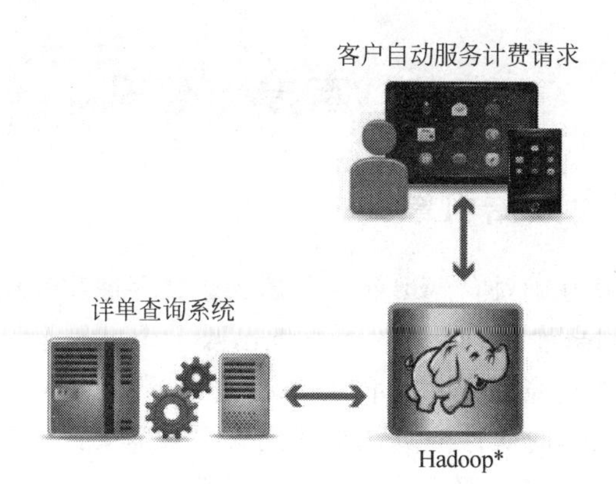


图 11-3 Intel 基于大数据优化的软硬件解决方案

新的方案解决了以下问题：

(1) 优化硬件性能，以处理大数据。使用专为 Hadoop 软件而优化的至强 5600 系列通用计算平台取代原有平台，进而降低总拥有成本，提高性能。

(2) 基于 Hadoop 的近实时分析。采用 Intel Hadoop 发行版(Intel Distribution)来消除数据访问瓶颈和发现用户使用习惯，开展更有针对性的营销和促销活动。

(3) 利用 Hadoop 分布式数据库(Hadoop HBase)扩展存储。Intel Distribution 的"大数据表"增强了 Hadoop HBase，可以跨结点自动分割数据表，降低存储扩展成本。

Intel 基于大数据量优化的软硬件解决方案使中国移动广东公司的个人用户能够查询并在线支付话费，准确实时查询 6 个月内的电话详单，中国移动广东公司的话费查询网页(http://gd.10086.cn/service/)如图 11-4 所示。中国移动广东公司的账单明细检索查询速度是 300 000 份账单/秒，账单插入速度是 800 000 份账单/秒。目前每月无缝处理 30TB 的用户计费数据，每个表支持数十亿份账单，查询性能提高了 30 倍，从而大大提高了新系统的处理性能。

图 11-4 中国移动广东公司话费查询网页

# 11.3 百度大数据

## 11.3.1 百度大数据引擎

百度拥有海量的数据基础，拥有EB级别的超大数据存储和管理规模，并达到100PB/天的数据计算能力，可达到毫秒级响应速度。百度已收录全世界超过10 000亿张网页，相当于5000个国家图书馆的信息量总和。同时承担着每天百亿次的访问请求，可离线完成1000亿网页的处理与分析，时效性网页从更新到索引只需要几十秒，实现大数据量级下的低延迟和秒级响应。百度的数据具有实时性和全面性的特点，囊括了全网搜索数据、全网评论信息、百度内部数据以及第三方合作数据等跨行业、跨地域基础数据，海量的数据基础是百度引领大数据实践的基础。

百度坚信技术改变互联网，互联网可以改造传统行业。为了助力传统行业快速进入这个大数据的时代，充分发掘和利用大数据的价值，百度大数据引擎向外界提供大数据存储、分析及挖掘的技术能力，这也是全球首个开放大数据引擎。百度大数据的两个典型应用是面向用户的服务和搜索引擎，百度大数据的主要特点如下：

(1) 数据处理技术比面向用户服务的技术所占比重更大；

(2) 数据规模比以前大很多；

(3) 通过快速迭代进行创新。

如图11-5所示，百度大数据引擎主要包含三大组件：开放云、数据工厂和百度大脑。

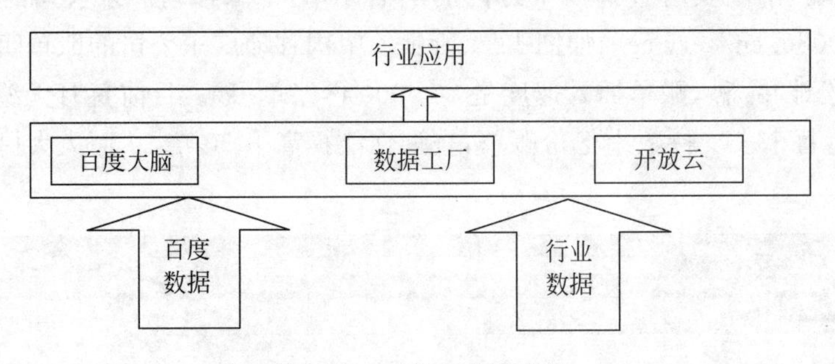


图11-5　百度大数据引擎

(1) 开放云可以将企业原本价值密度低、结构多样的小数据汇聚成可虚拟化、可检索的大数据，解决数据存储和计算瓶颈。

(2) 数据工厂对这些数据加工、处理、检索，把数据关联起来，从中挖掘出一定的价值。

(3) 百度大脑建立在百度深度学习和大规模机器学习基础上，最终实现更具前瞻性的智能数据分析及预测功能，以实现数据智能，支持科学决策与创造。百度积极开放输出百度大脑的能力，一方面助力国家在人工智能、大数据等技术上的整体提升；另一方面也帮助行业转型升级，提升企业的核心竞争力。

这三大组件作为3级开放平台支撑百度核心业务及其拓展业务，也将作为独立或整体的开放平台，给各行各业提供支持和服务，支持百度的核心商业应用及社会企业的新兴商业模式。

### 11.3.2 百度大数据+平台

百度利用积累已久的海量数据和技术，于 2015 年 9 月正式发布百度大数据+平台(http://bdp.baidu.com/)，百度开放数据具有四大优势，分别是海量数据积累、目标用户分析、前沿模型算法和高效计算能力。百度大数据+平台的具体组成如图 11-6 所示。

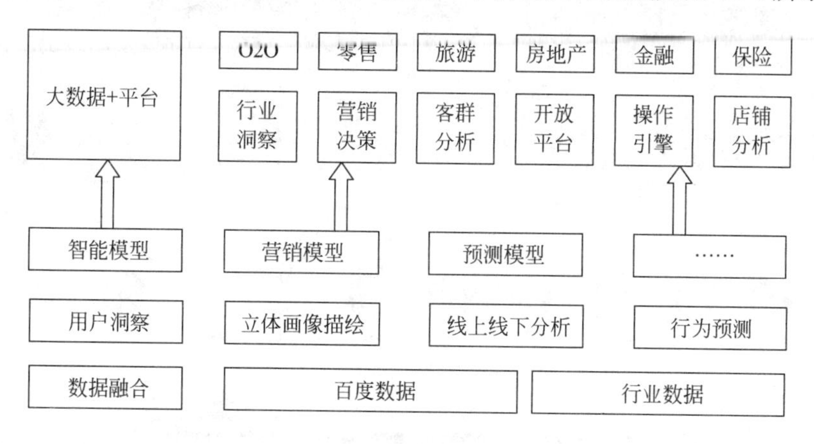


图 11-6 百度大数据+平台

在图 11-6 中可以看到百度大数据+平台提供了六大产品服务组件，包括行业洞察、营销决策、客群分析、开放平台、操作引擎、店铺分析。现在开放的六大行业：O2O、零售、旅游、房地产、金融、保险，助力行业实现大数据应用的落地和突破。百度大数据+平台基于海量数据积累，实现行业趋势洞察、客群精准触达、科学营销决策、风险危机防控等核心价值。百度大数据+，形成商业新能源，渗透到各行各业，助推发展，打开更大的市场格局。

### 11.3.3 相关应用

#### 1. 百度预测

百度基于海量的数据处理能力，利用机器学习和深度学习等手段建立模型，可以实现公众生活的预测业务。目前，在百度预测产品中已经推出了景点舒适度预测、城市旅游预测、高考预测、世界杯预测等服务(http://trends.baidu.com/)，如图 11-7 所示。

以世界杯预测为例，在 2014 年巴西世界杯的四分之一决赛前，百度、谷歌、微软和高盛分别对 4 强结果进行了预测，结果显示：百度、微软结果预测完全正确，而谷歌则预测正确 3 支晋级球队；在小组赛阶段的预测，谷歌缺席，微软、高盛的准确率也低于百度。总体来看，无论是小组赛还是淘汰赛，百度的世界杯结果预测中均领先于其他公司。最终，百度又成功预测了德国队夺冠，如图 11-8 所示。

预测准确度来自百度对大数据的强大分析能力和超大规模机器学习模型。在对体育数据的研究过程中，百度的科学家发现类似保罗章鱼的赛事预测完全有可能借助大数据的分析能力来完成。因此，百度收集了 2010—2013 年全世界范围内所有国家队及俱乐部的赛事数据，构建了赛事预测模型，并通过对多源异构数据的综合分析，综合考虑球队实力、近期状态、主场效应、博彩数据和大赛能力 5 个维度的数据。最终实现了对 2014 年巴西世界杯的成功预测。

图 11-7　百度预测

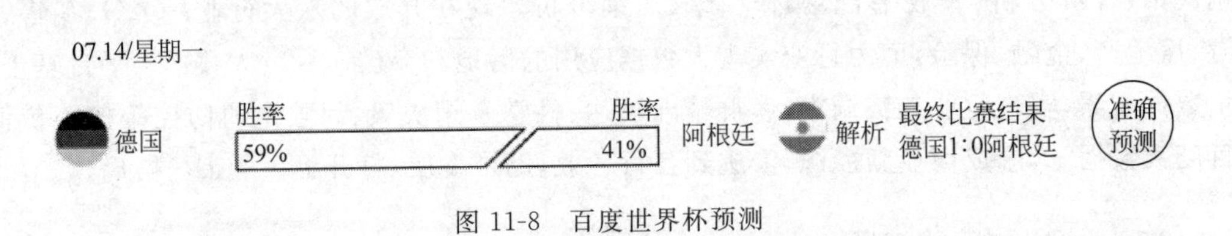


图 11-8　百度世界杯预测

### 2. 公共卫生领域——疾病预测

通过百度搜索数据与医疗数据、医保数据等关联，并结合图像识别、语音识别技术、可穿戴设备数据采集等，通过大数据分析与挖掘能力可以实现人群疾病分布关联分析等。百度与中国疾病预防控制中心(Centers for Disease Control ,CDC)合作开发的疾病预测产品，基于对网民每日更新的互联网搜索的分析、建模，实时反馈流感、手足口、性病、艾滋病等传染病，糖尿病、高血压、肺癌、乳腺癌等流行病的爆发数据，并预测疾病流行趋势，是国家疾病控制机构传统监测体系的有力补充。结合大数据舆情分析、公共卫生危机事件预警产品，有效地融合非结构化大数据，建立了基于互联网的新兴公共卫生数据资源共享机制与服务价值链(具体分析结果见第 3 章)。

### 3. 百度迁徙

“百度迁徙”利用百度地图 LBS(Location Based Services，基于地理位置的服务)开放平台、百度天眼，对其拥有的 LBS 大数据进行计算分析，并采用创新的可视化呈现方式，在业界首次实现了全程、动态、即时、直观地展现中国春节前后人口大迁徙的轨迹与特征，如

图 11-9 所示。

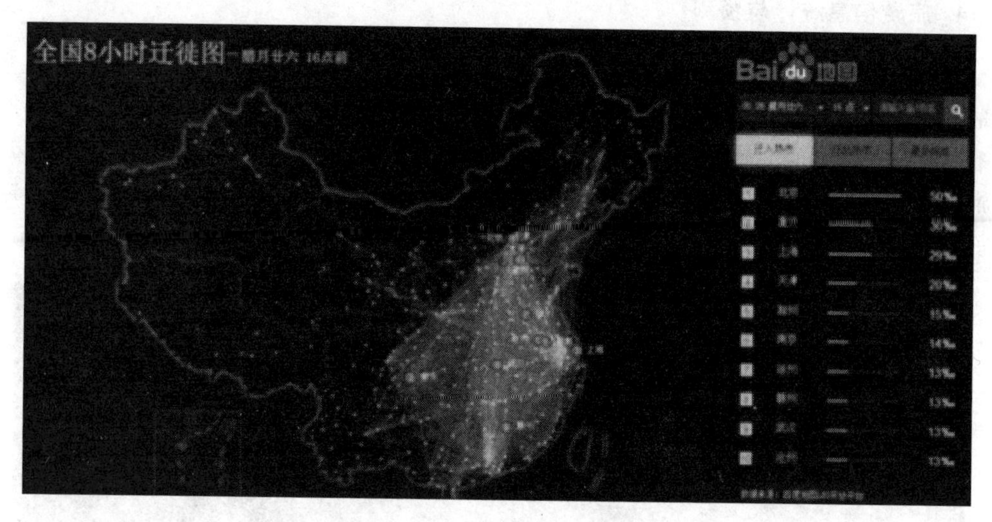


图 11-9 全国 8 小时迁徙图

最新版“百度迁徙”于 2015 年 2 月 15 日上线，功能上相比 2014 年实现了全面升级，包含人口迁徙、实时航班、机场热度和车站热度四大版块。百度迁徙动态图包含春运期间全国人口流动的情况与排行，实时航班的详细信息，以及全国火车站、飞机场的分布和热度排行，通过百度迁徙动态图能直观地确定迁入人口的来源和迁出人口的去向，如图 11-10 所示。

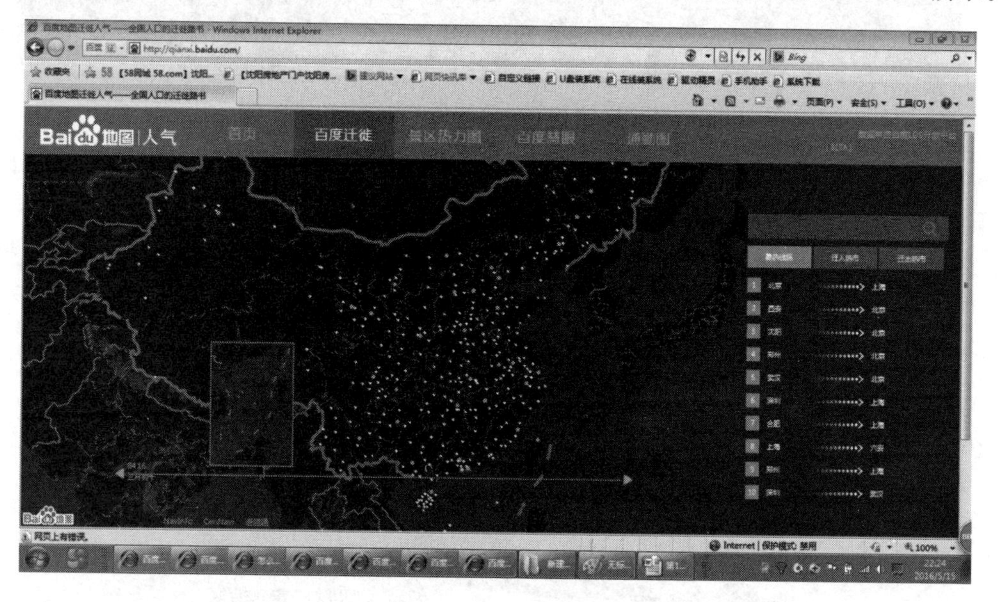


图 11-10 百度迁徙

2015 年“百度迁徙”一个新的亮点就是加入了“百度天眼”功能，这是百度开发的一款基于百度地图的航班实时信息查询产品，通过百度天眼，可以看到全国范围内的飞机实时动态和位置，点击要查询的航班图标，还可以查看航班的具体信息，包括起降时间、飞机型号和机龄等。

**4. 旅游信息统计与预测**

九寨沟景区通过与百度大数据的合作，利用百度大数据提供的客流量预测服务，在景区网站进行实时客流量预测呈现，提前预知当日及未来两日九寨沟客流量，方便游客进行行前决策。同时景区结合百度预测结果，制定不同客流量下景区安全运营人力及运力安排方案，在旅游小长假及黄金周有效进行相应安排及游客疏导，提升景区运营效率及游客游览体验，如图 11-11 所示。

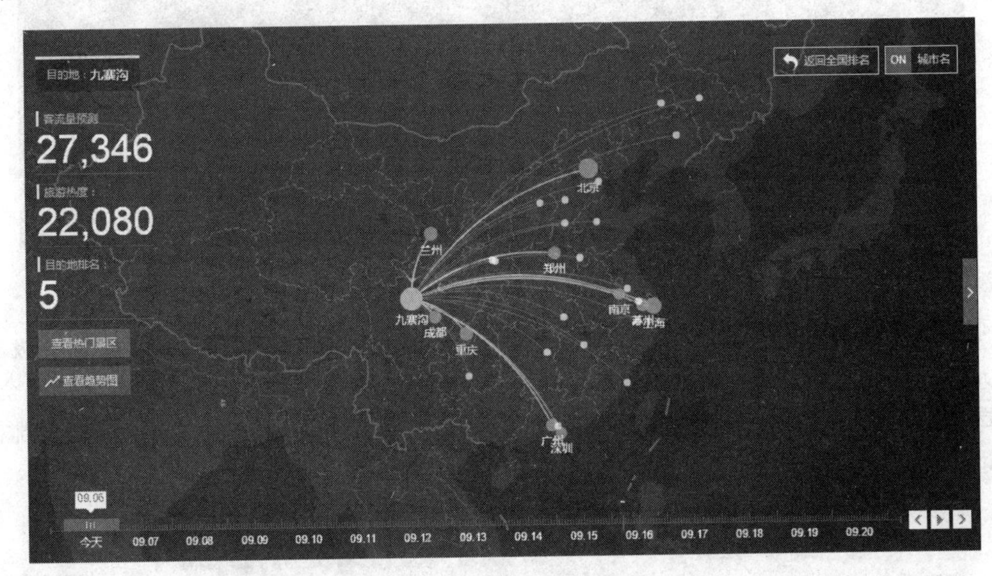


图 11-11　九寨沟景区预测

峨眉山景区购买百度大数据旅游行业全面解决方案，全方位提升游客在峨眉山景区的旅游体验，见图 11-12。所能提供的信息如下：

(1) 通过对峨眉山游客多维度分析，判断峨眉山重点客源市场分布，进行客源市场细分，准确发现潜在市场，优化营销重点和渠道，实现精准营销；

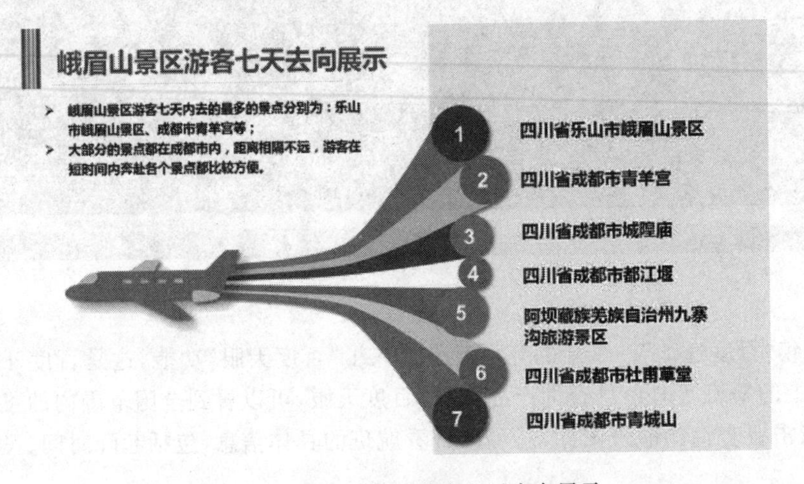


图 11-12　峨眉山景区游客七天去向展示

（2）利用百度提供的景区客流量预测服务，结合预测数据，提前进行峨眉山景区运营人力安排，优化安全管控效率；

（3）通过百度舆情系统进行峨眉山景区舆情监控，及时了解游客正负面反馈，改善旅游服务，同时通过网络舆情事件、网络关注度及热点事件诊断，可以辅助判断景区阶段性网络营销效果。

### 5. 百度指数

百度指数(http://index.baidu.com/)是以百度海量网民行为数据为基础的数据分享平台，是当前互联网乃至整个数据时代最重要的统计分析平台之一，自发布之日便成为众多企业营销决策的重要依据。百度指数能够告诉用户：某个关键词在百度上的搜索规模有多大，一段时间内的涨跌态势以及相关的新闻舆论变化，关注这些词的网民是什么样的、分布在哪里、同时还搜索了哪些相关的词，帮助用户优化数字营销活动方案，如图11-13所示。

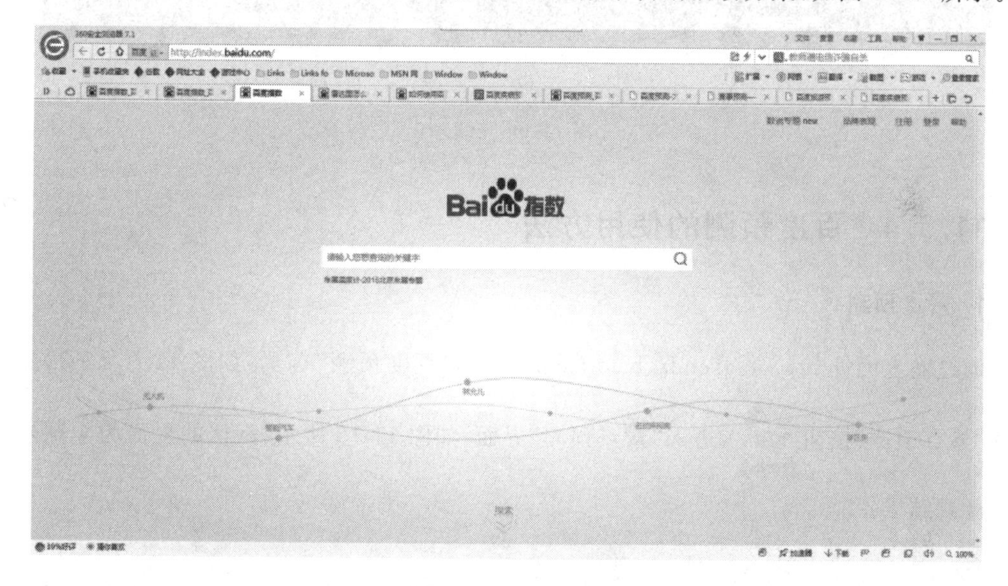


图11-13　百度指数

例如，通过百度指数对“2016北京车展”进行分析，得到如图11-14所示的分析结果。其中图11-14(a)显示了车展每天的网民搜索指数，随着车展的进行，搜索指数是在上升的。图11-14(b)显示的车展关注度排行，排行时分为品牌关注度和车系关注度两种。

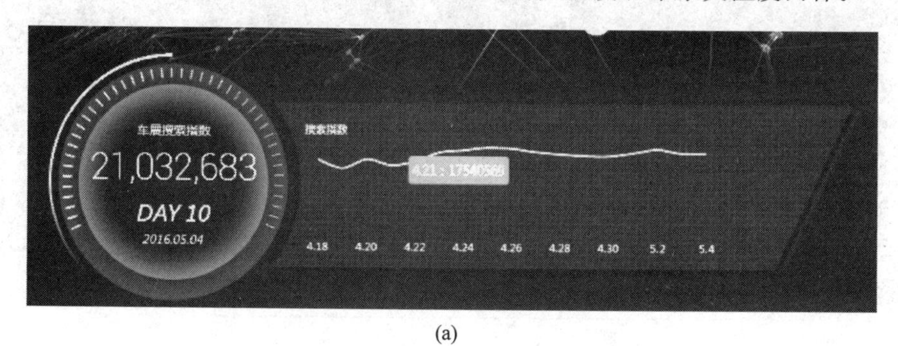


(a)

图11-14　“2016北京车展”百度指数分析结果

品牌关注度排行

| 排名 | 品牌 | 搜索指数 |
|---|---|---|
| 1 | 大众 | 1426282 |
| 2 | 丰田 | 873142 |
| 3 | 吉利 | 800441 |
| 4 | 本田 | 779893 |
| 5 | 奔驰 | 713177 |
| 6 | 奥迪 | 685190 |
| 7 | 宝马 | 674158 |
| 8 | 福特 | 642506 |
| 9 | 标致 | 586719 |
| 10 | 别克 | 544911 |

查看详细榜单 >

车系关注度排行

| 排名 | 品牌 | 搜索指数 |
|---|---|---|
| 1 | 帝豪GS | 288727 |
| 2 | 途观 | 146223 |
| 3 | 思域 | 132184 |
| 4 | 东风标致3008 | 125152 |
| 5 | 哈弗H6 | 123561 |
| 6 | 博瑞 | 122367 |
| 7 | 五菱宏光 | 117783 |
| 8 | 东风标致408 | 108941 |
| 9 | 奥迪A4L | 104985 |
| 10 | 英朗 | 102717 |

查看详细榜单 >

(b)

图 11-14 （续）

## 11.3.4 百度预测的使用方法

### 1. 景点预测

通过输入网址 http://trends.baidu.com/进入“百度预测”首页(如图 11-7 所示)，然后选择“景点预测”按钮 景点预测 ,进入“景点预测”界面，如图 11-15 所示，默认的界面为全国热点景区预测结果。

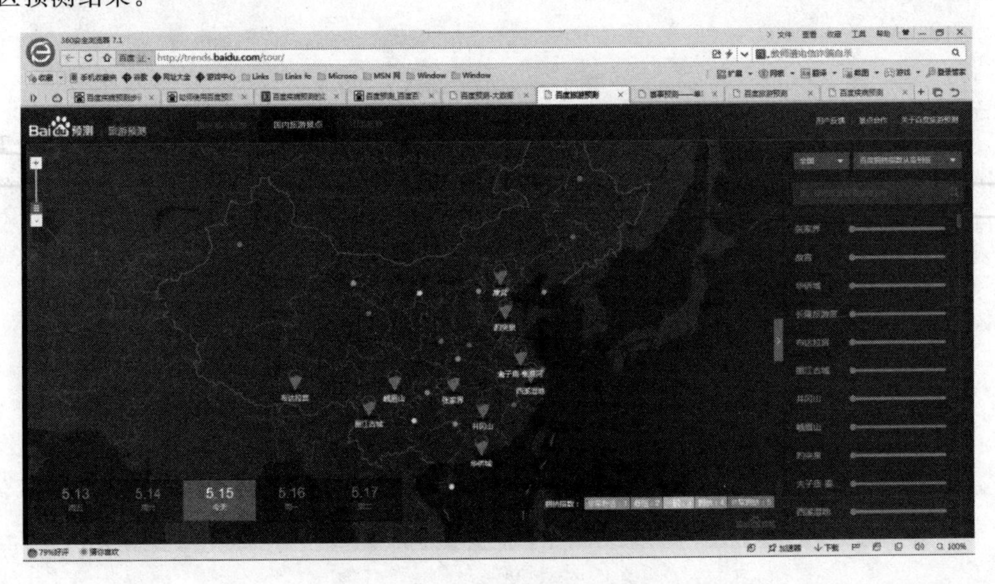


图 11-15　百度景点预测

在该界面下，单击已出现的景区，如北京“故宫”，可以看到该景点的拥挤指数的预测及天气情况的介绍。也可以单击“30天趋势”按钮，进一步查看该景点的未来30天的趋势预测，如图11-16所示。

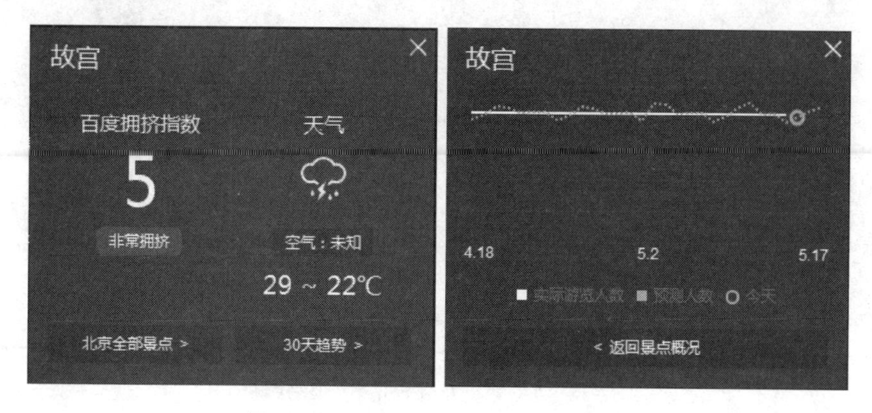


图 11-16　北京故宫百度景点预测结果

如果要查看感兴趣的其他城市的景点，可以通过在图11-15所示的“景点预测”首页右上角显示“全国”位置的下拉列表，来查看其他城市景点预测。

### 2. 欧洲赛事预测

通过输入网址 http://trends.baidu.com/进入“百度预测”首页（如图11-7所示），然后选择“欧洲赛事预测”按钮 欧洲赛事预测，进入“欧洲赛事预测”界面，如图11-17所示。

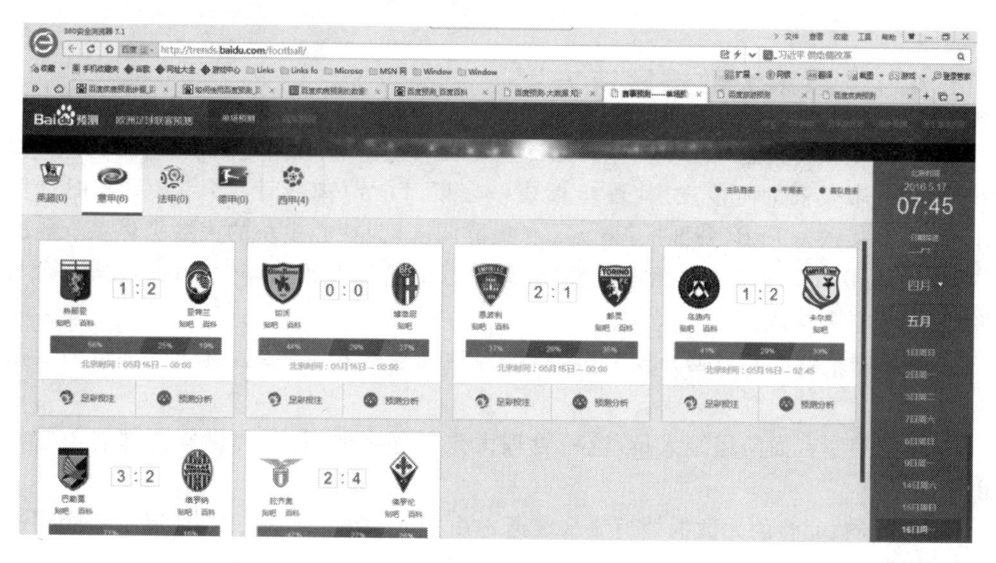


图 11-17　百度欧洲赛事预测——意甲

在图11-15中单击“意甲”按钮后，可以看到当前“意甲”6场比赛的预测结果，如果对其中某场比赛感兴趣可以进一步查看针对这场比赛的各种预测结果。如单击“拉齐奥对佛罗伦”，看到的进一步预测结果如图11-18所示。

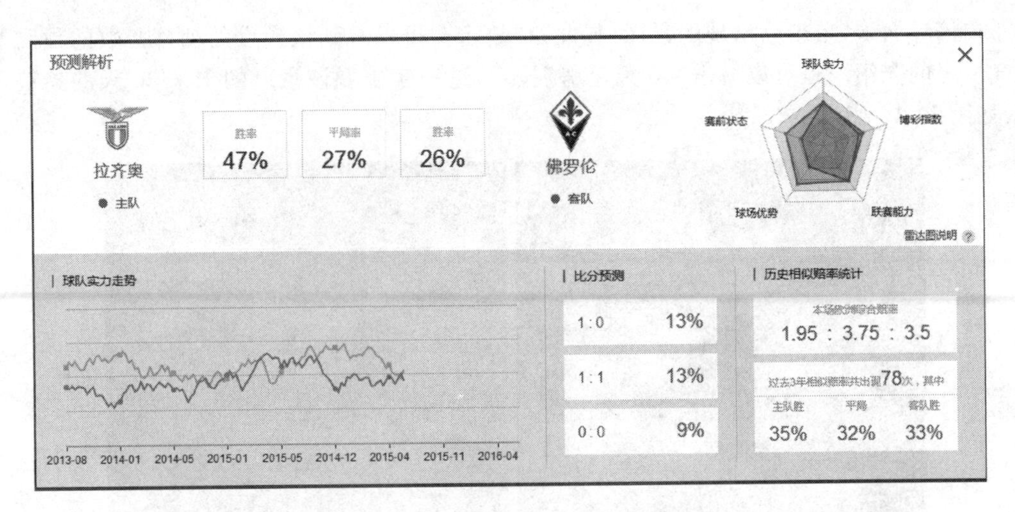


图 11-18 “拉齐奥对佛罗伦”的预测解析

在图 11-18 中可以看到两支球队的该场比赛的拉齐奥胜率预测是 47%、平局率预测是 27%、佛罗伦胜率预测是 26%，还可以看到 2013 年至今的球队实力走势(其中红线代表拉齐奥、蓝线代表佛罗伦)，还有比分预测的结果。图 11-18 右上角的雷达图进一步说明了该场比赛的球队实力、赛前状态、球场优势、联赛能力等信息。通过该雷达图可以看到拉齐奥队与佛罗伦队在球队实力、联赛能力上比较相当，在赛前状态和球场优势上，拉齐奥队更胜一筹。

## 11.4 腾讯大数据

### 11.4.1 腾讯大数据解决方案

腾讯作为互联网企业，在 2009 年开始探索建设大数据平台，经过批量计算到实时计算、离线查询到即席查询的阶段发展，逐步形成一套以 TDW(离线计算)、TRC(实时计算)、TDBank(数据接入)、TPR(精准推荐)、Gaia(集群调度)为核心模块的大数据体系——腾讯大数据套件，如图 11-19 所示。腾讯大数据套件(以下简称大数据套件)由大数据平台与集群控制台两大平台构成。

(1) 大数据平台面向数据开发人员，整合各种大数据基础系统，组合成特定的数据流水线。

(2) 集群控制台面向运维人员，统一管理大数据平台的系统，提供集群部署与管控的功能。

一条常用的、完整的大数据处理流水线通常由接入、存储、计算、输出、展示 5 个层次衔接而成，如图 11-20 所示。

依据图 11-20 所示的常用大数据处理流程，介绍腾讯大数据平台如下。

#### 1. 接入层

(1) 数据接入服务：支持通过 FTP、SFTP、HTTP 协议从外部接入数据。

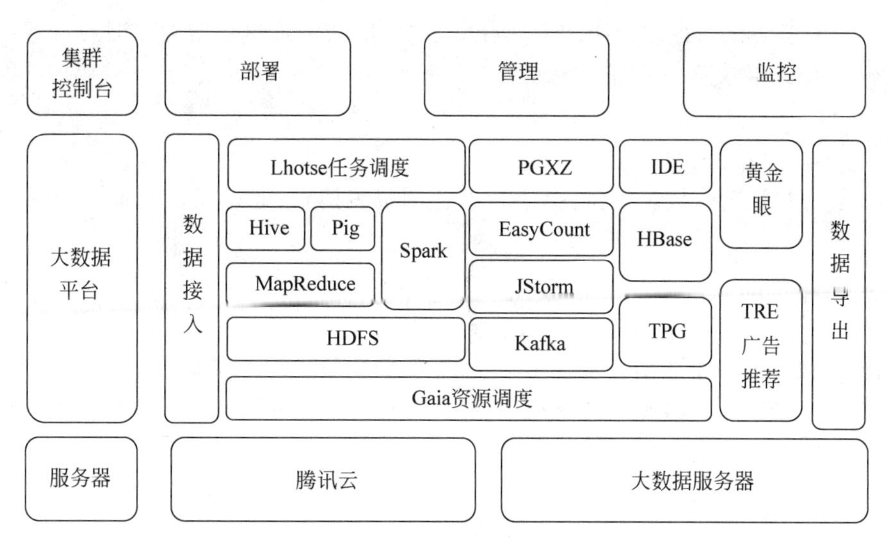


图 11-19 腾讯大数据体系

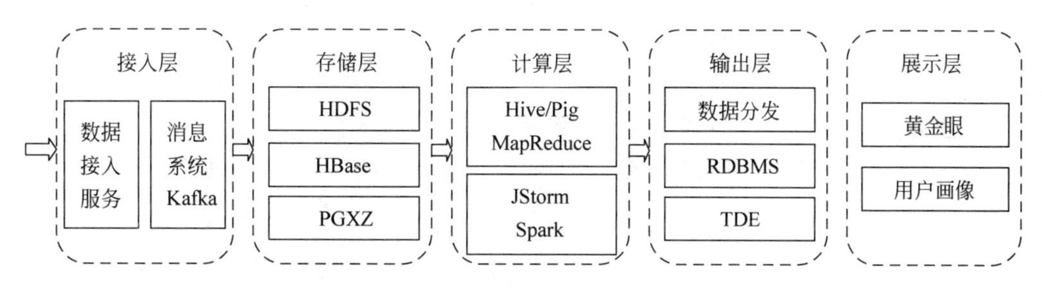


图 11-20 常用大数据处理流水线

(2) Kafka：分布式消息系统，作为平台的数据中转站，负责将接入数据推送给若干下游系统。

### 2. 存储层

(1) PGXZ：分布式 PostgreSQL 数据库系统。通过数据库事务分流、数据分布式存储以及并行计算，提高数据库的性能和稳定性。

(2) TPG：基于传统数据库 PostgreSQL 改造，主要承担小规模数据的处理，对大规模数据框架的补充。

### 3. 计算层

(1) Tez：基于 Hadoop 的查询处理框架。作为支撑 Pig/Hive 的新一代计算引擎，大幅提高查询性能。

(2) JStorm：实时流式计算框架，是对 Hadoop 批量计算的补充。

(3) EasyCount：基于 JStorm 的流式计算平台，提供 SQL 语言的编程接口。

### 4. 输出层

(1) 数据分发：支持通过 FTP、SFTP、HTTP 协议将数据分发到外部。

(2) TDE：基于全内存的分布式 KV 存储系统，提供高效的数据读写能力，使得流式计算引擎产生的结果能快速被外部系统使用。

### 5. 展示层

黄金眼：可视化运营报表工具，提供标准化的报表模块，通过灵活的拖曳布局，自助创建数据报表。

### 6. 任务调度

数据流水线完成某个数据处理任务，不仅需要单个环节的处理能力，更需要对各个环节整体的衔接调度能力。大数据平台集成了腾讯自研的 Lhotse 系统，作为数据流水线的调度编排中心。

## 11.4.2 相关实例——广点通

腾讯广点通(http://e.qq.com/)是基于腾讯社交网络体系的效果广告平台，如图 11-21 所示。通过广点通，用户可以在 QQ 空间、QQ 客户端、手机 QQ 空间、手机 QQ、微信、QQ 音乐客户端、腾讯新闻客户端等诸多平台投放广告，进行产品推广。作为主动型的效果广告，广点通能够智能地进行广告匹配，并高效地利用广告资源。移动互联网环境下，广点通可覆盖 Android、iOS 系统，广告形式包括 Banner 广告、插屏广告等诸多种类。

图 11-21　腾讯广点通

具有政府部门颁发的最新年检的营业执照等基本资质的企业或公司可通过如图 11-22 所示的步骤使用广点通。

广点通将广告进行排名，排名越靠前获得的曝光机会就越大，排名原则如图 11-23 所示。对于刚上线的广告，广点通会赋予一个大盘的平均点击率及点击转化率作为初始值。

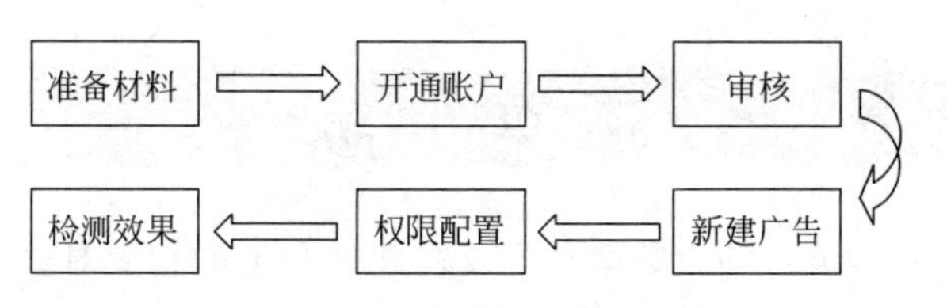


图 11-22 腾讯广点通操作流程

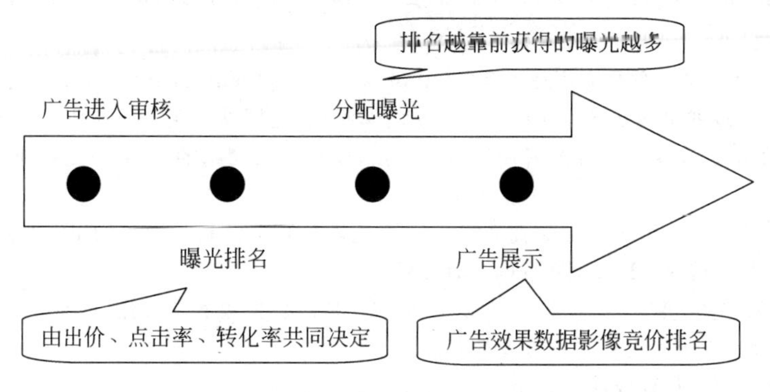


图 11-23 腾讯广告排名原则

广点通是最早使用 Spark 的应用之一。腾讯大数据精准推荐借助 Spark 快速迭代的优势,实现了在"数据实时采集、算法实时训练、系统实时预测"的全流程实时并行算法,支持每天上百亿的请求量。利用 Spark 的快速查询等优势,承担了数据的即席查询工作,在性能方面,普遍比 Hive 高 2～10 倍。

Spark 在广点通中的典型应用是预测用户的广告点击概率,如表 11-2～表 11-4 所示。表 11-2 中为用户的原始数据(原始数据中的一部分),包括性别、年龄、婚姻状况、所在地、是否看到广告 1、是否看到广告 2、是否点击广告。根据原始数据推断表 11-3 中的"?"值,即点击看到广告的可能性,结果如表 11-4 所示。

**表 11-2 用户的部分原始数据**

| Gender | Age | Marital Status | Location | Ad. one | Ad. two | Is click? |
|---|---|---|---|---|---|---|
| man | 20 | unmarried | New York | true | false | yes |
| woman | 40 | married | California | false | true | yes |
| man | 60 | married | California | false | true | no |

**表 11-3 需要预测的用户数据**

| Gender | Age | Marital Status | Location | Ad. one | Ad. two | Is click? |
|---|---|---|---|---|---|---|
| man | 30 | unmarried | New York | true | false | ? |
| man | 30 | unmarried | New York | false | true | ? |

**表 11-4 预测结果**

| Gender | Age | Marital Status | Location | Ad. one | Ad. two | Is click? |
|---|---|---|---|---|---|---|
| man | 30 | unmarried | New York | true | false | 30% |
| man | 30 | unmarried | New York | false | true | 50% |

## 本章小结

本章主要介绍了几个流行的大数据平台及在此平台下的相关具体应用，包括大数据解决方案基础、Intel大数据解决方案、百度大数据解决方案。其中Intel公司的大数据解决方案针对各种行业的大数据需求，百度大数据主要针对生活中各方面对大数据的需求。

**【注释】**

1. Open API：API的全称是应用编程接口(Application Programming Interface)，并不是一个新概念，在计算机操作系统出现的早期就已经存在了。在互联网时代，把网站的服务封装成一系列计算机容易识别的数据接口开放出去，供第三方开发者使用，这种行为就称开放网站的API，与之对应的所开放的API就称为Open API。

2. 大数据BI(Business Intelligence，商业智能)：是能够处理和分析大数据的BI软件，区别于传统BI软件，大数据BI可以完成对TB级别数据的实时分析。

3. Search API：搜索接口，如Google的Search API非常强大也非常好用，它提供了Custom Search API功能，能快速地实现个人用户网站的搜索功能。

4. RAC：全称为Real Application Clusters，即实时应用集群。

5. EB：存储容量单位，1EB＝1024TB。

6. 快速迭代：快速迭代首先是一种产品研发理念。在快速迭代理念支持下的产品研发是"上线—反馈—修改—上线"这样反复更新内容的过程，形式非常适合互联网产品或者移动端，通过收集数据或用户反馈迅速知道改进的结果，用快速迭代的方式可以立即在用户之间找到平衡点。

7. 即席查询：用户根据自己的需求，灵活地选择查询条件，系统能够根据用户的选择生成相应的统计报表。即席查询与普通应用查询最大的不同是普通的应用查询是定制开发的，而即席查询是由用户自定义查询条件的。

8. SFTP(Secure File Transfer Protocol，安全文件传送协议)：可以为传输文件提供一种安全的加密方法。

9. O2O(Online To Offline，在线离线/线上到线下)：是指将线下的商务机会与互联网结合，让互联网成为线下交易的平台。

10. 点击转化率：对点击广告的人数和实际发生交易或购买的比率。

11. 点击率：点击和显示次数的比率。

12. 运行时系统：一般运行时系统运行在操作系统之上，为上层应用程序提供更高级、更抽象的服务。

# 参考文献

[1] 娄岩. 医学计算机与信息技术应用基础[M]. 北京：清华大学出版社，2015.
[2] 娄岩. 医学大数据挖掘与应用[M]. 北京：科学出版社，2015.
[3] April Reeve. Managing Data in Motion：Data Integration Best Practice Techniques and Technologies. 机械工业出版社.
[4] Boris Lublinsky，Kevin T. Smith，Alexey Yakubovich. Hadoop. 高级编程：构建与实现大数据解决方案[M]. 穆玉伟，靳晓辉，译. 北京：清华大学出版社，2014.
[5] 马明建. 数据采集与处理技术. 西安交通大学出版社，2005.
[6] 王雪文. 传感器原理及应用. 北京：航空航天大学出版社，2004.
[7] 颜崇超. 医药临床研究中的数据管理. 北京：科学出版社，2011.
[8] 陈为，沈则潜，陶煜波，等. 数据可视化[M]. 北京：电子工业出版社，2013.
[9] Nathan Yau. 鲜活的数据：数据可视化指南[M]. 向怡宁. 北京：人民邮电出版社，2013.
[10] Julie Steele，Noah Lliinsky. 数据可视化之美[M]. 祝洪凯，李妹芳. 北京：机械工业出版社，2011.
[11] 蔡斌. Hadoop 技术内幕：深入解析 Hadoop Common 和 HDFS 架构设计与实现原理[M]. 北京：机械工业出版社，2013.
[12] 陆嘉恒. Hadoop 实战(第 2 版)[M]. 北京：机械工业出版社，2013.
[13] 刘军. Hadoop 大数据处理[M]. 北京：人民邮电出版社，2013.
[14] 黄宜华. 深入理解大数据：大数据处理与编程实践[M]. 北京：机械工业出版社，2014.
[15] 翟周伟. Hadoop 核心技术[M]. 北京：机械工业出版社，2015.
[16] Tom White. Hadoop 权威指南(中文版)[M]. 周傲英，曾大聃，译. 北京：清华大学出版社，2011.
[17] Welker，James A. Implementation of electronic data capture systems：barriers and solutions. Contemporary clinical trials28. 3 (2007)：329-336.
[18] Sun D W，Zhang G Y，Zheng W M. Big data stream computing：Technologies and instances. Ruan Jian Xue Bao/Journal of Software，2014，25(4)：839-862.
[19] Zaharia M，Chowdhury M，Franklin M，Shenker S，Stoica I. Spark：Cluster computing with working sets. HotCloud 2010. 2010.
[20] Lai I K W，Tam S K T，Chan MFS. Knowledge cloud system for network collaboration：A case study in medical service industry in China [J]. EXPERT SYSTEMS WITH APPLICATIONS，2012，39(15)：12205～12212.
[21] Dixon B E，Simonaitis L，Goldberg HS，et al. A pilot study of distributed knowledge management and clinical decision support in the cloud [J]. ARTIFICIAL INTELLIGENCE IN MEDICINE，2013，59(1)：SI：45～53.
[22] Souilmi Y，Lancaster AK，Jung JY，et al. Scalable and cost-effective NGS genotyping in the cloud [J]. BMC MEDICAL GENOMICS，2015，8：DOI：64.
[23] Shao B，Wang H，Li Y. Trinity：A distributed graph engine on a memory cloud. In：Proc. of the 2013 Int'l Conf. on Management of Data. ACM，2013. 505～516 .
[24] 刘智慧，张泉灵. 大数据技术研究综述[J]. 浙江大学学报(工学版)，2014，48(6).
[25] 胡秀. 数据挖掘中数据预处理的研究[J]. 赤峰学院学报(自然科学版)，2015，31(3).
[26] 卢志茂，冯进玫，范冬梅，杨朋，田野. 面向大数据处理的划分聚类新方法[J]. 系统工程与电子技术，2014(05).
[27] 吴岳忠，周训志. 面向 Hadoop 的云计算核心技术分析[J]. 湖南工业大学学报，2013，27(13801)：77～80.

[28] 黄晓云.基于HDFS的云存储服务系统研究[D].大连海事大学,2010.
[29] 舒康.基于HDFS的分布式存储研究与实现[D].电子科技大学,2014.
[30] 杨宸铸.基于HADOOP的数据挖掘研究[D].重庆大学,2010.
[31] 曹风兵.基于Hadoop的云计算模型研究与应用[D].重庆大学,2011.
[32] 张得震.基于Hadoop的分布式文件系统优化技术研究[D].兰州交通大学,2013.
[33] 许春玲,张广泉.分布式文件系统Hadoop HDFS与传统文件系统Linux FS的比较与分析[J].苏州大学学报(工科版),2010,30(14504):5-9+19.
[34] 李文栋.基于Spark的大数据挖掘技术的研究与实现[D].山东:山东大学,2015.
[35] 刘峰波.大数据Spark技术研究[J].数字技术与应用,2015(9):90~92.
[36] 黎文阳.大数据处理模型Apache Spark研究[J].现代计算机(专业版),2015(8):55~60.
[37] 王芸.物联网、大数据分析和云计算[J].上海质量,2016(31903):49~51.
[38] 夏元清.云控制系统及其面临的挑战[J].自动化学报,2016,4201:1~12.
[39] 范艳.大数据安全与隐私保护[J].电子技术与软件工程,2016(7501):227.
[40] 姚莉."互联网+"时代教育模式的探讨[J].科技视界,2016(16203):191~192.
[41] 王玲,彭波."互联网+"时代的移动医疗APP应用前景与风险防范[J].牡丹江大学学报,2016,25(19701):157~160.
[42] 杨曦,GUL Jabeen,罗平.云时代下的大数据安全技术[J].中兴通讯技术,2016,22(12601):14~18.
[43] 王佳慧,刘川意,王国峰,方滨兴.基于可验证计算的可信云计算研究[J].计算机学报,2016,39(39802):286~304.
[44] 刘川意,王国峰,林杰,方滨兴.可信的云计算运行环境构建和审计[J].计算机学报,2016,39(39802):339~350.
[45] 邓建玲.能源互联网的概念及发展模式[J].电力自动化设备,2016,36(26303):1~5.
[46] 杨田贵.云计算及其应用综述[J].软件导刊,2016,15(16103):136~138.
[47] 刘建庆.云计算安全研究[J].电子技术与软件工程,2016,(7602):208.
[48] 张蕾,李井泉,曲武,白涛.基于Spark Streaming的僵尸主机检测算法[J].计算机应用研究,2016,05:1~9.
[49] http://wenku.baidu.com 百度文库.
[50] http://baike.baidu.com 百度百科.
[51] http://ztic.com.cn/index.asp 北京中泰研创科技有限公司.
[52] http://www.cfc365.com/technology/bigdata/2015-03-04/13202.shtml 互联网大数据采集与处理的关键技术研究.
[53] http://www.cnblogs.com/hxsyl/p/4176280.html 海量数据处理利器之布隆过滤器.
[54] http://biyelunwen.yjbys.com/fanwen/wangluogongcheng/602040.html 网络大数据的现状与展望.
[55] http://www.dss.gov.cn/News_wenzhang.asp?ArticleID=374749 大数据时代亟需强化数据清洗环节的规范和标准.
[56] http://www.36dsj.com/archives/22742 介绍两款大数据清洗工具——DataWrangler、Google Refine.
[57] http://www.c114.net/anfang/4324/a885276.html 物联网中的大数据.
[58] http://www.limingit.com/sitecn/xydt/1643_1567.html 大数据分析的理论方法有哪些.
[59] http://www.d1net.com/bigdata/news/236920.html 论大数据分析普遍存在的方法理论.
[60] http://research.microsoft.com/trinityGraph Engine 1.0 Preview Released.
[61] http://www.jos.org.cn/html/2014/9/4674.htm 大数据系统和分析技术综述.
[62] http://baike.baidu.com/link?url=S6nIjdR8wqADDp_E_c3VJPngitVNIA2N9EbsaPJ6GV5Rr0xbD0oVbh-f_Y02EpDc2lADdVDmfwtf2hjOh4ij_5_hYWSpUcLQq5bipvsoMQi ETL(数据仓库技术).

[63] http://www.36dsj.com/archives/32375 德国用深度学习算法让人工智能系统学习梵高画名画.
[64] http://book.51cto.com/art/201211/363762.htm Hadoop 项目及其结构.
[65] http://www.68dl.com/bigdata_tech/2014/0920/8431.html Hadoop 的应用现状和发展趋势.
[66] http://blog.csdn.net/sdlyjzh/article/details/28876385 Hadoop 中 HDFS 工作原理.
[67] http://blog.csdn.net/wangloveall/article/details/20837019 Hadoop 之 HDFS.
[68] http://blessht.iteye.com/blog/2095675《Hadoop 基础教程》之初识 Hadoop.
[69] http://www.douban.com/note/318699253/远程过程调用 RPC.
[70] http://blog.csdn.net/gaoxingnengjisuan/article/details/11177040 HDFS 源码分析.
[71] http://blog.fens.me/rhadoop-hadoop/ Hadoop 环境搭建.
[72] http://blog.csdn.net/lifuxiangcaohui/article/details/39889653 Hbase 与 Hive 的区别与联系.
[73] http://blog.csdn.net/lifuxiangcaohui/article/details/39894265 HBase 常识及 HBase 适合什么场景.
[74] http://www.360doc.com/content/15/0424/00/20625606_465564766.shtml 国内外 Hadoop 现状.
[75] http://www.open-open.com/lib/view/open1384310068008.html 什么是 Spark.
[76] http://www.68dl.com/bigdata_tech/2014/0810/36.html 大数据为什么要选择 Spark.
[77] http://www.linuxidc.com/Linux/2013-08/88593.html Spark 随谈.
[78] http://www.cnblogs.com/kinglau/archive/2013/08/20/3270160.html Windows 平台下安装 Hadoop.
[79] https://www.douban.com/group/topic/71031988/Hadoop 未来的发展前景.
[80] http://www.cnblogs.com/laov/p/3434917.htmlHDFS 的运行原理.
[81] http://blog.jobbole.com/80619/.伯乐在线.
[82] http://www.chinacloud.cn/show.aspx? id=15369&cid=17.中国云计算.
[83] http://www.thebigdata.cn/Hadoop/11632.html? utm_source=tuicool&utm_medium=referral.中国大数据.
[84] http://www.educity.cn/ei/996083.html.希赛网.
[85] http://www.chinacloud.cn/show.aspx? id=5356&cid=17.中国云计算.
[86] http://sishuok.com/forum/blogPost/list/5456.html.私塾在线.
[87] http://bigdata.qq.com/article? id=1231.腾讯大数据.
[88] http://www.open-open.com/lib/view/open1400054279692.html.深度开源.
[89] http://www.open-open.com/lib/view/open1386293603220.html.深度开源.
[90] http://fushengfei.iteye.com/blog/832414.ITeye.
[91] http://www.csdn.net/article/2013-01-07/2813477-confused-about-mapreduce.CSDN 社区.
[92] http://www.weather.com.cn/static/html/weather.shtml.中国天气网.
[93] http://www.elsyy.com/news/2016/0112/5438341410.html Hadoop 是什么? Hadoop 局限与不足.
[94] http://www.csdn.net/article/2014-06-05/2820089 大数据计算新贵 Spark 在腾讯雅虎优酷成功应用解析.
[95] http://blog.csdn.net/crazyhacking/article/details/44491679/Spark 的优势.
[96] http://www.jdon.com/bigdata/why-spark.html 为什么使用 Spark?
[97] http://www.tuicool.com/articles/eq2meyf Spark 基础知识学习分享.
[98] http://www.zhihu.com/question/26568496 与 Hadoop 对比,如何看待 Spark 技术?
[99] http://www.csdn.net/article/2014-01-27/2818282-Spark-Streaming-big-data816208703 Spark Streaming:大规模流式数据处理的新贵.
[100] http://developer.51cto.com/art/201502/464742.html 大数据计算平台 Spark 内核全面解读(1).

[101] http://baike.baidu.com/link?url=TlQx0MQaEEsD5cB281DW8FvK_YQuYoU7NhMq9FVreO7ZqJy_B1CRDPFJs1bcd8N39lRknHOlrzCdkICdI3Uxm_.

[102] http://bigdata.qq.com/article?id=2835.

[103] http://zhidao.baidu.com/link?url=pItC1cqpIwpLMVXnx3cvokm2PU6jENXgpcVMemloDIaFhL4JpNxmXISGHVFEC8nUBCeRXU67lxcJPUcKmcUzllwa1q6ZrBNMnKBi_0m6pRC.